（第二版）

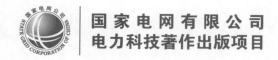

国家电网有限公司
电力科技著作出版项目

LIVE-LINE OPERATION AND MAINTENANCE
OF POWER DISTRIBUTION NETWORKS

配电不停电作业技术

李天友　林秋金　陈庚煌　编著

U0261183

中国电力出版社
CHINA ELECTRIC POWER PRESS

内 容 提 要

本书系统介绍配电不停电作业方法及其技术、技能，详细阐述作业技术基础和作业原理，紧密结合现场实践和管理经验，融入了实用的工器具和作业方法，力求理论联系实际，具有很强的实用性。

本书共 10 章，第 1 章和第 2 章介绍配电网的组成及其不停电作业的基本概念，使读者对中低压配电网及不停电作业有基本的了解；第 3～6 章介绍了带电作业技术的基础理论，相关工器具、绝缘斗臂车及其测试方法，是不停电作业技术的基础部分；第 7～9 章介绍了不停电作业的基本方式、作业程序以及作业技术，是不停电作业技术的核心内容；第 10 章介绍了作业安全生产管理与应急措施，为不停电作业管理人员和作业人员提供作业的必备知识。

本书可作为电网企业、工矿企业从事配电不停电作业的技能人员、管理人员的工作指导书和业务培训书，也可供高等职业技术学院有关专业的师生学习使用。

图书在版编目（CIP）数据

配电不停电作业技术/李天友，林秋金，陈庚煌编著. —2 版. —北京：中国电力出版社，2019.11（2021.5重印）

ISBN 978-7-5198-3495-1

Ⅰ．①配…　Ⅱ．①李…　②林…　③陈…　Ⅲ．①配电线路－带电作业　Ⅳ．①TM726

中国版本图书馆 CIP 数据核字（2019）第 173262 号

出版发行：中国电力出版社
地　　址：北京市东城区北京站西街 19 号（邮政编码 100005）
网　　址：http://www.cepp.sgcc.com.cn
责任编辑：丁　钊（010-63412393）
责任校对：黄　蓓　闫秀英
装帧设计：郝晓燕
责任印制：杨晓东

印　　刷：北京天宇星印刷厂
版　　次：2019 年 11 月第二版
印　　次：2021 年 5 月北京第三次印刷
开　　本：710 毫米×980 毫米　16 开本
印　　张：21.5
字　　数：377 千字
定　　价：68.00 元

（第一版）序

电网供电可靠性是由高压电网和中低压配电网的安全可靠水平决定的。我国高压电网经过改革开放以来 30 多年的发展，网架结构日臻完善，运行管理不断改进，安全可靠性大幅提高。中低压配电网直接服务于电力用户，不论是网架结构还是运行管理均需进一步加强。在运行管理方面，提高中低压配电网安全可靠性的重要措施是实施状态检修和带电作业。配电不停电作业拓展了带电作业的内涵，可进一步提高供电可靠性。

《配电不停电作业技术》全面、系统地介绍不停电作业技术及其操作要领，实践性很强。书的作者有长期从事配电技术研发与运行管理工作者，也有具体从事配电不停电作业的班组长，既有配电技术的理论基础又有现场工作经验。该书汇集了丰富详实的现场图片，图文并茂的现场全景案例展示，独具特色，相信能为从事配电不停电作业的广大工程技术人员和相关教学、科研工作者提供系统的技术指导和有益的参考借鉴。

有感于此，权以为序。

张启平

2013 年 2 月 8 日于北京

前　言

　　随着我国城市化进程不断加快，不少大城市已跻身国际大都市行列，对供电质量的要求越来越高。为了进一步满足现代社会和人们生活对供电可靠性的要求，国内外供电企业都在不断完善技术和组织措施，将不停电作业方式作为提升供电可靠性的重要举措，如美国一些发达城市配备大量的机械装备和熟练技术人员，取消停电作业计划，全面推行不停电作业。美国电力公司较推崇绝缘手套作业法（大约占 70%，绝缘杆作业法占 30%），同时十分重视人员培训、可靠性管理及安全教育等。日本不停电作业方式主要采用绝缘杆法和综合不停电作业，作业项目覆盖了中、低压架空和电缆线路，大量运用旁路柔性电缆、移动箱式变压器、移动电源车等装备，取消计划停电作业，全面开展不停电作业。2015 年以来，东京核心区供电可靠性已达 99.999%，户均停电时间为每年 5min。

　　根据国家能源局近年来发布的《全国电力可靠性年度报告》，我国城市用户年平均停电时间在 5h/户左右，其中供电可靠率最高的城市市区用户年平均停电时间为 1~2h，而且我国供电可靠性统计只是以中压用户（公用配电变压器每台为 1 户）作为一个"用户"统计单位，可见，我国供电可靠性与国际先进水平相比还有很大的差距。而影响我国供电可靠性的主要因素是预安排停电，平均停电时间占 60%~70%，在预安排停电事件中，主要是配电网改造、业扩接电、计划检修等，这些配电作业恰恰可大量采用不停电作业来完成。为此，国家电网有限公司提出打造"安全可靠、优质高效、绿色低碳、智能互动"的世界一流城市配电网，同时发布了《世界一流城市配电网建设——配网不停电作业专题研究报告》，明确以提高供电可靠性和优质服务水平为目标，建立以不停电作业为核心的新型配网运检模式，推进带电、运检一体化建设，通过优化管理模式、强化队伍建设、加强装备配置、丰富作业项目等举措，实现配网不停电作业"三全覆盖"（作业方法、作业项目、运检业务全覆盖）和作业能力"三全提升"（全时段、全区域、全类型作业能力提升）。南方电网公司建立以电力可靠性为抓手、各专业联动的管理模式，确立了停电时间及用户投诉"双轮驱动"的供电可靠性工作体系，制定了《1 小时行动方案》，明确在珠三角地区的主要城区用户年平均停电时间不超过 1h。2018 年南方电网全网实施配网不停电作业 17.8 万次，同比增长 1 倍多，用户平均停电时间（中压）减少 7.09h。

配电不停电作业技术的发展经历了绝缘保护、绝缘工具、绝缘斗臂车乃至现正研发的带电作业机器人四个阶段，前三个阶段的作业方式都是手工作业，即操作人员作业时都处于高电压、强电场的环境之中，研发使用带电作业机器人进行作业是这技术领域的发展方向。当前，配电不停电作业技术项目已基本覆盖中低压配电网的现场作业，美国、日本等全面取消计划停电作业，同时研发和推广机器人作业。日本已研制具有三维识别、自身控制以及自主作业决策功能的第三代全自主机器人。我国目前多数供电企业均有配置专业的配电带电作业或不停电作业班组，但班组和人员总量有限，技术装备的配备也仅适用于初级阶段。配电作业方式要从传统的停电作业为主向不停电作业方式转变，组织措施上必须从配电作业人员的组织（上岗和转岗培训）、观念的转变、流程的变革等方面来保障；技术措施上必须从配电装置的标准化、作业工器具的配置与应用等来保障。这其中尤其是组织上的变革至关重要，仅依靠目前的队伍难以支撑配电不停电作业的需求。以停电作业方式为主的检修班组必须向不停电作业班组转型，这既要班组技能人员的培训转岗，更需要企业负责人的认识和组织到位，因此，配电不停电作业方式的实现既是技术创新，也必须是组织创新。

《配电不停电作业技术》于 2013 年 8 月首次出版，2016 年由中国电力出版社输出 John Wiley & Sons，Inc.（美国）出版。本次修订是为了适应配电作业方式向以不停电作业方式转变的需要，进一步补充和完善技术内容，重点补充了电缆线路的不停电作业、机器人作业、低压不停电作业及安全防护技术等方面内容，同时介绍一些新装备，如柔性电缆及其连接设备、带电作业库房车、飞轮储能应急电源车、低压快速接入开关箱等内容。近年来也听取了部分生产一线和读者的意见，对一些知识和专业技术在文字表达和逻辑上进行修改完善。

本次修订过程中得到姚亮高级工程师、蔡俊宇高级工程师、黄佳进高级工程师等提供资料和提出了宝贵意见，在此表示衷心的感谢。

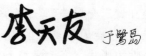

李天友 于鹭岛

2019 年 9 月 8 日

（第一版）

前　言

　　现代社会和人民生活对供电质量的要求越来越高，供电企业必须采取技术和管理措施来不断提高供电可靠性。国内外的电网运行资料表明，目前用户遭受的停电绝大部分是由于配电系统环节造成的，其中因中低压配电网造成的停电约占总停电的 90%。又据国内多年的供电可靠性统计分析，目前用户停电原因中有 70%来自配电网的网络改造、业扩接火、计划检修等，而这些配电作业通过实施配电不停电作业技术可以大幅度减少用户的停电。

　　配电不停电作业是指在配电网络上采用的用户不停电对配电线路或设备进行测试、维修和施工的作业方式，一种方式是直接在带电的配电线路或设备上作业，即配电带电作业；另一种方式是将配电线路或设备停电作业，但对用户采用旁路或移动电源连续供电。随着带电作业技术的日益发展与完善，配电带电作业的项目逐步覆盖了停电作业的项目，同时伴随着旁路和移动电源作业技术的广泛应用，某些类型的作业如配电变压器的调换、迁移杆线等，在不能采用直接带电作业的情况下，先将配电线路及设备采用旁路或者引入移动电源对工作区域的负荷进行临时供电，再将工作区域的线路进行停电作业，实现了对用户保持连续供电。由此，配电网作业方式就从传统的停电作业向以停电作业为主、带电作业为辅进一步向不停电作业的方式转变，这将是电网作业技术领域的一场新的革命，必将带来供电可靠性的大幅提升，同时具有良好的经济效益和社会效益。编撰本书的目的是为这场作业技术革命添砖加瓦。书中系统介绍了配电不停电作业技术的理论基础和作业工器具，阐述了作业的基本原理、作业程序以及典型项目的作业技术，概括了现场作业的生产组织与安全管理实践经验。本书突出系统性、实用性，便于阅读自学，期待能对配电网运行管理特别是从事配电不停电作业的工作者有所裨益。

　　本书在编写过程中得到肖兰、朱良镭老师的悉心指导，陈效杰教授级高级工程师提出了宝贵意见，张振裕高级技师提供了大量的低压带电作业现场资料，在此表示衷心的感谢。

　　由于时间仓促再加上编著者的水平有限，书中不妥之处在所难免，恳请读者批评指正。

编著者

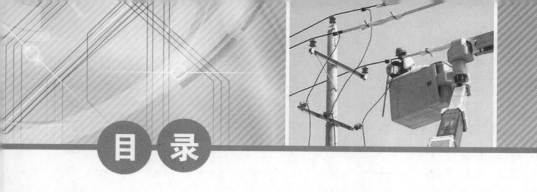

目 录

第一版序

前言

第一版前言

1 概述 ··· 1

   1.1 不停电作业的基本概念 ································· 1

   1.2 作业技术的发展 ··· 3

   1.3 供电可靠性 ··· 8

   1.4 开展不停电作业的意义 ······························ 12

2 配电网及其作业技术 ······································· 15

   2.1 配电网的基本概念 ····································· 15

   2.2 配电网的基本构成 ····································· 17

   2.3 配电不停电作业的技术原理 ·························· 41

   2.4 配电线路杆型与带电作业 ···························· 45

3 作业技术的理论基础 ······································· 53

   3.1 电对人体的影响分析 ··································· 53

   3.2 作业过程的过电压 ····································· 56

   3.3 电介质特性 ··· 59

   3.4 绝缘配合与安全间距 ··································· 66

4 常用作业工器具及其使用 ································· 71

   4.1 绝缘工具 ··· 71

   4.2 防护用具 ··· 79

   4.3 其他作业器具 ··· 85

   4.4 作业工器具的制作 ····································· 91

   4.5 作业工器具的使用管理 ······························ 95

5 作业工器具的测试技术 ··································· 105

   5.1 测试的项目内容 ······································· 105

   5.2　常用绝缘工具的测试 ·· 108

6　绝缘斗臂车与绝缘平台 ·· 131
   6.1　绝缘斗臂车 ·· 131
   6.2　绝缘平台 ·· 145
   6.3　作业机器人 ·· 155

7　中压配电带电作业技术 ·· 167
   7.1　作业基本程序与方式 ·· 167
   7.2　简单常规项目的作业技术 ····································· 174
   7.3　复杂综合项目的作业技术 ····································· 192

8　低压配电带电作业技术 ·· 221
   8.1　作业技术要点 ·· 221
   8.2　低压配电带电作业的安全防护 ································· 224
   8.3　作业项目和方法 ·· 229

9　旁路和移动电源作业技术 ·· 245
   9.1　旁路作业的基本方法 ·· 245
   9.2　电缆不停电作业技术 ·· 252
   9.3　移动发电车作业技术 ·· 278
   9.4　储能式应急电源车作业技术 ··································· 297
   9.5　移动箱式变压器作业技术 ····································· 307

10　作业生产管理与应急措施 ··· 313
   10.1　作业生产管理 ··· 313
   10.2　作业人员培训与管理 ····································· 318
   10.3　作业应急措施 ··· 320

附录　配电带电作业指导书（范本） ······································· 325

参考文献 ·· 332

概　　述

本章介绍不停电作业的基本概念及作业技术的发展，介绍和分析了供电可靠性指标，阐述不停电作业技术的功效，使读者基本了解开展不停电作业的意义。

1.1　不停电作业的基本概念

电网线路及设备的施工或检修作业一般有两种作业方式。

（1）停电作业方式。即对需要检修作业的线路或设备停电隔离后再进行施工、检修，作业完成后再恢复供电的作业方式，这是传统的作业方式。

（2）不停电作业方式。即采用对用户不停电而进行电力线路或设备测试、维修和施工的作业方式。不停电作业方式主要有以下两种。

1）直接在带电的线路或设备上作业，即带电作业。

2）先对用户采用旁路或移动电源等方法连续供电，再将线路或设备停电进行作业。

一、带电作业的基本方法

带电作业是指作业人员直接接触带电线路（或设备）的作业或作业人员利用专用作业工具、设备（或装置）在带电线路（或设备）上的作业，实现在不停电的线路（或设备）上进行检修、测试等的一种作业方式，是避免检修停电、保证正常供电的有效措施。

根据作业人员与带电体的相互关系，也就是按人体直接接触带电部位与否来划分，带电作业的方法可分为直接作业法和间接作业法两种基本方式；而根据作业人员的人体电位来划分，可分为地电位作业法、中间电位作业法、等电位作业法三种。

1．地电位作业法

地电位作业法是指作业人员始终处于与大地（杆塔）相同的电位状态下，通过绝缘工具接触带电体的作业。这时，人体与带电体的关系是"大地—人

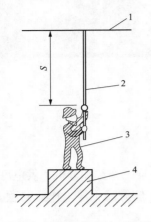

图 1-1　地电位作业法示意图

1—带电体；2—绝缘体；3—人体；

4—接地体

体—绝缘工具—带电体"，地电位作业法示意图如图 1-1 所示。地电位作业也称零电位作业，国外称为距离作业，地电位作业可分为"支、拉、紧、吊"四种基本的操作方式，它们的配合使用是间接作业的主要手段。这种方法的关键是人体与带电体之间有足够的安全距离，绝缘工具应满足其有效绝缘长度。

2.　中间电位作业法

中间电位作业法是指作业人员始终处于接地体和带电体之间的中间电位状态，通过绝缘工具间接接触带电体的作业。这时，人体与带电体的关系是"带电体—绝缘体—人体—绝缘体—大地"，中间电位作业法示意图如图 1-2 所示。由于人体通过两段绝缘体分别与接地体和带电体隔离，故这两段绝缘体起着限制流经人体电流的作用，同时人体与接地体和带电体的两段空气间隙，还具有防止带电体通过人体对接地体发生放电的作用。这两段空气间隙的和就是我们所说的组合间隙，用 S_z 表示。采用中间电位作业法时，必须满足组合间隙（$S_z=S_1+S_2$）的要求，有关组合间隙的概念在后面详细介绍。

3.　等电位作业法

等电位作业系指作业人员的体表电位与带电体电位相等的一种作业方法，作业过程中作业人员直接接触带电部位，等电位作业也叫做直接作业法，国外称为徒手作业。这时，人体与带电体的关系是"带电体—人体—绝缘体—大地（杆塔）"，等电位作业法如图 1-3 所示。

二、旁路和移动电源作业法

1.　旁路作业法

旁路作业法是指应用旁路电缆（线路）、旁路开关等临时载流的旁路线路和设备，将需要停电的运行线路或设备（如线路、开关、变压器等）转由旁路线路或设备替代运行，再对原来线路或设备进行停电检修、更换，作业完成后再恢复正常接线供电方式，最后拆除旁路线路或设备，实现整个过程对用户不停

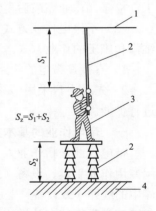

图 1-2　中间电位法示意图

1—带电体；2—绝缘体；

3—人体；4—接地体

电的作业。

旁路作业法是在常规带电作业中注入了新的理念,它是将若干个常规带电作业项目有机组合起来,实现"不停电作业"。由此也可看出,只要将"旁路作业"和常规带电作业灵活地组合起来,可以彻底改变现在电网作业以停电作业为主、带电作业为辅的局面。

2. 移动电源法

电网的很多作业,如配电变压器的更换(增容)、迁移杆线、更换导线等作业项目无法直接采用带电作业来实现。但是,如果采用把需要检修的线路或设备从电网中分离出来,利用移动电源形成独立网而对用户连续供电,作业完成后再恢复正常

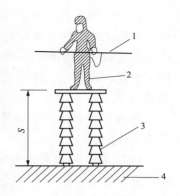

图 1-3　等电位法示意图
1—带电体;2—人体;
3—绝缘体;4—接地体

接线的供电方式,最后拆除移动电源,实现整个过程对用户少停电(停电时间为倒闸操作时间)或者不停电。这是移动电源法的基本思路,而移动电源可以是移动发电车、应急电源车或者移动箱式变压器等。

1.2　作业技术的发展

一、带电作业的发展历程

1. 国内发展历程

我国的带电作业起步于 20 世纪 50 年代,当时正处于百业待兴的国民经济恢复和发展时期,由于当时发电量迅速增长,而供电设施明显不足,大工业用户对连续供电要求较高,因而常规的停电检修受到了限制,为了解决线路或设备停电检修与不间断向用户供电的矛盾,带电作业便应运而生。1953 年,当时的鞍山电业局成功研制了带电清扫、更换和拆装配电线路或设备及引线的简单工具。1954 年,3.3kV 配电线路带电更换横担、木杆和绝缘子的作业项目取得成功。1956 年,又进一步发展到更换 44~66kV 的木质直线杆、横担和绝缘子。1957 年底,154~220kV 输电线路带电更换绝缘子的全套工具研制成功,3.6~66kV 线路的全套带电作业工具也得到了进一步完善。1958 年,当时的沈阳中心试验所又开始了人体直接接触带电线路或设备检修的研究工作,并首次成功地在试验场完成了人体直接接触 220kV 带电线路的等电位试验。所有这些尝试,为带电作业在我国的推广和发展奠定了物质和技术基础。

1959～1966 年，带电作业在我国进入了普及阶段，各地大、中型供电单位相继开展了带电作业项目的开发和工具的研究工作。检修方法从间接作业、等电位作业向带电水冲洗等迈进。检修工具从最初的支、拉、吊杆等硬质工具向组合化、绳索化、轻便化发展，作业项目也拓展到带电更换导线、避雷线等领域。

1968 年，鞍山电业局又成功地完成了沿 220kV 输电线路耐张双串绝缘子进入电位的试验。

1977 年，原水利电力部将带电作业纳入部颁《电业安全工作规程》，进一步肯定了带电作业技术的安全性。20 世纪 80 年代后期，我国带电作业又进入了一个新的发展时期。

1979 年，我国开始建设 500kV 电压等级的输变电工程，有关单位相应开展了 500kV 电压等级的带电作业研究工作。此后不久，500kV 带电更换直线绝缘子串、更换耐张绝缘子串、修补导线等工作方法和工具都已研制成功，并进入实施阶段。

2011 年，±500kV 在江苏的直流输电线路上成功开展带电作业。

2017 年，1000kV 特高压交流输电线路在江苏成功开展带电作业，在 ±800kV 特高压直流输电线路上也成功开展带电作业。至此，带电作业已覆盖目前在运所有电压等级。

20 世纪 90 年代初期，我国社会经济蓬勃快速持续发展，电力需求急剧增大，电源侧和电网的结构性问题致使电力供需矛盾较为突出，多数地区出现了限电的局面，因而大量中低压配电线路及其设备的检修施工采用结合停电的方式进行，仅输变电设施还持续开展带电作业，中低压配电带电作业的开展中断了好几年的时间。到 20 世纪 90 年代末，随着电网和电厂的建设发展，电网和电源结构趋向合理，电力供需矛盾呈现缓和，为了提高供电可靠性，中低压配电带电作业又开始逐步推广，带电作业的技术和工具又迅速发展，作业项目和应用次数也逐年上升，目前几乎所有的供电单位都开展了中低压配电带电作业，并向配电不停电作业方向发展。

2. 国外发展情况

从国外先进国家带电作业的发展情况来看，俄罗斯的带电作业开展最为广泛，作业项目也较多，几乎遍及 6～1150kV 的所有电压等级的输、配电网，已经形成了一整套完善的带电作业体系。美国的带电作业发展史最长，作业方法和作业工具最先进。目前，直升飞机和机械手已成为美国带电作业的主要工具。其他诸如法国、英国、加拿大、德国、意大利、丹麦的带电作业在作业工具和方式上也各具特色，自动化、机械化程度也较高，但在作业项目上各有侧重。

与世界各国相比，我国带电作业在作业项目和作业手段上还比较单一，作业工具远不及国外先进，特别是中压配电线路的带电作业还相对落后。与我国相毗邻的日本，带电作业虽然起步较晚，但发展较快，尤其在配电线路上的带电作业，自动化程度较高，作业工具也很先进。目前在日本普遍采用人在绝缘斗臂车的绝缘斗内操作机械手的作业，机械手的传动方式有电动方式和液压方式两种；而技术比较领先的九州电力公司已经开始采用第二代机器人的方法，由位于地面的机器人进行作业操作，其操作十分灵活和安全。

二、带电作业向作业机器人方向发展

带电作业技术的发展经历了绝缘保护、绝缘工具、绝缘斗臂车乃至现正研发的带电作业机器人四个阶段，前三个阶段的带电作业方式都可以说是手工的带电作业，即操作人员作业，时刻处于高电压、强电场的环境之中，研发使用带电作业机器人进行带电作业是这技术领域的发展方向。

1. 国外带电作业机器人发展状况

为了提高带电作业的安全性和可靠性，许多国家都开展了电力应用机器人的研究，并投入带电作业实际应用中。20 世纪 80 年代，美国研制生产了一种称之为 Tom Cat 的遥控操作机器人，同期日本九州电力公司也研制出了称为第一代的主从控制带电作业机器人，并在电力生产中得到了一定范围的应用。纵观三十多年带电作业机器人的发展历史，可将其分为以下三代：

（1）第一代为主从控制机器人。这也是国外正在使用的形式，采取主从控制，有两个作业机械臂，人在操作斗内控制机械臂的动作完成带电作业工作。

（2）第二代为半自主机器人。操作人员在地面控制机器人作业，应用了一些视觉、激光测距等传感器，能识别作业目标的大体位置，通过人机交互来精确定位，但不能识别较为复杂的环境。

（3）第三代为全自主机器人。目前尚处于研制阶段，具有较高的智能、三维识别、自身控制以及自主作业决策的功能。

2. 国内带电作业机器人现状

在我国，很多供电单位都充分认识到了带电作业的重要性，因此对带电作业机器人的需求也越来越强烈。但是，由于国外带电作业机器人的价格太高（如日本第一代机器人在其本国的价格是 8 千万日元、第二代价格为 1 亿日元）；再者，由于国外电力系统的配电电压等级设置与我国有所不同，国外带电作业机器人适用的电压等级也不能满足我国的需要。因此，我国已有不少供电部门和科研单位在很早以前就提出了带电作业机器人的研制问题。

在 20 世纪 90 年代初，国防科技大学等单位就提出研制带电作业机器人的技术报告，但由于当时许多条件不具备而搁浅。几年以后，随着科学技术的发展和人们对供电可靠性以及带电作业安全性需求的提高，研发我国自主知识产权的带电作业机器人时机逐渐成熟。1999 年，山东省电力集团公司在国内首次对带电作业机器人项目进行了立项。同年底，又被原国家电力公司列为 1999 年第二批科研项目，委托山东电力研究院进行我国首台带电作业机器人样机的研制。2002 年 3 月，研制出了我国具有自主知识产权的带电作业机器人样机。该作业机器人样机是根据我国电网的实际情况，在大量调研和论证的基础上，选择了主从控制操作带电作业机器人的研发路线，该样机的性能介于国外带电作业机器人第一代和第二代之间，即操作人员在绝缘斗内进行操作，采用局部人机交互智能控制技术。2005 年完成产品化样机的研究，在山东济宁和山西长治通过了试用，其主要使用范围是：作业电压等级 10kV 及以下，绝缘防护标准 45kV，作业高度达 19m 等。

三、直升飞机的带电作业

直升飞机的带电作业主要应用于超高压输电线路，开展的项目主要有：

（1）直升机带电水冲洗。随着输电电压升高和远距离输电的发展，直升机带电水冲洗（见图 1-4）得到广泛应用，尤其适用于超高压、特高压交直流输电线路绝缘子的清洗，有效降低了污秽造成的工频污闪，提高电网的绝缘水平和运行可靠性。北美、欧洲、澳大利亚、以色列和日本等国家和地区都广泛采用了直升机带电水冲洗。我国台湾和香港采用直升机带电水冲洗也已开展了几年，南方电网公司 2004 年底进行了直升机带电水冲洗的演示。近几年来，在华北电网、三峡送出的超高压直流湖南段线路等都相继开展直升机带电水冲洗。

图 1-4　直升机带电水冲洗

带电水冲洗用水一般采用水阻为 $10000\Omega \cdot cm$ 的去离子水，去离子水可购买也可自行过滤加工。绝缘水枪有短管、长管两种，水冲洗流量约为 30L/min，喷头水压约 7～10MPa。

（2）直升机等电位带电作业。1979 年，美国的 Michael Kurtgis 首先进行了直升机等电位带电作业的尝试。20 世纪 80 年代，美国、加拿大和澳大利亚相继由输电线路巡线、检修发展到直升机等电位带电作业，使直升机电力作业技术又向前迈进了一大步，如图 1-5 所示。直升机等电位带电作业一经推广应用，就具有很强的生命力，采用直升机等电位带电作业可进行的工作包括：零距离检测设备缺陷，包括金具、导地线、绝缘子等缺陷；检修更换金具、间隔棒、绝缘子；补强、更换部分导地线和导地线爆破压接等。一般采用边相进行等电位作业，而中相则用吊绳将作业人员送入工作部位的作业方法。

图 1-5　直升机等电位带电作业

四、由带电作业向不停电作业发展

随着带电作业技术的迅速发展以及作业项目的不断完善，带电作业的项目逐步覆盖停电作业的项目，同时，随着旁路和移动电源作业法的广泛应用，某些类型的作业，如变压器的调换、迁移杆线等，在不能采用直接带电作业的情况下，先采用将配网线路及设备旁路或引入移动电源等方法对工作区域的负荷进行临时供电，再将工作区域的线路或设备进行停电后作业，实现对用户保持连续供电。这样，电网作业方式就从停电作业向以停电作业为主、带电作业为辅进一步向不停电作业的方式转变，这将是电网作业技术领域的一场新的革命，必将带来供电可靠性的大幅提升，同时具有良好的企业效益和社会效益。

中低压配电网作业技术已经具备不停电作业项目的全覆盖，必须从配电作业人员的组织（上岗和转岗培训）、观念的转变、流程的变革、组织措施保障，乃至配电装置的标准化、作业工器具的配置与应用等技术装备保障。尤其是组织上的变革至关重要，目前多数供电企业均有配置专业的配电带电作业或不停电作业班组，但班组和人员总量还少，仅适用于初级阶段，仅依靠这支绵薄之力的队伍难以支撑配电不停电作业的需求，必须发展壮大，以停电作业方式为主的检修班组需向不停电作业班组转型，这既要班组技能人员的培训转岗，更需要企业负责人的认识和组织到位，因此，配电不停电作业方式的实现既是技术创新，也必须是组织创新。现代社会，分秒中断的停电都可能造成巨大的影响和损失，因此，配电不停电作业方式取代传统的停电作业方式，将是一种必然。

1.3 供电可靠性

供电可靠性是电网供电质量的主要指标，它是衡量电力系统对用户的持续供电能力。根据 DL/T 836《供电系统供电可靠性评价规程》，供电可靠性可由一系列指标来量度。

一、供电可靠性的评价指标

供电可靠性在实际分析表达时往往不是固定使用一个指标，而是根据问题的性质，选择其中一个或几个指标，并且在针对不同的环节进行可靠性计算分析。这些指标的具体内涵也有所区别，这里介绍衡量供电可靠性的主要指标。

（1）平均供电可靠率。在统计期间内，对用户有效供电时间总小时数与统计期间小时数的比值，记作 ASAI-1（%），是反映供电系统对用户供电可靠度的指标，其公式为

$$供电可靠率 = \left(1 - \frac{用户平均停电时间}{统计期间时间}\right) \times 100\% \qquad (1-1)$$

若不计外部影响，则记作 ASAI-2（%）；不计系统电源不足限电时，记作 ASAI-3（%）；不计短时停电时，则记作 ASAI-4（%）。

（2）系统平均停电时间。供电系统用户在统计期间内用户的平均停电小时数，记为 SAIDI-1（h/户），其公式为

$$系统平均停电时间 = \frac{\sum(每次停电持续时间 \times 每次停电用户数)}{总用户数} \qquad (1-2)$$

若不计外部影响，则记作 SAIDI-2（h/户）；不计系统电源不足限电时，记作 SAIDI-3（h/户）；不计短时停电时，记作 SAIDI-4（h/户）。

（3）系统平均停电频率。供电系统在统计期间内的平均停电次数，记作 SAIFI-1（次/户），是反映供电系统对用户停电频率的指标，其公式为

$$系统平均停电频率 = \frac{\sum(每次停电用户数)}{总用户数} \qquad (1-3)$$

若不计外部影响，则记作 SAIFI-2（次/户）；不计系统电源不足限电时，记作 SAIFI-3（次/户）；不计短时停电时，记作 SAIFI-4（次/户）。

（4）平均停电用户数。在统计期间内，平均每次停电的用户数，记作 MIC

（户/次），是反映了停电的平均停电范围大小的指标，其公式为

$$平均停电用户数 = \frac{\sum(每次停电用户数)}{停电次数} \quad （1-4）$$

（5）故障停电平均持续时间。在统计期间内，故障停电的每次平均停电小时数，记作 MID-F（h/次），主要反映了平均每次对故障停电恢复能力的水平，其公式为

$$故障停电平均持续时间 = \frac{\sum(故障停电时间)}{故障停电次数} \quad （1-5）$$

常用的指标是供电可靠率、系统平均停电时间和系统平均停电频率。

供电可靠性指标是采用统计方法计算的，按照高压用户、中压用户、低压用户三大类进行分别统计分析。以 35kV 及以上电压受电的用户作为一个高压用户统计单位；一个接受供电企业计量收费的中压用电单位，作为一个中压用户统计单位；一个接受供电企业计量收费的低压用电单位，作为一个低压用户统计单位。国际上发达国家大多是以覆盖至低压的每个终端受电用户（装有计量表计）作为统计单位，我国在低压用户供电可靠性统计工作普及之前，以 10（6、20）kV 供电系统中的公用配电变压器作为用户统计单位，即一台公用配电变压器作为一个中压用户统计单位。

二、供电可靠性指标分析

我国 20 世纪 80 年代中期开始进行供电可靠性统计工作，每年由国家电力可靠性管理中心发布供电可靠性指标，下面以 2017 年供电可靠性指标进行分析。

1. 用户停电原因分析

国内外统计数据均表明，用户经历的停电事件，绝大部分是由中低压配电网的原因引起的，如图 1-6 所示。主网系统造成的用户停电仅占 5%，高压配电网也仅占 5% 左右，而中低压配电网占了 90%。

根据国家能源局和中国电力企业联合会发布 2017 年供电可靠性指标情况，全国平均供电可靠率 99.814%，

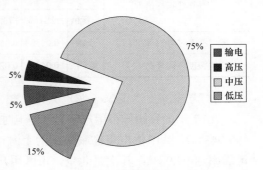

图 1-6　用户停电原因分布图

系统平均停电时间 0.84h/次，系统平均停电频率 3.28 次/户；城市平均供电可靠率为 99.943%，系统平均停电时间从 2005 年的 20.49h/次减少到 5.02h/次，比 2009 年减少了 4.089h/次。

2017 年影响我国供电可靠性的主要因数是预安排停电，平均停电时间占 65.17%，见表 1-1。预安排停电事件中，主要影响因数是检修停电和配电网建设施工停电，而随着配电带电作业接电项目的普及，业扩施工停电仅占 1% 左右，见表 1-2。由此可见，用户的停电主要原因是预安排停电，网改、业扩接电、计划检修等，这些配电作业恰恰可大量采用不停电作业来完成。

表 1-1   **2017 年全国故障、预安排停电指标**

可靠性指标	全国		城市	
	指标值	占比%	指标值	占比%
预安排平均停电时间/（h/户）	10.61	65.17	3.4	67.7
故障平均停电时间/（h/户）	5.67	34.83	1.62	32.3
预安排平均停电频率/（次/户）	1.52	46.35	0.548	49.74
故障平均停电频率/（次/户）	1.76	53.65	0.542	50.26

表 1-2   **2017 年全国预安排停电原因分类**

可靠性指标值	检修		配电网建设施工		业扩工程施工		市政建设施工	
	指标值	占比(%)	指标值	占比(%)	指标值	占比(%)	指标值	占比(%)
平均停电时间/（h/户）	6.1545	37.21	4.1453	25.06	0.1798	1.09	0.1455	0.88
平均停电频率/（次/户）	0.8333	25.79	0.5343	16.54	0.0328	1.01	0.0176	0.54

可靠性指标值	调电		限电		用户申请		低压作业影响	
	指标值	占比(%)	指标值	占比(%)	指标值	占比(%)	指标值	占比(%)
平均停电时间/（h/户）	0.88	0.0533	0.0576	0.35	0.1273	0.77	0.0368	0.22
平均停电频率/（次/户）	0.54	0.0444	0.0201	0.62	0.0209	0.65	0.0091	0.28

2. 与部分发达国家（城市）的比较

2017 年，我国城市用户年平均停电时间 5.02h/户，供电可靠率达到 "3 个 9"（99.943%），其中供电可靠率最高的上海市区用户年平均停电时间为 1.7h，供电可靠率达 99.98%；其次是北京，市区用户年平均停电时间为 2.2h，供电可靠率达 99.97%。而香港、东京、新加坡用户年平均停电时间均低于 5min，供电可靠率达到 "5 个 9" 的水平。可见，我国供电可靠性与国际先进水平相比还有很大的差距。考虑我国供电可靠性统计只是以中压用户（公用配电变压器每台为 1 户）作为一个 "用户" 统计单位，统计过程中还可能存在的人为因素，实际的供电可靠性比统计的指标可能还要低些。

我国供电可靠性指标偏低，虽然有用电增长速度快、电网基建与改造任务重的缘故，但很大程度是由于配电网结构薄弱、作业方式和技术装备的相对落后，这已成为制约供电可靠性提高的瓶颈。

3. 未来供电可靠性的要求

根据美国电力科学院（EPRI）的有关资料，美国在 20 世纪 80 年代，内嵌芯片的计算机化系统、装置和设备以及自动化生产线上敏感电子设备的电力负荷还很有限，现在，这部分电力负荷的比重逐年上升，这对电网的供电可靠性和电能质量提出了很高的要求。美国电力科学院对未来 20～30 年用户对供电可靠性需求的预测见表 1-3。

表 1-3　　　　　　　　未来 20～30 年用户对供电可靠性需求的预测

对可靠性（RS）的要求	目前占总用户比例	未来 20～30 年占总用户比率
99.9999%	8%～10%	60%
99.9999999%	0.6%	10%

我国随着产业结构的调整和升级以及新技术产业的不断涌现，会有日益增多的数字化企业，也必将对供电可靠性和电能质量提出越来越高的要求。

三、停电损失

随着社会经济的发展，停电造成的经济损失及对社会的影响越来越大。停电损失指供电中断给社会造成的经济损失，包括用户的损失与供电企业的损失。由于是因供电不完全可靠引起的并且可通过供电可靠性指标来计算，因此又称为供电可靠性成本。

用户停电损失是指用户经历电力中断而造成的经济损失，一般分为直接停电损失和间接停电损失。

（1）直接停电损失是指实际发生停电时及以后一段时间内的损失。

（2）间接停电损失是指用户为减少停电影响调整其活动而支付的额外费用，或采用备用能源而额外承担的费用。

供电企业的停电损失主要是电能销售利润损失以及恢复供电与故障停电修复费用，损失估算一般采用缺供电量乘以平均销售电价。与用户的停电损失相比，供电企业停电损失相对较小且较容易计算。停电损失的重点是用户停电损失。

1. 用户停电损失

（1）出现废品或设备损坏而带来的有形损失。如工业制品报废、炼钢炉凝固、冷冻食物腐烂等。

（2）无形损失。包括因停工停产引起的收益损失，生产恢复费用，给工作生活带来的不便，如停水、无法收看电视等。

用户停电损失与负荷性质、停电持续时间、停电发生的时间、有无预先通知、用户是否拥有备用电源、社会经济发展水平等多种因素有关，但权重最大的还是停电持续时间。不同类别的负荷与停电持续时间的关系差别很大。一些用户，如制衣厂、机器加工厂等，停电损失主要是因停产而损失的收益，与停电持续时间成正比。而对于使用大量数字设备的用户来说，即便是短暂的停电也会造成极大的经济损失，如导致计算机系统数据丢失；自动化生产线长时间停产，产品报废、设备损坏失等。在一些场合，如挤塑设备、电解铝槽工业用户，短暂的停电没有什么影响，但长时间的停电会造成塑化物、电解铝液等凝固，带来巨大的经济损失。

2. 用户停电损失的估算

用户停电损失难以应用简单的数学公式对其进行准确地推算，目前的估算方法可概括为直接估算法和间接估算法。直接估算法是在直接调查用户停电损失的基础上进行的估算，而间接估算法则利用其他经济指标或其他间接手段来近似地进行估算。这里引用一种较为简单的估算方法，即

$$C = Ef \qquad (1\text{-}6)$$

式中　C 为停电经济损失，元；E 为停电缺供电量，$kW \cdot h$；f 为停电损失率，即单位缺供电量用户经济损失，元/（$kW \cdot h$）。

停电损失率与负荷性质有关，商业用户最高，工业用户次之，实际可根据用户用电结构在 20～60 元/（$kW \cdot h$）之间取值。

1.4　开展不停电作业的意义

对供电企业而言，开展不停电作业对提高供电可靠性、减少社会停电损失有着重要作用，同时避免和减少各种停、送电操作，改善作业环境，客观上提高了人身安全和设备安全，进而提升企业的技术水平、服务水平和企业形象等，开展不停电作业的功效具体体现在以下六个方面：

（1）是当前提高供电可靠性最直接、最有效的措施。根据上节分析的 2017年全国城市各类停电原因可清楚地看出，配电的预安排停电，即网络改造、业扩接电、计划（预安排）检修的停电占总停电的 65.17%。目前，我国还处于工业化、城镇化建设的快速发展阶段，电网改造、业扩接电工程占了很大的比例，由此可见，不停电与停电两种不同作业方式产生截然相反的结果，采用不停电

作业能保证向用户不间断供电，是提高供电可靠性的最有效措施。

（2）具有良好的经济效益和社会效益。停电不仅给供电企业、发电厂因减少供电量造成自身直接损失，减少发供电企业的营业收入，延长电力投资回收周期；同时停电也直接影响了用户的生产、生活，造成用户的停电损失，甚至影响社会稳定。以福建某城市为例，2017 年带电作业次数为 1053 次，多供电量 1528.64 万 kW·h，根据式（1-6）计算，可减少用户停电损失 3.05 亿～9.17 亿元；同时按平均销售电价 0.6 元/（kW·h），则供电企业增加售电收入近亿元。

由此可见，开展不停电作业，多供少停，供电企业增加售电收入，提高经济效益；对用户少停电、少损失，企业效益和社会效益十分明显。

（3）大大提高了劳动效率，同时在一定程度也提高了作业的安全性。常规的停电作业除了现场施工安装外，作业前应对作业范围内的电力线路或设备通过倒闸操作进行转电、停电、验电后装设接地线并布置现场等安全措施，作业完毕后再拆除所有接地线，通过倒闸操作恢复送电。这些保证安全的技术措施是必不可少的，而且要遵循正确的作业顺序，才能确保作业人员和操作人员的人身安全。对简单的辐射型配电网来说，作业前布置安全措施和作业后拆除安全措施以及停送电，通常要花费操作人员 1 个多小时（含路程）的时间，若是多分段、多联络等接线复杂的配电网，线路设备及地点多而分散，花上 2～3h 是常见的事，这样，即耗时又耗力；同时在倒闸操作和设置现场安全措施时，若工作不到位或有所疏忽，如发生误操作，都可能带来安全生产事故，甚至造成人身伤害。

而采用不停电作业，无需停、送电的倒闸操作，现场安全措施布置地点固定而且操作简单，减少了工作量和时间，提高了劳动效率；同时不停电作业程序规范，作业现场严格管控，专人专职监护，安全作业水平高。

（4）提升服务效能和质量，树立良好的企业形象。供电企业经常要面对新增用户在业扩报装时希望尽快接入电网供电，市政和城镇建设涉及迁杆移线迫切希望早日得到实施等。这些作业按照传统的作业方法必须是有计划的停电作业，为此，要整合各类计划停电，做到"月度控制，一停多用"，这样势必造成拖长实施时间，同时也增加了停电时间。实施不停电作业，坚持"能带不停"，快速地满足各类涉及电网的作业需要，从而提高了服务效能和质量，更好地履行供好电、服好务的宗旨，树立了供电企业的良好形象。

（5）促进检修方式的进步，更好地保障电网安全。实施不停电作业，电网线路和设备的检修方式就不再局限于传统的停电方式下进行，采用带电检修、

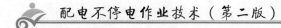

旁路替代运行等均可实现对需要检修的线路或设备及时检修，不需等待停电计划，线路或设备缺陷和隐患得到及时消除，缩短了电力设施带病运行时间，有效地保障电网设备的安全运行。

（6）促进配电装置的标准化。不停电作业受线路装置和天气等外部环境的制约，对配电线路和设备装置标准化要求提高了，如杆型设计、材料和设备的选型、装配等都要求尽量标准化，由此，带动整个配电装置的标准化。

配电网及其作业技术

本章在介绍配电网基本概念以及组成配电网的元件及设备基础上，介绍了配电不停电作业的技术原理，着重介绍适合带电作业的中压配电线路杆型结构，使读者进一步了解配电网设施及其作业技术。

2.1 配电网的基本概念

从输电网（或本地区发电厂）接受电能，就地或逐级向各类用户供给和配送电能的电力网称为配电网。组成配电网的配电设施主要包括变电站、配电线路、开关站、配电所（站或室）、断路器、负荷开关、隔离开关、配电变压器（杆上或户内）等。配电网及其二次保护、监视、测量与控制设备组成的整体称为配电系统。配电系统直接连接用户，因此，对配电系统的基本要求是供电安全、可靠，电能质量合格、运行维护成本低、电能损耗小，同时配电设施要与周围环境相协调等。

配电网根据所在地域或服务对象的不同，可分为城市配电网与农村配电网；根据配电线路类型的不同，可分为架空配电网与电缆配电网；根据电压等级的不同，可分为高压配电网、中压配电网、低压配电网。在我国，高压配电网的电压一般采用 110kV 与 35kV，东北地区使用 66kV；中压配电网的电压是 10、20kV（大用户企业配电系统有的采用 6kV）；低压配电网的电压一般为三相四线制 380V、单相两线制 220V。

电力系统各级电压网络之间的关系及其划分如图 2-1 所示。发电厂发出的电能通过各电压等级的电网，经过输、变、配电环节送到用户，连接在高压配电网的各个高压/中压（HV/MV）变电站分别向各自对应的中压配电网供电。工矿企业等大用户可由高压配电网或中压配电网直接供电，居民、商业等普通用户一般连接到低压配电网上，并由中压配电网上的配电变压器供电。图 2-1 中标出了输电网与配电网划分示意，二者之间的分界点是高压变电站的低压侧母线，而配电网与用户的分界点是用户进线处（产权分界点）；同时随着分布式电源（风力发电、光伏及储能）接入配电网，配电网由传统的无源配电网发展为电能双向流动的有源配电网。

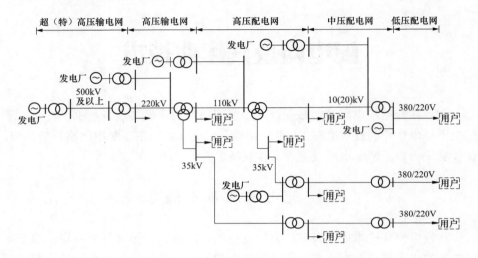

图 2-1　输电网与配电网划分示意图

配电网二次系统主要包括继电保护与自动控制系统、远程监控与管理信息系统、计量系统等，完成配电网的保护、测量、调节、控制等功能。

配电网直接连接用户，是确保供电质量的最直接、最关键的环节，同时还具有如下特点。

（1）用户遭受的停电绝大部分是由于配电环节造成的。据供电可靠性统计表明，扣除系统容量不足限电因素，因配电环节造成的停电，占总停电事件的95%左右（其中，中低压配电占近90%），而高电压输变电环节造成的停电仅占5%左右，如图 1-6 所示。

（2）电网一半以上的传输电能损耗发生在中低压配电网。

（3）配电网保护、控制装置的配置相对要简单一些，技术要求也相对低一些。如允许继电保护装置延时动作切除配电线路末端的故障，而在输电线路上任何一点发生故障时，都要求继电保护装置快速动作。

（4）中压配电网一般采用辐射型或环网开环运行的供电方式，分支线路大都是采用 T 接，低压配电网则一般采用辐射型的供电方式。

（5）配网设备整体运行效率低。据有关资料，美国电网的载荷率为55%左右，而其中占整个电网总资产75%的配电网资产的利用率更低，年平均载荷率

16

仅约 44%。我国则更低，多数城市 10kV 配电线路和变压器的年平均载荷率在 30%左右。

（6）配网设备遍布城市和农村，是城乡公共基础设施的组成部分，同时受市政建设和用户负荷发展的影响，网络结构与设备变动相对频繁。

由此可见，配电网运行状况直接影响用户供电可靠性，要进一步提高供电质量和电网运行效率，必须在配电系统上下功夫，加强配电系统技术创新与管理工作。

2.2　配电网的基本构成

一、配电网的接线方式

中压配电网是指由中压配电线路和配电设备组成的向用户提供电能的配电网。中压配电网的功能是从输电网或高压配电网接受电能，向中压用户供电，或向各用户小区负荷中心的配电变压器供电，再经过降压后向下一级低压配电网提供电源。低压配电网是指由低压配电线路及其附属配电设备组成的向用户提供电能的配电网。低压配电网以中压配电网的配电变压器为电源。

（一）中压配电网的接线方式

中压配电网主要有辐射型、环网型等典型的接线方式。

1. 辐射型

辐射型是指一路馈线由变电站母线引出，按照负荷的分布情况，呈辐射式延伸出去，线路没有其他可联络的电源，如图 2-2 所示。辐射型有时称为树干式或放射式，它的优点是简单、投资较小、维护方便；但是供电可靠性较低，适合于农村、乡镇和供电可靠性要求不高的区域。

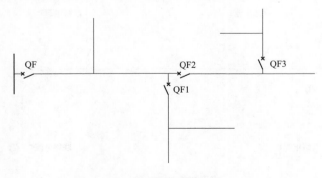

图 2-2　辐射型接线图

2. 环网型接线

普通环网型接线是指来自不同变电站（或同一个变电站的不同母线段）的两回馈线，利用柱上开关或环网单元连接成"手拉手"环式的接线方式，如图2-3所示，联络开关 QF_L 通常为开环运行。这种接线方式简单清晰、供电可靠性较高，投资比辐射型要高些，馈线输送容量的利用率较低，但配电线路停电检修可以分段进行，大大提高供电可靠性，适合于城市配电网，乡镇也可采用。

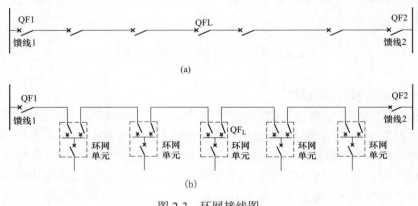

图 2-3　环网接线图

（a）架空环网；（b）电缆环网

3. 多分段、多联络接线

多分段、多联络是指每回馈线的每个分段均有联络电源可转供电的接线方式，如图 2-4 所示，一般以三分段三联络为主。这种接线供电可靠性和馈线输送容量的利用率较高，综合投资较省，但配电线路检修停电较复杂，架空线路较常采用。

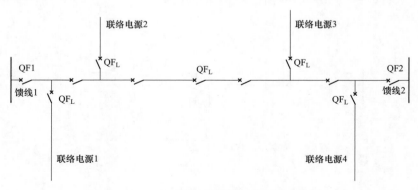

图 2-4　多分段、多联络接线图

为了提高馈线输送容量的利用率,还可采用两供一备等方式的多环网接线,如图 2-5 所示,有一路专门用于备用的馈线可转供电,馈线输送容量的综合利用率可由 50%提高到 66.7%。

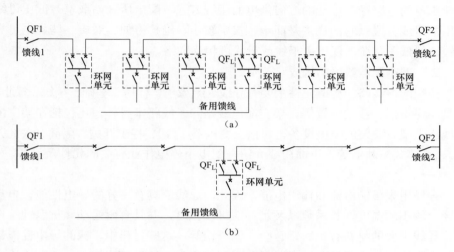

图 2-5 两供一备的环网接线图

（a）两供一备的电缆环网；（b）两供一备的架空环网

4. 双 T 辐射型的接线方式

双 T 辐射型是指每回馈线为辐射型的供电方式,而每个用户由两回及以上的馈线（来自不同变电站或同一个变电站的不同母线段）分别 T 接引入主、备电源,形成Ⅱ型供电的接线方式,如图 2-6 所示,由于每个用户至少有两个电源,因此供电可靠性很高。

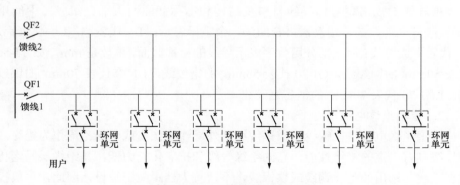

图 2-6 双 T 辐射型的接线图

19

（二）低压配电网的接线方式

低压配电网一般采用辐射型接线方式，即低压线路由配电变压器低压侧引出，按照负荷的分布情况，呈放射式延伸出去，线路没有其他可联络的电源，只能由单的一路径与单一的方向供电的接线方式，配电所（站或室）低压母线采用单母线分段。它的优点是简单、投资较小、维护方便。对于一些供电可靠性较高的低压负荷，低压主干线或母线可相互联络。

二、架空配电线路的构成

架空配电线路的构成元件主要有导线、绝缘子、杆塔、基础、拉线、横担、金具和避雷器、接地装置等。架空配电线路除了线路本身外，还包括在架空配电线路上架设安装的配电设备，如柱上变压器（台）、柱上开关、隔离开关（刀闸）、跌落式熔断器等，下面简要介绍与配电不停电作业有关的元件及设备。

（一）导线

导线用来传输电流和输送电能，因此，导线应具有良好的导电性能、自重较轻、较小的温度伸长系数以及足够的机械强度，并具有耐震动和抗腐蚀等性能。导线主要的材料有铝、铝合金、铜、钢等。这些材料中，铜的导电性能最好、电阻比铝低、机械强度高，但我国铜的产量和储量都比较少，工业用途广泛，价格昂贵，在架空线路上较少采用。

铝的导电性能也很好，也有较强的抗氧化能力。铝的电阻虽然高于铜，但铝的密度小、质量小，而且我国铝的资源丰富、价格低廉，广泛用于架空线路上。铝的缺点是机械强度较低，耐酸、碱、盐的腐蚀能力较差。

钢芯铝绞线是以钢线为线芯，外面再绞上多股铝线，它既利用了铝线良好的导电性能，又利用了钢绞线的高机械强度。

1. 裸导线

裸导线的规格型号由导线材料及结构和标称截面两大部分组成，中间用"—"隔开。前一部分用汉语拼音的第一个字母表示：T—代表铜，L—代表铝，J—代表多股绞线；后一部分用数字表示导线的标称截面，单位是 mm^2。如 TJ-50 代表 $50mm^2$ 的铜绞线，GJ-70 代表 $50mm^2$ 的钢绞线，LJ-70 代表 $70mm^2$ 的铝绞线，LGJ-70 代表 $70mm^2$ 的钢芯铝绞线。

2. 橡塑绝缘电线

橡塑绝缘电线是在铜绞线或铝绞线的外层注塑橡皮或聚氯乙烯作为绝缘，使导线具有一定的绝缘性能，它的绝缘等级和抗老化能力低，其绝缘层易老化脆裂。线芯选用的是软铜线或软铝线，不适宜大档距架空敷设，因此，一般仅在低压架空接户线使用。其型号有：BLX—铝芯橡皮线、BLV—聚氯乙烯铝芯绝缘线、BX—铜芯橡皮线、BV—聚氯乙烯铜芯绝缘线。

3. 架空绝缘导线

架空绝缘导线又称架空绝缘电缆，是以耐候型绝缘材料作外包绝缘，由导体、半导电屏蔽层、绝缘层组成。导体的材料有钢芯铝绞线、铝绞线和铜绞线，耐候型材料一般采用耐候型聚氯乙烯、聚乙烯或交联聚乙烯等。绝缘导线主要用于架空敷设，线芯一般采用紧压的硬铜或硬铝线芯。

架空绝缘导线的规格型号由导线材料及结构、电压等级和标称截面三大部分组成，中间用"—"隔开。

（1）第一部分代表导线材料及结构，用汉语拼音的第一个字母组合表示为：J—代表绝缘，K—代表架空，L—代表铝，Y—代表交联，J—代表多股绞线。

（2）第二部分为电压等级，单位 kV。

（3）第三部分用数字表示导线的标称截面，单位是 mm^2。

常用的导线材料有：JKYJ—铜芯交联聚乙烯绝缘架空电缆，JKLYJ—铝芯交联聚乙烯绝缘架空电缆等。如 JKLYJ-10-50 代表 $50mm^2$ 的 10kV 铝芯交联聚乙烯绝缘架空导线，又如 JKLYJ-1-50 代表 $50mm^2$ 的 1kV 铝芯交联聚乙烯绝缘架空导线。

4. 平行集束导线

平行集束导线的全称是平行集束架空绝缘电缆，是用绝缘材料连接筋把各条绝缘导线连接在一起而构成的。导体有铜芯、铝芯两种；绝缘材料有耐候聚氯乙烯、耐候聚乙烯、交联聚乙烯三种；结构型式分为方型（BS_1）、星型（BS_2）和平型（BS_3）三种。常用的低压四芯铝芯平行集束导线型号为 BS-JKLY-0.6/1，结构图如图 2-7 所示。

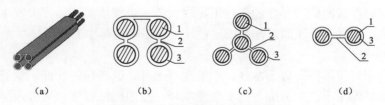

图 2-7 平行集束导线的结构图

（a）结构图；（b）方型（BS_1）；（c）星型（BS_2）；（d）平型（BS_3）

1—导体，为铜或铝；2—连接筋，为聚氯乙烯、聚乙烯、交联聚乙烯；

3—绝缘，为聚氯乙烯、聚乙烯、交联聚乙烯

5. 导线截面

在各种气象条件下，要保证线路的安全运行，导线必须满足相应的电气性能、机械强度、抗腐蚀性能，并保持一定的空气间隙和绝缘水平。近年来绝缘

导线的大量采用，提高了配电线路的安全性、可靠性，增强了配电线路抵御异物短路和恶劣自然环境的能力。架空导线除了在运行中承受自重的荷载、风压以外，还承受温度变化及冰雪、风力等外荷载，这些荷载可能使导线承受的拉力大大增加，导线截面越小，承受外荷载的能力越低，为了保证安全，导线应有一定的抗拉机械强度，在大风、冰雪或低温等不利气象条件下不致发生断线事故。设计规程规定，导线截面一般不宜小于表 2-1 所列数值。

表 2-1　　　　　　　　　　导线最小截面参考表　　　　　　　　　/mm²

导线种类	中压配电线路			低压配电线路		
	主干线	分干线	分支线	主干线	分干线	分支线
铝绞线 铝合金线	120	70	35	70	50	35
铜绞线	95	50	16	70	35	16
钢芯铝绞线	120	70	35	70	50	35

　　6. 导线的应力和弧垂

　　导线的应力和弧垂的大小是相互联系的，弧垂越大，导线的应力越小；反之，弧垂越小，应力越大。由此可见，在架设导线时，导线的松紧程度直接关系到弧垂，关系到导线及杆塔的受力大小和导线对被跨越物及地面的距离，影响到线路的安全性与经济性。从导线强度的安全角度出发，应加大弧垂从而减少应力，以提高安全系数；但是，若弧垂大了，则为保证带电导线的对地安全距离，在档距相同的条件下，必须增加杆高或缩短档距，结果使线路建设投资增加。同时在线间距离不变的条件下，增大弧垂也就增加了运行中发生混线事故的几率。所以，导线的弧垂是线路设计、施工和运行中的重要技术参数。

　　（二）杆塔

　　按所用材料不同可分为木杆、钢筋混凝土杆、铁塔和钢管杆。钢筋混凝土电杆由钢筋混凝土浇制而成，俗称水泥电杆，按照机械强度分为普通型杆和预应力杆，按照水泥电杆的形状分为拔梢杆和等径杆。使用最多的为拔梢杆，也称锥形杆，其拔梢度为 1:75。水泥电杆的规格型号由长度、梢径、荷载级别组成，常用的水泥电杆长度有 6、8、9、10、12、15m，有整根和组装杆；梢径一般有 150、190mm 和 230mm，等径杆通常有 300mm。此外，预应力混凝土电杆用"Y"表示，部分预应力混凝土电杆用"BY"表示，不同标准检验荷载用 Q1、Q3、A、B、C、D…代号表示。

　　杆塔按照在架空线路中的用途分为直线杆、耐张杆、转角杆、终端杆、分支杆等。

（1）直线杆。用在直线段线路中间，以支持导线、绝缘子、金具，承受导线的自重和水平风力荷载，但不能承受线路方向导线张力。

（2）耐张杆。即承力杆，它要承受导线水平张力，同时将线路分隔成若干个耐张段，以加强机械强度，限制倒杆断线的范围。

（3）转角杆。为线路转角处使用的杆塔，正常情况下除承受导线等垂直荷载和内角平分线方向水平风力荷载外，还要承受外角平分线方向拉线全部拉力的合力。

（4）终端杆。为线路终端处的杆塔，除承受导线的自重和水平风力荷载外，还要承受顺线路方向全部导线的合力。

（5）分支杆。为线路分支处的杆塔，除承受直线杆塔所承受的荷载外，还要承受分支导线等的垂直荷载、水平风力荷载和分支线方向导线及拉线的全部拉力。

（三）绝缘子

绝缘子俗称瓷瓶，其作用是使导线和杆塔绝缘，同时还承受导线及各种附件的机械荷载。通常，绝缘子的表面被做成波纹形的，按照材质分为陶瓷和合成绝缘子，中压架空配电线路常用的绝缘子有针式绝缘子、蝶式绝缘子、悬式绝缘子、瓷横担、支柱式绝缘子和瓷拉棒绝缘子，低压线路用的低压绝缘子有针式和蝶式两种，如图2-8所示。

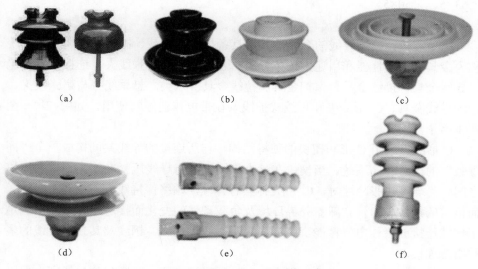

图 2-8　绝缘子的外形图（一）

（a）针式绝缘子；（b）蝶式绝缘子；（c）悬式绝缘子；（d）耐污盘形悬式
绝缘子；（e）瓷横担绝缘子；（f）支柱式绝缘子

（g）　　　　　　　　　　　　　　（h）

图 2-8　绝缘子的外形图（二）

（g）棒型绝缘子；（h）合成绝缘子

（四）横担

横担用于支持绝缘子、导线及柱上配电设备，保证导线间有足够的相间距离，因此横担要有一定的强度和长度。常用的横担为角铁横担，应采用热镀锌防腐处理。

规格第一个数字代表角铁的两等边直角边的长度，第二个数字代表厚度，第三个数字代表长度，如∠63×5×1300。常用横担的角铁规格有∠80×8、∠75×5、∠63×5、∠50×5。

（五）金具

用于连接、紧固导线的金属器具，具备导电、承载、固定的金属构件，统称为金具。按其性能和用途大致可分为：悬垂线夹与耐张线夹、连接金具、绝缘导线金具、接续金具、保护金具和拉线金具等六类。悬垂线夹与耐张线夹、绝缘导线金具、C 形线夹和预绞式护线条在带电作业经常使用，如图 2-9～图 2-11 所示。

C 形线夹采用 C 形和楔块的独特结构，与所连接的导线共同构成一个"同呼吸"的能量存储系统。当楔块在外力作用下，将导线压紧在线夹壳体和楔块之间。当导线热胀冷缩时，C 形壳体具有弹性，始终保持线夹与导线之间持久而恒定的接触压力，它随着外界环境及负载条件的变化而接触压力不变，满足了接续连接的最佳电气性能，广泛应用于铝线、铜线、钢线及其合金导线的多种组合连接。

预绞式护线条具有弹性的铝金丝，预绞成螺旋状，紧紧包住导线产生握紧力，以提高导线的耐振性能。预绞式护线条用来保护导线免受振动、线夹压应力、摩擦、电弧和一切外来的其他损伤，可作为修补条，用来修补已受到损伤的导线，使它恢复原来的机械强度及导电性。

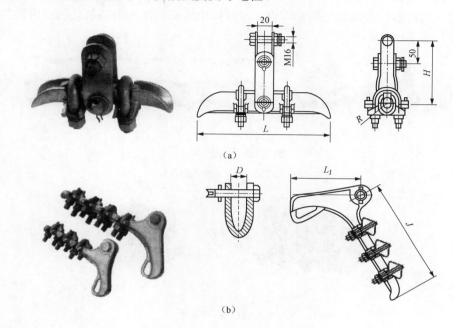

图 2-9　悬垂线夹与耐张线夹

（a）XGU 型悬垂线夹；（b）螺栓型耐张线夹

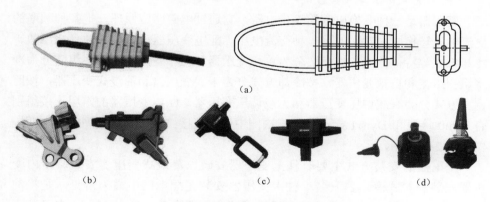

图 2-10　绝缘导线的金具

（a）普通楔型耐张线夹；（b）带绝缘罩的楔型耐张线夹；（c）验电接地环及绝缘罩；（d）穿刺线夹

（六）避雷器

避雷器是一种能释放过电压能量、限制过电压幅值的保护设备。避雷器应装在被保护设备附近，跨接于其端子之间。避雷器按工作元件的材料分为碳化硅阀式避雷器、金属氧化物避雷器，户外配电线路常用的金属氧化物避雷器如图 2-12 所示。

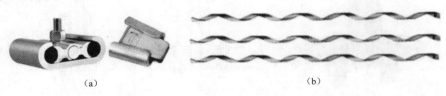

（a）　　　　　　　　　　　　　　　　（b）

图 2-11　接续金具

（a）C 形线夹；（b）预绞式护线条

（a）　　　　　　　　　　　　（b）

图 2-12　氧化锌避雷器

（a）中压避雷器；（b）低压避雷器

（七）配电变压器及其台架

变压器是一种变换电压的静止电器，它通过电磁感应原理，把某种频率的交流电压转换成同频率的另一种交流电压。配电变压器可以按相数、绕组数、冷却方式等特征分类。按相数分为单相变压器和三相变压器，按绕组数分为双绕组变压器和自耦变压器，按冷却方式分为干式变压器和油浸式变压器，按照调压方式分为有载调压变压器和无载调压变压器。配电变压器的常用连接组别有 Yyn0 接线和 Dyn11 接线等，二次侧中性点直接接地。几种典型的配电变压器如图 2-13 所示。

变压器的安装方式主要有柱上变压器安装、落地式变压器安装、室内变压器安装和箱式变压器安装。柱上变压器安装在配电网中最为常见，是将油浸式配电变压器安装在由线路电杆组成的变压器台架（变台）上，它可分为单杆式变台和双杆式变台。柱上变压器具有施工安装简单、运行维护方便的优点，因此，变压器容量在 400kVA（20kV 宜 500kVA）及以下一般采用柱上安装。

变压器台架应尽量避开车辆、行人较多的场所，便于变压器的运行与检修，在电杆转角、分支电杆，装有线路开关的电杆，装有高压接户线或高压电缆头的电杆，交叉路口的电杆和低压接户线较多的电杆处不宜装设变台。

图 2-13　典型配电变压器外形图

（a）普通油浸式配电变压器；（b）密封式油浸式变压器；（c）环氧树脂浇注固体
绝缘干式变压器；（d）非包封空气绝缘干式变压器

（1）双杆变台。将变压器安装于由线路的两根电杆组装成的变台，如图 2-14（a）所示。它通常在距离高压杆 2～3m 远的地方再另立一根电杆，组成 H 形变台，在离地 2.5～3m 高处用两根槽钢搭成安放变压器的水平架子，杆上还装有横担，以便安装户外高压跌落式熔断器、高压避雷器、高低压引线和低压隔离开关（刀闸）。

（2）单杆变台。将变压器安装于由一根线路电杆组装成的变台，如图 2-14（b）所示，适用于容量较小的变压器。通常在离地面 2.5～3m 的高度处，装设两根角铁横担作为变压器的台架，在距台架 1.7～1.8m 处装设横担，以便装设高压绝缘子、跌落式熔断器及避雷器。

(a) (b)

图 2-14　配电变压器台架图

（a）双杆变台；（b）单杆变台

（八）各类柱上开关设备

1. 柱上开关

开关是指通过开启和关闭可使电路开路或接通，使电流中断或通过的电力设备的统称，按不同使用功能分为断路器、负荷开关、重合器、分段器。

断路器是一种反应故障电流后按照整定电流和时间跳闸的开关，它能开断、关合短路电流；负荷开关是一种用来切断额定负荷电流的开关，它不能开断短路电流但能关合短路电流；重合器是一种自具控制及保护功能的开关设备，能够按照预定的开断和重合顺序实现自动开断和重合操作；分段器是一种能记录故障电流次数并当次数达到预设值后自动分闸（在无电压无电流时）并闭锁的开关，它不能开断、关合短路电流，通常与电流型重合器配合使用。

开关的结构很多，形式各样，常用的柱上开关外形如图 2-15 所示。柱上开关安装如图 2-16 所示，一般安装要求对地距离不少于 4.5m，各引线相间距离不少于 300mm（20kV 不小于 500mm）。

（a）　　　　　　　　（b）　　　　　　　　（c）

图 2-15　柱上开关外形

（a）ZW8 真空断路器；（b）ZW32 型真空断路器；（c）LW3 六氟化硫断路器

2. 跌落式熔断器

跌落式熔断器由绝缘套管、熔丝管和熔丝元件三部分构成，如图 2-17 所示，在熔丝管内装有用桑皮纸或钢纸等制成的消弧管。跌落式熔断器的作用是当下一级线路设备短路故障或过负荷时，熔丝熔断、跌落式熔断器自动跌落断开电路，确保上一级线路仍能正常供电。熔丝熔断，跌落式熔断器自动跌落后有一个明显的断开点，以便查找故障和检修设备。高压跌落式熔断器用于高压配电线路、电力变压器、电压互感器、电力电容器等电气设备的过载及短路保护。

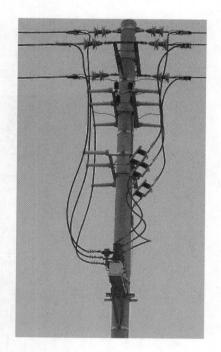

跌落式熔断器应安装在横担上，如图 2-18 所示，横担应有足够的强度，还要保证三相相间距离及对地距离要求。跌落式熔断器进出线应用绝缘子固定并保持相间及对地距离，连接应用专用设备线夹，接触牢固。

图 2-16　柱上开关安装图

3. 柱上隔离开关（刀闸）

隔离开关的结构由导电部分、绝缘部分、底座部分组成，如图 2-19 所示。隔离开关无灭弧能力，不允许带负荷分闸和合闸。但它断开时可形成可见的明显开断点和安全距离，保证停电检修工作的人身安全，因此又俗称隔离刀闸，主要装在高压配电线路的出线杆、联络点、分段处、不同单位维护的线路分界点处。

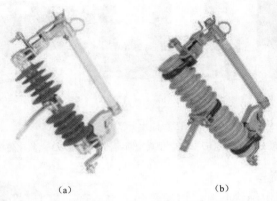

（a）   （b）

图 2-17　跌落式熔断器

（a）HRW11-10 型（复合绝缘子底座）；（b）RW11-10 型（瓷绝缘子底座）

图 2-18　跌落式熔断器安装图

（a） （b）

图 2-19 柱上隔离开关（刀闸）

（a）瓷绝缘支柱隔离开关；（b）硅橡胶绝缘支柱隔离开关

三、配电电缆线路的构成

电缆线路是指采用电缆输送电能的线路，它主要由电缆本体、电缆中间接头、电缆终端头等组成，还包括相应的土建设施，如电缆沟、排管、竖井、隧道等。电力电缆及终端头是配电不停电作业中旁路作业常用的元件。

电力电缆的基本结构由导体、绝缘层、护层（包括护套和外护层）三部分组成，如图 2-20 所示。中压电缆主绝缘包括内半导电屏蔽层、绝缘层、外半导电屏蔽层三层结构。电缆采用铜或铝作为导体；绝缘体包在导体外面起绝缘作用，可分为纸绝缘、橡皮绝缘和塑料绝缘三种；护套起保护绝缘层的作用，可分为铅包、铝包、铜包、不锈钢包和综合护套；外护层一般起承受机械外力或拉力作用，防止电缆受损，主要有钢带和钢丝两种。电缆终端头是电力电缆线路两端与其他电气设备连接的装置，如图 2-21 所示。

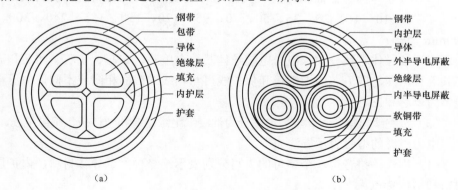

（a） （b）

图 2-20 电力电缆结构示意图

（a）四芯低压电缆；（b）三芯中压电缆

常用电力电缆的分类方法如下：

（1）按电压等级分类。电压等级有两个数值，用斜杠分开，斜杠前的数值是相电压值，斜杠后的数值是线电压值，中低压配电网中常用电缆的电压等级有 0.6/1、3.6/6、6/10、8.7/10、8.7/15、12/20、18/20、18/30 等。

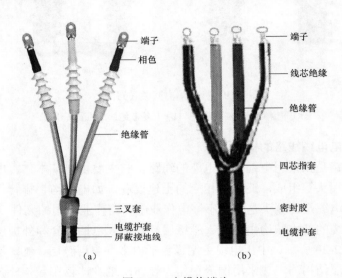

（a）　　　　　　　　　　　　（b）

图 2-21　电缆终端头

（a）中压电缆终端头；（b）低压四芯电缆头

（2）按导体材料分类。电力电缆分为铜芯电缆和铝芯电缆两种。

（3）按导体标称截面积分类。我国电力电缆的标称截面积系列为：1.5、2.5、4、6、10、16、25、35、50、70、95、120、150、185、240、300、400mm^2 等。

（4）按导体芯数分类。电力电缆导体芯数有单芯、二芯、三芯、四芯和五芯共五种，四芯或五芯的中性线和保护线可与相线的截面相同或不同，中压电缆多为单芯和三芯。

（5）按绝缘材料分类。电力电缆分为油浸纸绝缘电缆和塑料挤包绝缘电缆。

电力电缆的型号表示方法如下。

（1）用汉语拼音第一个字母的大写分别表示绝缘种类、导体材料、内护层材料和结构特点。

（2）用数字表示外护层构成，有两位数字。第一位数表示铠装，无数字代表无铠装层；第二位数表示外被，无数字代表无外被层。

（3）电缆型号按电缆结构的排列一般依下列次序：绝缘材料、导体材料、内护层、外护层。

（4）电缆产品用型号、额定电压和规格表示。其方法是在型号后再加上说明额定电压、芯数和标称截面积的阿拉伯数字。

如 VV$_{42}$—10—3×50，表示铜芯、聚氯乙烯绝缘、粗钢线铠装、聚氯乙烯护套、额定电压 10kV、三芯、标称截面积为 50mm^2 的电力电缆。

YJV$_{32}$—1—4×150 表示铜芯、交联聚乙烯绝缘、细钢丝铠装、聚氯乙烯护套、额定电压 1kV、四芯、标称截面积为 150mm^2 电力电缆。

电缆的敷设方式应根据电压等级、最终数量、施工条件及初期投资等因素确定，主要的敷设方式有直埋敷设、排管敷设、电缆沟敷设、隧道敷设、桥架敷设、电缆竖井敷设、架空敷设、海底电缆敷设等。

四、其他常用配电装置

前面已介绍了配电变压器、柱上开关、跌落式熔断器、柱上隔离开关（刀闸）等配电装置，除此之外，其他常用配电装置还包括配电盘柜、户外环网单元、电缆分支箱等，是在不停电作业中电源旁路改接时将涉及的设备。

（一）配电盘柜

配电盘柜又称开关柜，是以开关为主的电气设备，将中低压电器（包括控制电器、保护电器、测量电器）以及母线、载流导体、绝缘子等装配在封闭的或敞开的金属柜体内，作为接受和分配电能的配电装置，又称成套开关柜或成套配电装置。

1. 中压开关柜

按照功能可分为进线柜、馈线柜、联络柜、TV 柜、计量柜等，按断路器安装方式分为移开式（手车式）和固定式。常用的中压开关柜有 GGX2 箱型固定式金属封闭开关设备、JYN 间隔移开式金属封闭式开关设备（又称落地式手车柜）、KYN 铠装金属封闭开关柜（又称中置式手车柜）、C—GIS 柜式气体绝缘金属封闭开关设备（国际上简称 C—GIS，俗称的充气柜），如图 2-22 所示。

2. 低压开关柜

低压开关柜是由刀开关、低压断路器（或称自动空气开关）、熔断器、接触器、避雷器和监测用各种交流电表及控制电路等组成，并根据需求数量组合装配在箱式配电柜体内的配电装置。

按开关柜的功能来分有：进线柜、馈线柜、联络柜、计量柜、无功补偿柜等；按照结构的不同，分为固定式低压开关柜和抽屉式低压开关柜两种，固定式低压开关柜柜型主要有 PGL 和 GGD 两种，抽屉式低压开关柜常用型号有 GCK、GCL 和 GCS 三种，如图 2-23 所示。

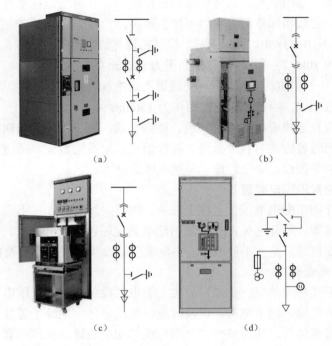

图 2-22　中压开关柜

（a）GGX2 开关柜；（b）JYN2 开关柜；（c）KYN28 开关柜；（d）C—GIS 开关柜

图 2-23　低压开关柜（一）

（a）PGL 开关柜；（b）GGD 开关柜

（c）　　　　　　　　　　　　　　　　（d）
（e）　　　　　　　　　　　　　　　　（f）

图 2-23　低压开关柜（二）
（c）GCK（GCL）开关柜；（d）GCS 开关柜；（e）MNS 开关柜；（f）MCS 开关柜

（二）户外环网单元

户外环网单元，又称环网站，它是由两路以上的开关［负荷开关、负荷开关与熔断器组合电器、断路器（或负荷开关）组合］与硬母线共箱密闭在同一个充有 SF_6 的不锈钢金属外壳气室内组成的预装式组合电力设备，如图 2-24 所示，采用 SF_6 作为灭弧介质和绝缘介质，开关的出线套管及终端头也采用全绝缘、全密封，适用于户外环境。

（三）电缆分支箱

电缆分支箱用于连接两个以上电缆终端的封闭箱，以分配电缆线路分支路的电力设备，终端头采用封闭式的肘形头或 T 形头，适用于户外环境，如图 2-25 所示。它由 2～8 路的进出线及其连接母线、电缆终端接头组成，能满足多种接线要求，常用于电缆分支线，不宜用于主干线。

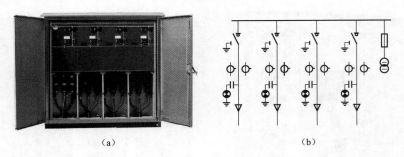

（a） （b）

图 2-24 户外环网单元

（a）外观图；（b）电气接线图

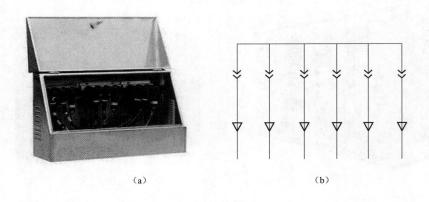

（a） （b）

图 2-25 电缆分支箱

（a）外观图；（b）电气接线图

（四）箱式变压器

箱式变压器（预装式箱式变电站的简称）是一种将电力变压器和高、低压配电装置等组合在一个或几个柜体组成的整体，可以吊装运输的箱式电力设备，适用于户外环境。箱式变压器的总体结构主要分为高压开关设备、变压器及低压配电装置三大部分。高压开关设备所在的室一般称为高压室，变压器所在的室一般称为变压器室，低压配电装置所在的室称为低压室，这三个室在箱式变电站中可有"目"字形布置和"品"字形布置。箱式变电站由多件单独设备根据使用者需要组合，因此有各种形式和功能，根据其结构的不同可分为美式箱式变电站和欧式箱式变电站，如图 2-26 所示。

美式箱式变电站是将变压器、负荷开关、保护用熔断器等设备统一设计，变压器的绕组和铁芯、高压负荷开关及保护用熔断器都在同一充满油的箱体内，没有相对独立的高低压开关柜。箱体为全密封结构，采用隐蔽式高强度螺栓及硅胶来密封箱盖，而低压室另外独立设置于油箱外。

（a）

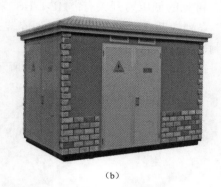
（b）

图 2-26　箱式变压器

（a）美式；（b）欧式

欧式箱式变电站（预装式变电站）是将高压开关设备、变压器和低压配电装置放置在三个不同的隔室内，通过电缆或母线来实现电气连接的设备。高低压开关柜相对独立紧凑组合并与变压器预装在可以吊装运输的箱体内，变压器室、高压室及低压室都装有独立的门，因而其体积比美式箱式变电站较大。

地埋式变电站是一种将变压器、高压负荷开关和保护熔断器等安装在油箱之中的紧凑型组合式全密封的配电设施，如图 2-27 所示，安装时置于地坑之中。

（五）常用低压开关

1. 低压刀开关

低压刀开关通常由绝缘底板、动触头（闸刀）、静触头（刀夹座）和操作手柄组成，以接通（或分断）电路的一种开关，又称刀开关或隔离开关，是一种最简单而使用又较广泛的

图 2-27　地埋式变压器

低压电器，可采用壁挂式安装，也可固定安装在小型配电箱内。其主要用途是隔离电源，在电气设备维护检修需要切断电源时，使之与带电部分隔离，并保持足够的安全距离，保证检修人员的人身安全。

低压刀开关可分为不带熔断器式和带熔断器式两大类。带熔断器式低压刀开关具有短路保护作用，按照极数可以分为单极刀开关、双极刀开关和三极刀

开关；按照转换方式可以分为单投式刀开关、双投式刀开关，双投式刀开关用于两个回路之间的切换；按操作方式可分为手柄直接操作式、杠杆式刀开关。

常见的低压刀开关有：HD、HS 系列刀开关，HR 系列熔断器式刀开关，HG 系列熔断式刀开关，HX 系列旋转式刀开关、HK 熔断器组刀开关，HH 系列封闭式开关熔断器组等。

HD、HS 系列刀开关如图 2-28 所示。

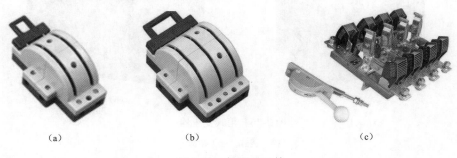

（a）　　　　　　　　　（b）　　　　　　　　　（c）

图 2-28　低压刀开关

（a）HD11 两极；（b）HD11 三极；（c）HS14 四极双投

2. HR 系列熔断器式刀开关

HR 系列熔断器式刀开关由底座、手柄和熔断体支架组成，常以侧面手柄式操动机构来传动，熔断器装于刀开关的动触片中间，其结构紧凑。它用熔断体或带有熔断体的载熔件作为动触点，作为电气设备及线路的过负荷及短路保护用。通常固定安装在小型配电箱内。正常情况下，电路的接通、分断由刀开关完成；故障情况下，由熔断器分断电路。如图 2-29 所示为 HR3 熔断器式刀开关。

图 2-29　HR3 熔断器式刀开关

3. HK 系列刀开关熔断器组

刀开关熔断器组是刀开关的一极或多极与熔断器串联构成的组合电器，广泛用于照明、电热设备及小容量电动机的控制线路中，手动不频繁地接通和分断电路的场所，与熔断体配合起短路保护的作用。常用的有 HK2、HK8 系列旋转式刀开关熔断器组，又称开启式负荷开关或胶盖瓷底刀开关。HK2 系列开启式负荷开关由刀开关和熔体组合而成，如图 2-30 所示。瓷底座上装有进线座、静触头、熔体、出线座及带瓷质子柄的刀片式动触头，上面装有胶盖以防操作时触及带电体或分断时熔断器产生的电弧飞出伤人。

图 2-30　HK2 刀开关熔断器组

4. 低压断路器

低压断路器利用空气作为灭弧介质的开关电器，又称自动空气开关、自动开关，是低压配电网中常用的一种电气设备。在正常情况下，不频繁地接通或开断电路；在故障情况下，切除故障电流，保护线路和电气设备。低压断路器具有操作安全、安装使用方便、分断能力较高等优点，在各种低压电路中得到广泛应用。低压断路器按结构形式分为框架式（万能式）断路器和塑壳式断路器两大类。

（1）框架式断路器。框架式断路器在一个框架结构的底座上装设所有组件。由于框架式断路器可以有多种脱扣器的组合方式，而且操作方式较多，故又称为万能式断路器，CW 系列万能式断路器如图 2-31 所示。框架式断路器容量较大，固定安装在低压成套配电开关柜内，用于配电变压器低压侧总出线、母线联络断路器或大容量低压馈线断路器和大型电动机控制断路器。

（2）塑壳式断路器。塑壳式断路器是所有部件都安装在一个塑料外壳中，没有裸露的带电部分，提高了使用的安全性，如图 2-32 所示。塑壳式断路器多为非选择型，固定安装在低压配电箱或成套配电开关柜，一般用于配电馈线控制和保护、小型配电变压器的低压侧总出线、动力配电终端控制和保护，以及住宅配电终端控制和保护，也可用于各种生产机械设备的电源开关。

图 2-31　CW 系列万能式断路器　　　　　　图 2-32　塑壳式断路器

　　微型断路器是一种结构紧凑、安装便捷的小容量塑壳式断路器，主要用来保护导线、电缆和作为控制照明的低压开关，带有传统的热脱扣、电磁脱扣，具有过载和短路保护功能。漏电保护开关不仅与其他断路器一样可将主电路接通或断开，而且具有漏电流检测和判断功能，当主回路中发生漏电或绝缘破坏时，漏电保护开关可根据判断结果将主电路接通或断开的开关元件。其基本形式为宽度在 20mm 以下的片状单极产品，将两个或两个以上的单极组装在一起，可构成联动的二、三、四极断路器，如图 2-33 所示。微型断路器固定安装在小型低压配电箱，广泛应用于民用电配线的分路、小容量动力配电中。

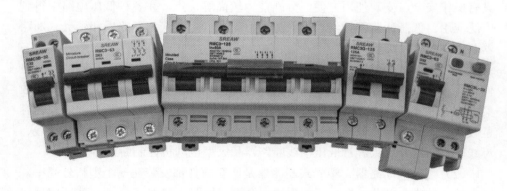

图 2-33　微型断路器

5. 低压熔断器

低压熔断器一般由金属熔体、连接熔体的触点装置和外壳组成。常用低压熔断器外形如图 2-34 所示，是一种最简单的保护电器，它串联干电路中，当电路发生短路或过负荷时，熔体熔断自动切断故障电路，使其他电气设备免遭损坏。低压熔断器具有结构简单、价格便宜，使用、维护方便，体积小，自重轻等优点，因而广泛应用于低压电气回路。

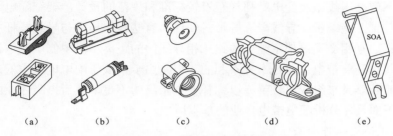

（a）　　　　（b）　　　　（c）　　　　（d）　　　　（e）

图 2-34　常用低压熔断器

（a）瓷插式熔断器；（b）RM10 无填材封闭管式熔断器；（c）RL16 螺旋式熔断器；
（d）RTO 有填料封闭式熔断器；（e）RS3 快速熔断器

2.3　配电不停电作业的技术原理

配电作业技术按是否需要停电分为停电作业、不停电作业（含带电作业）两大类。停电作业是传统的配电作业技术，即对施工检修范围内的配电线路及设备停电并转为检修状态，作业人员直接接触已转检修状态的配电线路或设备进行作业，安全作业的技术保障要求断开工作地段的各侧（包括作业安全距离不足的平行或交叉跨越线路）可能来电的断路器（隔离开关）进行停电，并在工作地段的各端装设接地线（或合上接地开关）布置封闭式的安全措施。

配电不停电作业是指在配电网络上采用的用电户不停电对配电线路或设备进行测试、维修和施工的作业方式，它包括：

（1）直接在带电的配电线路或设备上作业，即配电带电作业。

（2）将配电线路或设备停电作业，但对用户采用旁路或移动电源等方法连续供电。

随着配电带电作业技术的迅速发展以及作业项目的不断完善，配电带电作业的项目逐步覆盖配电停电作业的各种项目，同时，随着旁路和移动电源作业技术的广泛应用，某些类型的作业如配电变压器的调换、迁移杆线等，在不能采用直接带电作业的情况下，先采用将配电线路或设备旁路或引入移动电源等方法对工作区域的负荷进行临时供电，再将工作区域的配电线路或设备进行停电后再作业，实现对用户保持连续供电。这样，配电作业方式就从传统的停电作业向以停电作业为主、带电作业为辅并进一步向不停电作业的方式转变。

如 1.1 所述，带电作业方法若根据作业人员的人体电位来划分，可分为地电位作业法、中间电位作业法、等电位作业法三种。中低压配电设施有其自身特点，不像高压线路及变电站那样有着较标准和规范的设计，架空配电线路的杆型、装置、绝缘子、导线布置等形式多样，有些线路杆塔与导线一杆多回、多层布置、互相交叉；架空配电线路三相导线间的距离小且中低压配电设施密集，这些对开展带电作业是十分不利的。但是由于中低压配电电压较低，可使用绝缘遮蔽器具来组成组合绝缘以弥补安全距离的不足，从而提高作业的安全度等。下面具体分析配电带电作业的基本原理。

（一）地电位作业法

如图 2-35（a）所示，作业人员位于地面或杆塔上，人体电位与大地（杆塔）保持同一电位，此时通过人体的电流有两条回路：①带电体→绝缘操作杆（或其他工具）→人体→大地，构成电阻回路；②带电体→空气间隙→人体→大地，构成电容电流回路。这两个回路电流都经过人体流入大地。当然，人体与另两相导线之间也存在电容电流，但因电容电流与空气间隙的大小有关，距离越远，电容电流越小，所以在分析中可以忽略另两相导线间电容电流的作用。

由于人体电阻远小于绝缘工具的电阻，即 $R_r \ll R$，人体电阻 R_r 也远小于人体与导线之间的容抗，即 $R_r \ll X_c$。因此在分析流入人体的电流时，人体电阻可忽略不计。图 2-35（b）电路可简化为图 2-35（c）电路。设 I_1 为流过绝缘杆的泄漏电流，I_2 为电容电流，那么流过人体总电流是上述两个电流分量的矢量和，即

$$\dot{I} = \dot{I}_1 + \dot{I}_2 \tag{2-1}$$

其中

$$I_1 = \frac{U_{\text{ph}}}{R}$$

$$I_2 = \frac{U_{\text{ph}}}{X_c}$$

因带电作业所用的环氧树脂类绝缘材料的电阻率很高，制作成的工具绝缘电阻均在 $10^{10} \sim 10^{12} \Omega$ 以上。对于 10kV 配电线路，泄漏电流 I_1 为

$$I_1 = U_{\text{ph}}/R = (10/\sqrt{3})/(1 \times 10^{10}) = 5.77 \times 10^{-7}(\text{A}) = 0.577(\mu\text{A})$$

也就是说，泄漏电流仅为微安级。

另外，在作业时，当人体与带电体保持相对的安全距离，人与带电体之间的电容约为 $2.2 \times 10^{-12} \sim 4.4 \times 10^{-12}\text{F}$，其容抗为

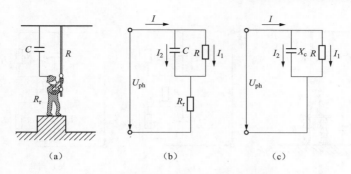

图 2-35 地电位作业示意等效电路图

（a）示意图；（b）等效电路图；（c）简化电路图

$$X_c = 1/(\omega C) = 1/(2\pi fC) \approx 0.72 \times 10^9 \sim 1.44 \times 10^9 (\Omega)$$

则电容电流为

$$I_2 = U_{ph}/X_c = (1 \times 10^3/\sqrt{3})/(1.44 \times 10^9) \approx 4 \times 10^{-7} (A) = 4 (\mu A)$$

作业时人体电容电流也是微安级，故人体电流 $I_1 + I_2$ 的矢量和也是微安级，远小于人体的感知电流值 1mA。

以上分析计算说明，在应用地电位作业方式时，只要人体与带电体保持足够的安全距离且采用绝缘性能良好的工具进行作业，通过工具的泄漏电流和电容电流都非常小（微安级），这样小的电流对人体毫无影响，因此，足以保证作业人员的安全。

但必须指出的是，如果绝缘工具表面脏污，或内外表面受潮，泄漏电流将急剧增加。当增加到人体的感知电流以上时，就会出现麻电甚至触电伤害事故。因此在使用时应保持绝缘工具表面干燥清洁，并注意妥当保管防止受潮，作业人员戴绝缘手套、穿绝缘鞋等辅助防护措施。

（二）中间电位作业法

中间电位作业的示意图及等效电路如图 2-36 所示，当作业人员站在绝缘斗臂车的绝缘斗上或绝缘平台上，用绝缘杆接触带电体进行的作业即属中间电位作业，此时人体电位是低于导电体电位而高于地电位的某一悬浮的中间电位。

作业人员通过两部分绝缘体分别与接地体和带电体隔开，这两部分绝缘体共同起着限制流经人体电流的作用，同时组合空气间隙防止带电体通过人体对接地体发生放电。这时人体与导线之间构成一个电容 C_1，人体与大地（杆塔）之间构成另一个电容 C_2，绝缘杆的电阻为 R_1，绝缘平台的绝缘电阻为 R_2，如图 2-36（a）所示，由于人体电阻 R_r 远小于绝缘工具的电阻，即 $R_r \ll R$，人体电阻 R_r 也远小于人体与导线之间的容抗，即 $R_r \ll X_{c1}$，电路可简化为图 2-36（c）。

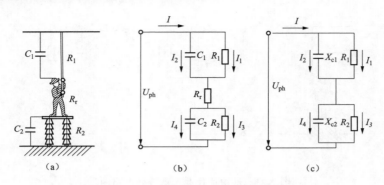

图 2-36　中间电位作业示意及等效电路图

（a）示意图；（b）等效电路图；（c）简化电路图

一般来说，只要绝缘操作工具和绝缘平台的绝缘水平满足规定，由 C_1 和 C_2 组成的绝缘体即可将泄漏电流限制到微安级水平。只要两段空气间隙达到规定的作业间隙，由 C_1 和 C_2 组成的电容回路也可将通过人体的电容电流限制到微安级水平。

需要指出的是，在采用中间电位法作业时，带电体对地电压由组合间隙共同承受，人体电位是一悬浮电位，与带电体和接地体是有电位差的，由此在作业过程中：

（1）地面作业人员不允许直接用手向中间电位作业人员传递物品。这是因为：

1）若直接接触或传递金属工具，由于二者之间的电位差，将可能出现静电电击现象。

2）若地面作业人员直接接触中间电位人员，相当于短接了绝缘平台，使绝缘平台的电阻 R_2 和人与地之间的电容 C_2 趋于零，不仅可能使泄漏电流急剧增大，而且因组合间隙变为单间隙，有可能发生空气间隙击穿，导致作业人员遭受电击。

（2）绝缘平台和绝缘杆应定期检验，保持良好的绝缘性能，其有效绝缘长度应满足相应电压等级规定的要求，其组合间隙一般应比相应电压等级的单间隙大 20% 左右。

（三）等电位作业法

等电位作业是指作业人员的体表电位与带电体电位相等的一种作业方法，作业过程中作业人员直接接触带电设备，等电位作业也是直接作业的一种方式。

造成人体有麻电感甚至触电死亡的原因，不在于人体所处电位的高低，而取决于流经人体的电流的大小。根据欧姆定律，当人体不同时接触有电位差的两个物体时，没有形成电流通路，人体中就没有电流通过。从理论上讲，与带电体等电位的作业人员全身是同一电位，流经人体的电流为零，所以等电位作业是安全的，这是等电位作业的基本原理。

等电位作业法一般仅用于 35kV 及以上电压等级的带电作业，中低压配电的线路杆型结构相间距离小，不适合等电位作业法，因此，等电位作业的基本原理就不做更详细的介绍了。

2.4　配电线路杆型与带电作业

配电线路的杆型一般根据不同地区的气象条件、地质情况、运行经验、使用条件等，尽量采用通用杆型进行典型设计。在地形开阔处一般采用单杆单回路架设，市区架空线路一般采用双回甚至多回同杆架设，以充分利用线路走廊，但从供电可靠性的角度应尽量避免多回路同杆架设，以免在需要登杆作业时扩大停电线路回路数，同时也容易满足带电作业的要求。

杆塔的结构形式随使用条件、沿线地形、施工条件等各种因素而变化，其形式繁多，下面以某地区配电线路常用的杆型做简单介绍。

（一）中压架空配电线路常用的杆型

1. 常用直线杆的杆型

1）单回路直线杆杆型一般采用三角排列，水泥杆梢径为$\phi150$、$\phi190$ 等，配合绝缘子为针式绝缘子、柱式绝缘子、瓷横担等，采用瓷横担不能兼作转角，如图 2-37（a）、（c）所示；采用针式绝缘子或柱式绝缘子，与拉线配合允许带小角度转角，如图 2-37（b）、（d）所示。采用双横担的杆型可架设较大截面的导线。图 2-37 中的水泥杆均为 12m，如通过山区，跨越铁路、电信线、低压电力线、公路等，需要更高的水泥杆，可采用 15、18m 杆，或采用门形杆，提升导线呼称高。

2）双回路直线杆杆型一般采用两侧三角排列或垂直排列，如图 2-38 所示，其他情况与单回路类似。需要提及的是：由于多一回线路，杆身及基础受力均变大，要通过计算进行选择，并且按照相关规程规定，双回路导线截面之差不宜大于三级。

2. 常用耐张杆的杆型

考虑到受力因素，一般耐张杆所采用的水泥杆及横担规格要比直线杆大几个等级。45°以上转角杆，宜采用十字横担。图 2-39 是几种常见的耐张杆型，图中拉线的方向随线路转角的不同而变化。

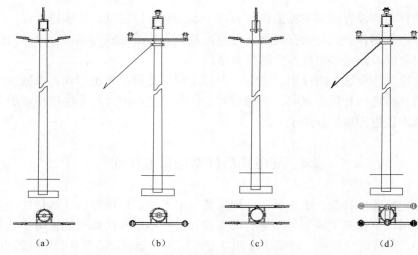

图 2-37　单回路直线杆型图

（a）单回单瓷横担三角排列；（b）单回单柱式绝缘子三角排列；

（c）单杆双瓷横担三角排列；（d）单回双柱式绝缘子三角排列

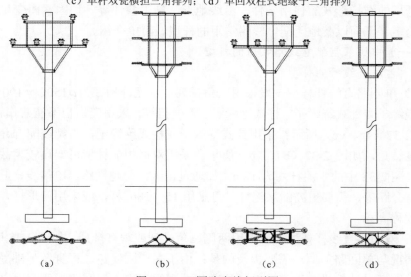

图 2-38　双回路直线杆型图

（a）单杆单柱式绝缘子两侧三角排列；（b）单杆单瓷横担两侧垂直列；

（c）单杆双柱式绝缘子两侧三角排列；（d）单杆双瓷横担两侧垂直列

（二）低压架空配电线路常用的杆型

1．单相两线杆型

单蝶式绝缘子直线杆用于单相二线供电的 $95mm^2$ 及以下导线的直线杆，也可用于 15°以内转角杆，如图 2-40（a）所示。

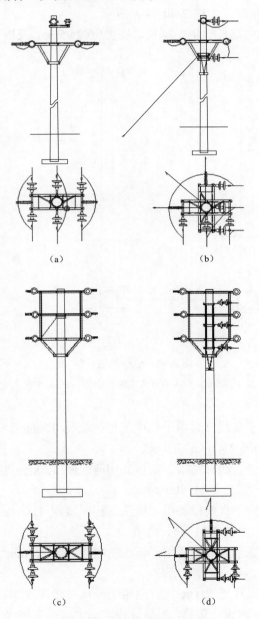

图 2-39　耐张杆杆型图

（a）单回直线耐张杆；（b）单回转角耐张杆；（c）双回直线耐张杆；（d）双回转角耐张杆

双蝶式绝缘子耐张杆用于单相二线供电的95mm²及以下导线的耐张杆，也可用于45°以内转角杆，如图2-40（b）所示。

单蝶式绝缘子终端杆适用于单相二线供电的95mm²及以下导线的终端杆，如图2-40（c）所示。

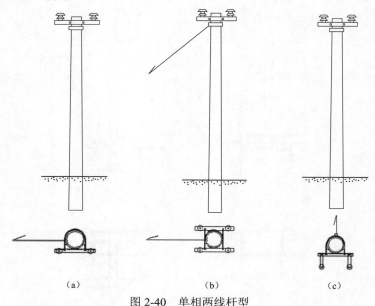

图 2-40　单相两线杆型

（a）单蝶式绝缘子直线杆；（b）双蝶式绝缘子耐张杆；（c）单蝶式绝缘子终端杆

2. 三相四线杆型

四线单针式碍子直线杆适用于低压三相四线制 120mm² 以下导线直线杆或15°以内转角杆，如图2-41（a）所示。

四线双针式碍子直线杆适用于低压三相四线制 120mm² 及以上导线直线杆或45°以内转角杆，如图2-41（b）所示。

四线单蝶式绝缘子直线杆适用于低压三相四线制 120mm² 以下导线直线杆或15°以内转角杆，如图2-41（c）所示。

四线双蝶式绝缘子直线杆适用于低压三相四线制120mm²及以上导线或45°以内转角杆，如图2-41（d）所示。

四线十字横担蝶式绝缘子耐张杆适用于低压三相四线制 120mm² 以下导线分支线杆或45°以上耐张转角杆，根据导线实际大小选择绝缘子型号（ED-1，2，3），如图2-41（e）所示。

四线十字横担悬式绝缘子耐张杆适用于低压三相四线制 120mm² 及以上导

线分支线杆或 45°以上耐张转角杆，如图 2-41（f）所示。

四线蝶式绝缘子耐张杆适用于低压三相四线制 120mm^2 以下导线耐张杆、45°以内转角杆，如图 2-41（g）所示。

四线蝶式绝缘子终端杆适用于低压三相四线制 120mm^2 以下导线终端杆，根据导线实际大小选择绝缘子型号（ED-1，2，3），如图 2-41（h）所示。

四线悬式绝缘子终端杆适用于低压四线 120mm^2 及以上导线终端杆，根据导线实际大小选择耐张线夹型号，如图 2-41（i）所示。

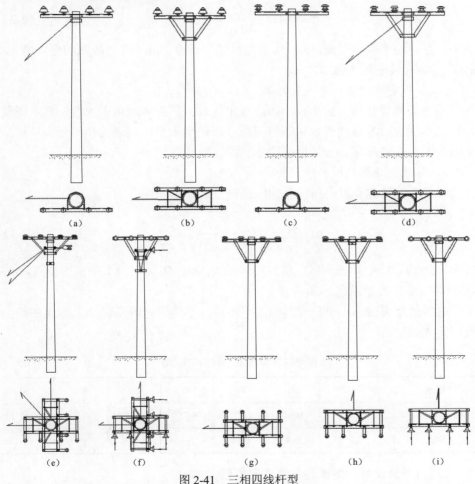

图 2-41　三相四线杆型

（a）四线单针式碍子；（b）四线双针式碍子；（c）四线单蝶式绝缘子；（d）四线双蝶式绝缘子；
（e）四线十字横担蝶式绝缘子转角；（f）四线十字横担悬式绝缘子转角；（g）四线蝶式绝缘子
耐张杆；（h）四线蝶式绝缘子终端杆；（i）四线悬式绝缘子终端杆

（三）杆塔导线间距及与周边环境的间距

1. 导线间的水平距离

正常情况下，架空线路在风速和风向一定的条件下，每根导线同期摆动。但当风向，特别是风速发生变化时，导线的摆动可能不再同期，如导线的相间距离过小，则在档距中央，导线会由于摆动过近而发生混线甚至短路。因此导线应保持足够的相间距离。

通常，架空配电线路导线水平排列时的相间距离可用下面公式确定

$$D = 0.41L_k + \frac{U_e}{110} + 0.65\sqrt{f_{xd}} \qquad (2-2)$$

式中：D 为水平线间距离，m；L_k 为绝缘子串长度，m；U_e 为线路的额定电压，kV；f_{xd} 为导线的最大弧垂，m。

2. 导线垂直排列时的线间距离

垂直排列导线间的距离，除考虑过电压外，还应考虑由于冰雪、覆水而使导线弧垂加大以及导线脱水跳跃等问题，可采用水平排列时的相间距离计算结果的 75%，在重冰区，导线应采用水平或三角排列。

3. 导线三角排列时的线间距离

导线为三角排列时，斜向线间距离按下式计算

$$D_x = \sqrt{D_p^2 + \left(\frac{4D_z}{3}\right)^2} \qquad (2-3)$$

式中：D_x 为导线三角排列时，斜向线间距离，m；D_p 为导线水平投影距离，m；D_z 为导线垂直投影距离，m；

此等值距离应不小于导线间的水平距离。小档距时可按表 2-2 给出的最小线间距离确定。

表 2-2　　　　　　　　　　配电线路导线最小线间的距离　　　　　　　　　　/m

档距	40 及以下	50	60	70	80	90	100
10（20）kV	0.6	0.65	0.7	0.75	0.85	0.9	1.0
0.4kV	0.3	0.4	0.45	—	—	—	—

4. 同杆架设时的距离及过引线间的距离

同杆架设的双回路或高、低压同杆架设的线路横担间的垂直距离，可查阅相关的规程。

5. 导线与周边环境的距离

城市景观对电力架空线路要求越来越高，杆塔高度、杆塔形式、导线排列应一致并与周围环境相协调。配电线路中，低压同杆架设，过引线之间的距离，导线与道路、建筑物、河流之间的垂直距离，其他电压等级线路、树木、山坡等的水平距离、垂直距离，可查阅相关的规程。

（四）适宜开展带电作业的线路结构要求

配电网在规划设计时应综合考虑，为今后带电作业创造有利条件。

1. 不同作业方式所需的作业环境

配电带电作业的基本作业方式按照使用绝缘工具分为绝缘手套法和绝缘杆作业法。

（1）采用绝缘斗臂车的绝缘手套法进行带电作业的杆塔，必须具备三个基本条件：①地形位置应考虑绝缘斗臂车能到达的场所，停放位置距离杆塔不超过大于 6m，支腿能可靠伸出且其下方的基础应牢固，坡度一般不得大于 7°；②作业工作面为杆塔顺线路方向两端各延伸杆高的长度、垂直线路两侧的宽度满足绝缘斗操作所需空间的要求；③绝缘斗臂车至作业部位无影响绝缘斗伸缩的树木或三线搭挂的障碍物，若有障碍物应事先整改。

（2）采用绝缘杆作业法进行带电作业的杆塔，必须具备两个基本条件：①单回路三角（或水平）排列或双回路水平排列搭接最下层线路；②水平排列或三角排列主干线的上导线至跌落式（隔离开关）横担的距离 L_3 不应超过式（2-4）数值，超过时绝缘杆的有效绝缘长度不足而无法开展。采用登杆或在绝缘平台上利用绝缘杆进行的地电位作业法，应满足绝缘平台安装以及人员操作的所需的空间以及足够的安全距离，采用绝缘斗臂车进行的中间电位作业法，应满足绝缘手套法的要求。

$$L_3 \not> L - L_1 - L_2 \tag{2-4}$$

式中：L 为绝缘杆的有效绝缘长度，m；L_1 为手持部分长度，m，一般 10kV 为 0.7m，20kV 为 0.9m；L_2 为人体与带电体的最小安全距离，m，一般 10kV 为 0.4m，20kV 为 0.6m。

单回路垂直排列、双（多）回垂直排列、双（多）回路水平排列（上层、中层线路）不适宜采用绝缘杆作业法进行带电作业。

2. 绝缘斗臂车的绝缘手套法

采用绝缘斗臂车的绝缘手套法灵活方便，适合于诸多带电作业项目的应用，而其杆型要求如下：

（1）单杆单回的杆型均适宜开展带电作业。三角排列、单杆单回水平排列、单杆单回垂直排列、单杆双回垂直排列，优先采用绝缘导线、单杆单回三角排列、直线杆绝缘子采用支柱式绝缘子。

（2）单杆双回的杆型导线以三角和垂直排列为宜，避免采用水平排列。

1）单杆双回垂直排列。横担三层布置，两回路导线对称分别于两侧，每回路的三相导线侧向垂直排列，采用绝缘斗臂车，每相操作也非常方便，适合于带电搭接（拆除）引流线、直线杆开断改耐张杆、带电撤（立）杆以及相关的组合作业项目。

2）单杆双回三角形排列。横担两层布置，两回路导线对称分布于两侧，每回路的三相导线侧向垂直三角形排列，由于只有两层布置，采用绝缘斗臂车操作方便，适合于带电搭接（拆除）引流线、直线杆开断改耐张杆相关的组合作业项目。由于下层每侧各有两相导线，带电撤（立）杆作业时导线所夹的内部空间难以有效扩大，因此较不适宜开展带电拆（立）杆。

3）单杆双回水平排列。横担两层布置，两回路导线分别位于上层和下层，每回导线水平排列，但是每层中有一侧的需水平布置两相导线，水平位置的相对作业距离较远，这给人员操作带来很大的难度，而且上下层导线呈垂直布置，不适合于带电搭接（拆除）引流线、直线杆开断改耐张杆、带电撤（立）杆以及相关的组合作业项目。

（3）多回同杆（塔）线路。这种线路回路三回及以上，导线相数多、作业空间小，非常不适合带电作业。

3. 不适合带电作业的杆型

1）耐张杆、转角杆、终端杆除了承受导线垂直荷载外，还需承受各侧导线张力的水平荷载，无法进行带电撤（立）杆作业。

2）分支杆因跳线穿越，承受反向导线拉力，因此不适合于带电搭接（拆除）另外一组引流线，也不适合于直线杆开断改耐张杆、带电撤（立）杆以及相关的组合作业项目。

3）杆上装有支路（分段）断路器（隔离开关）、配电变压器等设备的，也不适合于带电搭接（拆除）另外一组引流线、直线杆开断改耐张杆、带电撤（立）杆以及相关的组合作业项目。

作业技术的理论基础

本章分析电对人体的影响，重点介绍了与作业技术密切相关的过电压、电介质特性、绝缘配合与安全间距方面的基础理论，为不停电作业奠定一定的理论基础。

3.1 电对人体的影响分析

在带电作业过程中，电对人体的影响主要有两种：①在人体的不同部位同时接触了有电位差（如相与相之间或相对地之间）的带电体时而产生电流危害；②人体在带电体附近但未接触带电体，因空间电场的静电感应而引起人体感觉有类似风吹、针刺等不舒服感。

一、电流对人体的影响

作业人员在带电作业中所处的是交流工频电场，是一种变化缓慢的电场，可看作为静电场，当人体作为一个导电体接近一个带电体时，人体因静电感应而聚积起一定量的电荷，使人处于某个电位，即产生了一定的感应电压。此时，如果人体的暴露部位触碰到接地体时，人体上聚积的电荷就会对接地体放电，放电电流达到一定数值时，就会使人产生刺痛感。同样，如果在电场中有一对地绝缘的金属物体，该物体也会因静电感应而聚积起一定量的电荷，并使其处于某一个感应电压中，此时，如果处于地电位的人用手触摸该物体时，物体上聚积的电荷将通过人体对地放电，放电电流达到一定数值时，同样会使人产生刺痛感。

人体对电流有一定耐受能力，人的肌体上通过不同强度的电流将会产生不同程度的感觉与伤害。当通过微弱电流（交流 0.5mA 及以下）甚至没有感觉，电流达到 1～5mA 时开始有不同感觉，但不会造成肌体及器官的伤害。有关研究表明，人体对直流电和交流电的耐受能力是不同的，一般把工频 1mA 和直流 5mA 分别作为人体对交流电和直流电的感知水平，人体长时间连续通过感知电流不会产生任何危险。男性和女性的感知水平略有不同，一般认为女性略高于男性。流入人体的电流密度不同，肌体的感受也不相同，据有关资料及临床结果，密度为 0.127mA/mm^2 的电流即会使人体感觉麻电，但可以忍受，而当通过人体的工频电流超过数百毫安、通电时间低于心脏搏动周期（若按成年人平均心率每分钟 75 次计，心脏搏动周期平均为 0.8s）时，就会发生心室颤动；通电时间如果超过搏动周期，心脏就会停止跳动，最终导致死亡。

如果人体被串接于闭合电路中，人体就会流过电流产生电击，电击对人体是否造成损伤，与流经人体的电流大小有关。人体对工频稳态电流的生理反应可分为感知、震惊、摆脱、呼吸痉挛、心室纤维性颤动，研究表明，人体对这放电电流产生生理反应的电流阈值见表 3-1。

表 3-1　　　　　　人体对放电电流产生生理反应的电流阈值　　　　　　/mA

生理反应特征	感知	震惊	摆脱	呼吸痉挛	心室纤维性颤动
男性	1.1	3.2	16.0	23.0	100
女性	0.8	2.2	10.5	15.0	100

二、电场对人体的影响

作业人员在作业过程中，构成了各种各样的电极结构。其中主要的电极结构有：导线—人与构架（如电杆、绝缘平台、绝缘斗臂车等，下同）导线—人与横担、人与导线—横担、人与导线—导线等。由于作业的现场环境和带电设备布局的不同，带电作业工具和作业方式的多样性以及人在作业过程中有较大的移动性等因素，使带电作业中遇到的高压电场变化多端，这就需要了解电场的基本特征和分类。

自然界存在着正、负两种性质电荷，电荷的周围存在着电场，若相对于观察者是静止的且其电量不随时间而变化的电场称为静电场，例如在直流电压作用下两电极之间的电场就是静电场。而在工频电压作用下，两电极上的电量是随时间变化，因而两极性之间的电场也随时间而变化。但由于其变化的速度相对于电子运动的速度而言是相对缓慢的，并且电极间的距离也远小于相应的电磁波波长，因此也可以近似地按静电场考虑。

将一个静止电荷引入到电场中，该电荷就会受到电场力的作用。电场的强弱常用电场强度（简称场强）来描述，电场强度是电荷在电场中所受到的作用力与该电荷所具有的电量之比。

根据电场的均匀程度，可将静电场分为均匀电场、稍不均匀电场和极不均匀电场三类。在均匀电场中，各点的场强大小与方向都完全相同。例如，一对平行平板电极，在极间距离比电极尺寸小得多的情况下，电极之间的电场就是均匀电场（电极边缘部分除外）。均匀电场中各点的电场强度 E（kV/m）为

$$E = \frac{U}{d} \tag{3-1}$$

式中：U 为施加在两电极间的电压，kV；d 为平板电极间的距离，m。

在不均匀电场中，各点场强的大小或方向是不同的。根据电场分布的对称性，不均匀电场又可分为对称型分布和不对称型分布两类，一般以"棒—极"电极作为典型的不对称分布电场，以"棒—棒"电极作为典型的对称分布电场。

由于不均匀电场中各点场强随电极形状与所在位置而变化，电场的不均匀程度与电极形状与极间距离有关。在相同电极形状的条件下，例如两个金属圆球间的电场，当极间距离增大时，电场的不均匀程度将随之增加。当极间的距离相对球的直径而言较小时，是稍不均匀电场；但当极间距离增大时，电场的不均匀程度逐渐增大，最后成为极不均匀电场。

电场的强弱会使人体产生不同的感觉，如针刺感、风吹感、蛛网感、异声感等。据有关研究表明，人体对电场的感知水平为 2.4kV/cm（即 240kV/m），此时人体皮肤上会产生微风吹拂的感觉。

在带电作业中，当外界电场达到一定强度时，人体裸露的皮肤上就有"微风吹拂"的感觉，此时测量到的体表场强为 240kV/m，相当于人体体表有 $0.08\mu A/cm^2$ 的电流流入肌体。风吹感的原因，是电场中导体的尖端因强电场引起气体游离和移动的结果。据试验研究，人站在地面时头顶部的局部最高场强为周围场强的 13.5 倍。一个中等身材的人站在地面场强为 l0kV/m 的均匀电场中，头顶最高处体表场强为 l35kV/m，小于人体皮肤的"电场感知水平"。我国《带电作业用屏蔽服装》（GB 6568）标准中规定，人体面部裸露处的局部场强允许值为 240kV/m。

由于带电作业的现场环境以及作业的工具和方式的多样性，作业空间的高压电场十分复杂，要做到带电作业时不仅能保证人体没有触电伤害的危险，而且也能保证带电作业人员没有任何不舒服的感觉，必须满足以下三个基本条件：

1）流经人体的电流不超过人体的感知水平 1mA（1000μA）。

2）人体体表局部场强不超过人的感知水平 2.4kV/cm。

3）人体与带电体保持规定的安全距离。

3.2 作业过程的过电压

带电作业过程中，作业人员除了受正常工作电压的作用外，还可能遇到内部过电压和雷击过电压。内部过电压又分为操作过电压和暂时过电压。操作过电压可分为间歇电弧接地过电压、开断电感性负载过电压和空载线路切合（包括重合闸）过电压。暂时过电压包括工频电压升高和谐振过电压。一般将内部过电压幅值与系统最高运行相电压幅值之比称为内部过电压倍数 K_0。K_0 与电网结构、系统中各元件的参数、中性点运行方式、故障性质及操作过程等因素有关，并具有明显的统计性。

有关安全工作规程中明确规定："如遇雷电（听见雷声、看见闪电）、雪、雹、雨、雾等不准进行带电作业"。虽然严禁在雷电活动区内进行带电作业，但大气过电压仍然会给雷电区外的带电作业构成威胁，这是因为大气过电压能沿着线路传播很远。又由于大气过电压的幅值在传播途中会不断地衰减，所以只要我们选择一个恰当的传输距离，计算它的残留值已经不构成威胁了，大气过电压的危险程度就被抑制了。一般把衰减距离定为 20km（人的视野最多能够观察到半径 20km 以内的雷电现象）。因此，在严格执行安全工作规程"雷电禁止带电作业"的要求，带电作业中还要考虑内部过电压和工作电压的作用。内部过电压包括操作过电压和暂时过电压。

一、操作过电压

操作过电压的特点是幅值较高、持续时间短、衰减快。电力系统中常见的操作过电压有中性点绝缘电网中的间歇电弧接地过电压、开断电感性负载（空载变压器、电抗器、电动机等）过电压、开断电容性负载（空载线路、电容器组等）过电压、空载线路合闸（包括重合闸）过电压以及系统解列过电压等。操作过电压的大小是确定带电作业安全距离的主要依据。

（1）间歇电弧接地过电压。单相电弧接地过电压只发生在中性点不直接接地的电网，如发生单相接地故障时，流过中性点的电容电流，就是单相短路接地电流。当电网线路的总长度足够长、电容电流很大时，单相接地弧光不容易自行熄灭，又不太稳定，出现熄弧和重燃交替进行的现象即间歇性电弧，这时过电压会较严重，所以一相接地多次发生电弧，不但会使另两相也短路接地，还会引起另两相对地电容的振荡。理论上如果间歇电弧一直发生，过电压会达到很高，而实际上，每次发弧不一定都在相同幅值，还有其他损耗衰减，所以过电压倍数 K_0 一般不超过 $3U_{xg}$，个别达 $3.5U_{xg}$。

（2）开断电感性负载过电压。进行切断空载变压器、电抗器、电动机、消弧线圈等电感性负载的操作时，储存在电感元件（$W=0.5L_i^2$）要转化为电场能量，而系统又无足够的电容来吸收，而且开关的灭弧性太强，在 $t\to 0$ 时，励磁电流变化率 $di_0/dt\to\infty$（无穷大），将在电感 L 上感应过电压 $U_1=-Ldi/dt\to\infty$。在中性点不直接接地电网中，过电压倍数 K_0 一般不大于 $4U_{xg}$；中性点直接接地电网中，一般不大于 $3U_{xg}$。其过电压倍数和断路器结构、回路参数、变压器结构接线、中性点接地方式等因素有关。

（3）空载线路切合（包括重合闸）过电压。切合电容性负载，如空载长线路（包括电缆）和改善系统功率的电容器组，由于电容的反向充放电，使断路器触头断口间发生了电弧的重燃。

这是因为纯电容电流在相位上超前电压 90°，过 1/4 周期电弧电流经 0 点时熄灭，但此时电压正好达到最大值，若开关断口的绝缘尚未恢复正常，电容电荷充积断口，$U=U_{xg}$，再经过半周期电压反向达到最大值，$U=2U_{xg}$，并伴随高频振荡过程。按每重燃一次增加 $2U_{xg}$，理论上过电压将按 3、5、7、9 倍相电压增加，而实际上过电压只有（3～4）U_{xg}。因为断路器如果灭弧性能好，断口绝缘恢复快的，不一定都重燃，而每次重燃时也不一定是电压最大值时。母线有多条比只有一条时过电压也较小，另外线路上也有电晕和电阻损耗起阻尼作用。一般中性点直接接地或经消弧线圈接地的系统过电压不大于 $3U_{xg}$，中性点不接地系统过电压的最大值达（3～3.5）U_{xg}。

二、暂时过电压

暂时过电压包括工频电压升高和谐振过电压。工频电压升高的幅值不大，但持续时间较长、能量较大，所以在考虑带电作业绝缘工具的泄漏距离时常以此为依据。造成工频电压升高的原因主要为不对称接地故障、发电机突然甩负荷、空载长线路的电容效应等。不对称接地故障是线路常见的故障形式，其中以单相接地故障为最多，引起的工频过电压一般也最严重。对于中性点绝缘的系统，单相接地时非故障相的对地工频电压可升高到 1.9 倍相电压，对于中性点接地的系统可升高到1.4 倍。

电力系统内的电气设备（线路、变压器、发电机等）组成复杂的电感、电容振荡回路。在正常的情况下，由于负载的存在或线路两端与系统电源连在一起，自由振荡不可能发生。在操作或故障时，不对称状态下（如断线、非全相拉合闸、电压互感器饱和等），适当的参数组成了共振回路（$\omega L=1/\omega C$），激发很高的过电压，其必要条件是电路固有自振频率与外加电源频率相等（$f_0=f$）或成简单分次谐波，电路中就出现了电压谐振。

常见谐振过电压有参数谐振、非全相分合闸谐振、断线谐振等。谐振过电压事故是最频繁的，在 3～330kV 电网中都会发生，过电压倍数 K_0 一般不会大于 $3U_{xg}$ 但持续时间比较长，会严重影响系统安全运行。

综上所述，由于操作过电压可以达到较高的数值，所以在带电作业中应重点考虑。操作过电压的波形具有各种形状，为了便于统一比较，在国家标准中规定了一种标准波形作为衡量电气设备绝缘水平的依据。国际电工委员会（IEC）推荐的标准操作冲击电压波形已为我国所采用，并列入国家标准 GB 16929。

图 3-1 是操作冲击电压波形图。图中 T_p 为波前时间（通常称为波头时间），即电压从零开始到达最大峰值 U_{max} 所需的时间；T_2 为半峰值时间（通常称为波尾时间），即电压从零开始经过最大峰值后有下降到峰值的一半（$1/2U_{max}$）所需的时间。标准操作冲击电压的波形参数规定如下

$$T_p/T_2=250/2500$$

在规定值与实测值之间允许偏差为

波前时间为 $\qquad \Delta T_p=\pm20\%$

半峰值时间为 $\qquad \Delta T_2=\pm60\%$

故通常以 250/2500μs 表示标准操作冲击电压的波形。

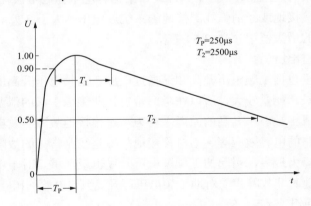

图 3-1　操作冲击电压波形

操作过电压的特点是幅值较高、持续时间较短、衰减快，因此操作过电压的大小是确定带电作业安全距离的主要依据。暂时过电压的幅值不大，但持续时间较长、能量较大，所以在考虑带电作业的绝缘工具的泄漏距离时常以此为依据。

系统出现过电压时，可能在三个渠道上同时或部分威胁着人身安全。

1）纯空气渠道。过电压会造成带电体与作业人员间的空气间隙发生放电。例如，在带电导线上等电位作业，必须警惕人体与地面、人体与杆塔间的空气间隙时否会放电。

2）绝缘工具渠道。过电压通过使用的绝缘工具发生闪络和击穿。例如，在杆塔上使用绝缘操作杆接触带电设备，必须警惕绝缘杆的沿面闪络或整体击穿。

3）绝缘子渠道。过电压通过作业人员附近的绝缘子串发生放电。例如，更换绝缘子作业中，必须警惕因不良绝缘子造成绝缘子串的沿面闪络，威胁到作业人员的安全。

对应这些威胁的防范措施，带电作业必须同时满足"安全距离"、"安全有效绝缘长度"等要求，这些在后面章节会进一步介绍。

3.3 电介质特性

电介质是指不导电的物质，即绝缘体，在工程上通称为绝缘材料。电介质的电阻率一般都很高，电阻率超过 $10\Omega \cdot cm$ 的物质都归于电介质。电介质按其形态分为气体介质、液体介质和固体介质三大类，与带电作业有关的电介质主要是气体介质和固体介质。

一、电介质的电导与绝缘电阻

气体、液体、固体三类电介质的电导机理各不相同。在带电作业技术中，采用的绝缘工器具都是固体介质，因此下面重点介绍固体介质特性。

电介质都是良好的绝缘体，但是，对电介质施加电压后会有微小的电流通过，这微小的电流即为泄漏电流，它是介质中的离子或电子在电场力的作用下发生定向移动的结果。为了定量描述电介质在施加电压下产生泄漏电流的大小，引入了电导的概念，用公式表示为

$$G = \frac{I}{U} \tag{3-2}$$

式中：G 为介质的电导，μS；U 为施加的电压，V；I 为泄漏电流，μA。

1. 固体介质的电导与绝缘电阻

固体介质在电场力的作用下产生正、负离子与电子。在较弱电场下，主要是离子电导；在强电场下，介质中的电子有可能被激发参与电导。固体介质的泄漏电流可分为体积电流和表面电流两部分。当施加电压后，一部分泄漏电流从介质表面流过，称为表面电流；一部分从介质内部流过，称为体积电流。因而，固体介质的电导也相应分为表面电导与体积电导。

工程上，通常使用绝缘电阻来表示介质的绝缘性能，绝缘电阻与电导互为倒数，即

$$R = \frac{I}{G} \tag{3-3}$$

式中：G 为介质的电导，S；R 为绝缘电阻，Ω。

因而有

$$R_v = \rho_v \frac{d}{S} \qquad R_s = \rho_s \frac{d}{L} \tag{3-4}$$

式中：R_v 为介质的体积绝缘电阻，$M\Omega$；R_s 为介质的表面绝缘电阻，$M\Omega$；ρ_v 为介质的体积电阻率，$\Omega \cdot cm$；ρ_s 为介质的表面电阻率，Ω；d 为介质厚度，cm；S——介质的截面积，cm^2；L 为两电极之间的距离，cm。

体积电阻率可作为选择绝缘材料的一个参数，体积电阻率的测量常用来检查绝缘材料是否均匀。表面电阻率不是表征材料本身特性的参数，而是一个有关材料表面污染特性的参数。就绝缘材料的应用而言，体积电阻率更重要，带电作业中常用介质的体积电阻率，见表 3-2。

表 3-2　　　　　　　　常用介质的体积电阻率参考值　　　　　　　$/ (\Omega \cdot cm)$

介质名称	环氧玻璃纤维制品	聚氯乙烯	聚四氟乙烯	有机玻璃	电瓷、玻璃纤维	橡胶
体积电阻率	$10^{13\sim14}$	$10^{14\sim16}$	$10^{16\sim17}$	$10^{12\sim15}$	$10^{15\sim16}$	$10^{13\sim15}$

2. 影响固体介质泄漏电流的因素

由式（3-2）～式（3-4）可知，固体介质的泄漏电流与介质本身的材料（如电阻率）、结构等有关。同一个介质，其泄漏电流还与施加电压、介质温度、介质表面状况等因素有关。

（1）施加电压。对于绝缘良好的绝缘体，其泄漏电流与外加电压应是线性关系，但大量实验证明，泄漏电流与外施电压仅能在一定有电压范围内保持近似的线性关系；当电压达到一定程度时，泄漏电流开始非线性地上升，绝缘电阻值随之下降；当电压超过一定值后，泄漏电流将急剧上升，绝缘电阻值急剧下降，最后导致绝缘破坏，直至介质击穿。

（2）介质温度。当介质温度升高时，参与电导的离子数量增加，因而泄漏电流增大、电导增大、绝缘电阻降低。

（3）介质表面状况。介质的表面泄漏电流与介质表面的状况有密切的关系，如表面脏污和受潮等。污秽物质往往含有可溶于水的电离物质，如果同时有水分附着在介质表面，将会使电离物质溶解于水而形成导电离子，使介质的表面泄漏电流急剧地增大。如果介质是亲水型的，介质表面很容易被湿润并形成一

层连续的水膜，由于水的电导很大，使表面泄漏电流大大增加。如果介质是憎水性型的，介质表面不能形成水膜，只能形成一些不相连的水珠，介质的表面泄漏电流不会增大。所以，绝缘材料或绝缘工具应选用憎水型的材料来制造。

固体介质的泄漏电流大小不仅与施加电压大小有关，表面电流还与表面情况如表面脏污和受潮等有关，也受空气温度，湿度的影响，因此泄漏电流并不反映绝缘内部的状况；体积电流因绝缘材料的不同而异，并随温度升高、电场强度增大而增大，随杂质增多而大幅度增大，可反映绝缘内部的状况。当绝缘局部有缺陷或者受潮时，泄漏电流也将急剧增加，其伏安特性也就不再呈直线了。因此，通过泄漏电流试验和测试绝缘电阻，可来判断绝缘的缺陷以及是否受潮或脏污。

3. 带电作业中的泄漏电流

在进行带电作业的过程中，在带电体与接地体之间的各种通道上，绝缘材料在内、外因素影响下，会在其表面流过一定的电流，这种电流就是泄漏电流。这个电流值的大小与绝缘材料的材质、电压的高低、天气等因素有密切关系，一般情况下，其数值都在几个微安级，因此对人体无多大的影响。

但是，如果在作业过程中空气湿度较大，或绝缘工具材质差、表面粗糙、保管不当受潮等将会导致泄漏电流数值增大，使作业人员产生明显的麻电感觉，对安全十分不利，应加以防范，以免酿成事故。

以中间电位作业法为例，作业人员站在接地物体（如铁塔、横担等）上，利用绝缘工具对带电导体进行的检修作业，形成"大地—人体—绝缘工具—带电体"系统。这时，通过人体的电流回路就是泄漏电流回路，沿绝缘工具流经人体的泄漏电流与带电设备的最高电压成正比，与绝缘工具和人体的串联回路阻抗成反比。而人体的电阻与绝缘工具的绝缘电阻相比是微不足道的。由此可见，流经人体的泄漏电流主要取决于绝缘工具。显然，绝缘工具越长，表面电阻越大。带电作业过程中绝缘工具有时出现泄漏电流增大现象，主要原因是：

（1）空气中温度较高或湿度大，使工具表面电阻下降。

（2）工具表面脏污或有汗水，使表面电阻下降。

（3）绝缘工具表面电阻不均匀，表面磨损，表面粗糙或裂纹，使电场分布变形。当绝缘工具泄漏电流增大到一定值时，将出现起始电晕，最后导致沿面闪络，造成事故。

必须指出，即使泄漏电流未达到起始电晕数值，在某些情况下，将使操作人员有麻电感，甚至神经受刺激造成事故，因此应引起高度重视，而防止带电作业工具泄漏电流增大的措施有：

（1）选择电气性能优良、吸水性小的绝缘材料，如环氧酚醛玻璃布管（板）等。

（2）加强绝缘工具保管，严防受潮脏污。

（3）绝缘工具应加工精细、表面光洁，并涂以绝缘良好的面漆。

（4）水冲洗工具和雨天作业工具应使用经严格试验合格的专用工具。

二、电介质的击穿强度与放电特性

在强电场作用下，电介质丧失电气绝缘能力而导电的现象称为击穿。作用在绝缘上的电压超过某临界值时，绝缘将损坏而失去绝缘作用，而表明绝缘材料击穿电压大小的数值称为绝缘强度。通常，电力设备的绝缘强度用击穿电压表示，而绝缘材料的绝缘强度则用平均击穿电场强度（简称击穿场强）来表示。击穿场强是指在规定的试验条件下，发生击穿的电压除以施加电压的两电极之间的距离。绝缘强度随绝缘的种类不同而有本质上的差别。

1. 固体电介质的特性

固体电介质击穿是在电场作用下，固体电介质失去绝缘能力，由绝缘状态突变为良导电状态的过程。均匀电场中，击穿电压与介质厚度之比称为击穿电场强度（简称击穿场强，又称介电强度），它反映固体电介质自身的耐电强度。不均匀电场中，击穿电压与击穿处介质厚度之比称为平均击穿场强，它低于均匀电场中固体介质的介电强度。带电作业常用介质的工频击穿强度见表3-3。

表3-3　　　　　　　　　带电作业常用介质的工频击穿强度　　　　　　　/（kV/cm）

介质	工频击穿强度 E_b	介质	工频击穿强度 E_b
环氧玻璃纤维制品	200～300	有机玻璃	180～220
聚乙烯	180～280	玻璃纤维	700
聚氯乙烯	100～200	电瓷	150～160
聚苯乙烯	200～300	硅橡胶	200～300
聚四氯乙烯	200～300	硫化橡胶	200～300
聚碳酸脂	170～220		

固体电介质击穿有三种形式：电击穿、热击穿和电化学击穿。

（1）电击穿。是因电场使电介质中积聚起足够数量和能量的带电质点而导致电介质失去绝缘性能。

（2）热击穿。是因在电场作用下，电介质内部热量积累、温度过高而导致失去绝缘能力。

（3）电化学击穿。是在电场、温度等因素作用下，电介质发生缓慢的化学变化，电介质结构和性能发生了变化，最终丧失绝缘能力。固体电介质的化学变化通常使其电导增加，这会使介质的温度上升，因而电化学击穿的最终形式是热击穿。温度和电压作用时间对电击穿的影响小，对热击穿和电化学击穿的影响大；电场局部不均匀性对热击穿的影响小，对其他两种影响大。

沿固体介质表面和空气的分界面上发生的放电现象称为沿面放电，沿面放电发展成电极间贯穿性的击穿称为闪络。绝缘子表面闪络是典型的沿面放电，绝缘子遭雷击破裂则为击穿，电缆绝缘层发生的也是典型的击穿。在带电作业的绝缘工具中，需要考虑沿面放电特性的有绝缘杆、绝缘绳，其工频闪络电压可参考表 3-4。

表 3-4　　　　　　　带电作业绝缘工具的工频闪络电压（有效值）

长度/m	1	2	3	4	5
绝缘杆/kV	320	640	940	1100	
绝缘绳/kV	340	500	860	1020	1120

影响固体电介质击穿电压的主要因素有：电场的不均匀程度、作用电压的种类及施加的时间、温度、固体电介质性能和结构、电压作用次数、机械负荷、受潮等。

（1）电场的不均匀程度。均匀、质密的固体电介质在均匀电场中的击穿场强可达 $1\sim10MV/cm$。击穿场强决定于物质的内部结构，与外界因素的关系较小。当电介质厚度增加时，由于电介质本身的不均匀性，击穿场强会下降。当厚度极小时（$<10^{-3}\sim10^{-4}cm$），击穿场强又会增加。电场越不均匀，击穿场强下降越多。电场局部加强处容易产生局部放电，在局部放电的长时间作用下，固体电介质将产生化学击穿。

（2）作用电压时间、种类。固体电介质的三种击穿形式与电压作用时间有密切关系。同一种固体电介质，在相同电场分布下，其雷电冲击击穿电压通常大于工频击穿电压，直流击穿电压也大于工频击穿电压。交流电压频率增高时，由于局部放电更强、介质损耗更大、发热严重，更易发生热击穿或导致化学击穿提前到来。

（3）温度。当温度较低，处于电击穿范围内时，固体电介质的击穿场强与温度基本无关。当温度稍高，固体电介质可能发生热击穿。周围温度越高，散热条件越差，热击穿电压就越低。

（4）固体电介质性能、结构。工程用固体电介质往往不很均匀、质密，其中的气孔或其他缺陷会使电场畸变，损害固体电介质。电介质厚度过大，会使电场分布不均匀，散热不易，降低击穿场强。固体电介质本身的导热性好，电导率或介质损耗小，则热击穿电压会提高。

（5）电压作用次数。当电压作用时间不够长，或电场强度不够高时，电介质中可能来不及发生完全击穿，而只发生不完全击穿。这种现象在极不均匀电场中和雷电冲击电压作用下特别显著。在电压的多次作用下，一系列的不完全击穿将导致介质的完全击穿。由不完全击穿导致固体电介质性能劣化而积累起来的效应称为累积效应。

（6）机械负荷。固体电介质承受机械负荷时，若材料开裂或出现微观裂缝，击穿电压将下降。

（7）受潮。固体电介质受潮后，击穿电压将下降。

2. 气体电介质的特性

气体电介质击穿是在电场作用下气体分子发生碰撞电离而导致电极间的贯穿性放电，雷电产生过程即为典型的空气击穿现象。气体电介质击穿包括电子碰撞游离、电子崩和流注放电等阶段。以棒—板间隙为例，在棒板上施加电压，板极接地，由于棒极的曲率半径较小，其附近的电场较强，其他区域内的电场相对较弱。当间隙上施加的电压达到一定值时，首先在棒端局部电场内发生电子碰撞游离，形成电子崩并发展成流注。局部范围内的流注，只是使棒板尖端处出现电晕放电，其他区域内电场很弱，流注不会发展到贯通整个间隙，即间隙不会很快被击穿。随着所施加电压的升高，电晕层逐渐扩大，当电压升高到一定程度时，在棒端出现了不规则的刷状细火花，最终导致整个间隙的完全击穿。

影响气体介质击穿的因素很多，主要有作用电压、电板形状、气体的性质及状态等。气体介质击穿常见的有直流电压击穿、工频电压击穿、高气压电击穿、冲击电压击穿、高真空电击穿、负电性气体击穿等。

带电作业涉及的气体介质主要是空气间隙，空气间隙是良好的绝缘体，空气间隙的绝缘水平是以它在电场作用下的起始放电电压来衡量的。空气间隙在工频交流电场中的平均放电梯度近似为 400kV/m。空气的绝缘水平与以下因素有关：

（1）电极形状的影响。在球—球、棒—棒、棒—板、板—极四种典型电极中，球—球电极间的场强最均匀，它的绝缘水平最高；其他三种电极的场强都有畸变现象，它们的绝缘水平都较球—球间隙有所降低。

（2）电压波形的影响。正弦波、操作冲击波、雷电冲击波及直流叠加操作波是带电作业中遇到的四种典型电压波形，实践证明，它们对空气绝缘的水平影响有明显的差异。对于绝大多数的电极形状，负极性操作波的放电电压比正极性高，绝缘强度具有伏秒特性，耐受电压的能力因电压波形及作用时间不同而有差异。不同电压波形的波头标志着不同瞬间值升高或降低的速率。

1）雷电波的波头最短，其上升速率最快，作用时间也最短，故雷电波下的放电电压数值最高。

2）操作波的波头范围介于雷电波和工频正弦波之间，放电电压最低。

3）工频正弦波的波头最长，它的放电电压高于操作波而低于雷电波。因此，正极性雷电冲击波对绝缘水平的影响最大。

（3）气象状况的影响。气压、气温和湿度都会不同程度地影响空气的绝缘强度。在电场强度和气压不变的条件下，如果气温升高了，分子的热运动势必增强，碰撞游离的速度加快，将会导致气体放电电压的下降。在相同的条件下，如果湿度增高了，空气中的水蒸气分子势必增多，分子的去游离速度加快，使得气体的放电电压得以降低。空气间隙的击穿电压随着空气温度和湿度的增加而升高。所以，气温和湿度的高低对气体放电产生相反的效果。

空气的电离场强和击穿场强高，击穿后能迅速恢复绝缘性能且不燃、不爆、不老化、无腐蚀性。但空气放电的击穿电压具有较大的分散性。因此，在研究空气间隙放电特性时必须建立统计的观点，50%放电电压就是以统计的观点来表达某一空气间隙耐受操作冲击电压的平均绝缘性能。50%放电电压的含义是选定某一固定幅值的标准冲击电压，施加到一个空气间隙上，如果施加电压的次数足够多且该间隙被击穿的概率为50%时（即有50%的次数间隙被击穿），则所选定的电压即为该间隙的50%放电电压，并以 U_{50} 表示。

大量的试验结果表明，空气间隙的 U_{50} 与操作冲击电压的波形有关，而且间隙的击穿一般都发生在波头时间内，即与波头时间 T_p 有密切关系。对于同一间隙，U_{50} 随波头的时间而变化，并在某一波头时间下出现最低值 $U_{50.\min}$，该波头称为临界波头。对于棒—板间隙，一般可使用经验公式估算棒极为正极性时的临界放电电压为

$$U_{50\min} = 3400 \div \left(1 + \frac{8}{L}\right) \qquad (3-5)$$

式中：$U_{50.\min}$ 为临界放电电压，kV；L 为间隙长度，m。

该经验公式适用于间隙长度为 2～5m 的范围。对于其他电极形状的间隙，首先可按式（3-5）估算出相同长度的棒—板间隙 $U_{50.\min}$，然后再乘以所求电极形状的间隙系数 K_g，即可得所求间隙的 $U_{50.\min}$ 估算值，各种电极形状的间隙系

数 K_g 可查阅相关资料。

3.4　绝缘配合与安全间距

一、绝缘配合

1. 绝缘配合方法

上节已介绍，绝缘体在某些外界条件如加热、高电压等影响下，会被"击穿"而转化为导体。固体绝缘体绝缘材料发生击穿一般都会失去绝缘性能，而且是不可逆转的；液体绝缘材料被击穿后会遗留残存物质（如游离碳），造成绝缘材料的整体绝缘水平下降；唯有气体绝缘材料被击穿后，经过极短的时间（分子流动、交换时间）即可自动恢复到击穿前的绝缘水平。因此，许多气体（如空气）被称作"自恢复绝缘"。带电作业中，人体对带电体保持一定的安全距离（空气间隙），正是充分利用了空气这种绝缘性能，为人体提供了安全保证。

绝缘体在运行中除了长期承受额定工频电压（工作电压）作用之外，还会受到波形、幅值大小、持续时间不同的各种过电压（暂时过电压、操作过电压和雷电过电压）的作用。在某一额定电压下，所选择的绝缘水平越低，则电气设备造价就越省，但是在过电压和工频电压作用下，太低的绝缘水平会导致频繁的闪络和绝缘击穿事故，不能保证电网的安全运行；反过来，绝缘水平过高将使投资大大增加，造成浪费。另一方面，降低和限制过电压可降低对绝缘水平的要求，降低设备的投资，但由此也增加了过电压保护设备，投资也将相应增加。因此，采用何种过电压保护措施，使之在不增加过多投资的前提下，既限制了可能出现的高幅值过电压以保证设备安全，使系统可靠地运行，又降低了对电力设施的绝缘水平的要求和减少对主要设备的投资费用，这就需要处理好过电压、限压措施、绝缘水平三者之间的协调配合关系。

绝缘配合就是根据设备在电力系统中的各种电压水平和设备自身的耐受电压强度选择设备绝缘的做法，以便把各种电压所引起的绝缘损坏或影响的可能性降低到经济上和运行上能接受的水平。绝缘配合不仅要在技术上处理好各种电压、各种限压措施和设备绝缘耐受能力三者间的配合关系，还要在经济上协调好投资费用、维护费用和事故损失等三者之间的关系。同时，因为系统中可能出现的各种过电压与电网结构、地区气象条件和污秽条件等密切相关，并具有随机性，因此绝缘配合就显得相当复杂，不可孤立、简单地以某一种情况做出决定。绝缘配合一般采用两种方法：①惯用法；②统计法。由于统计法较复杂，所以在实际工程中往往采用简化统计法。

（1）绝缘配合的惯用法。惯用法是一种传统的习惯方法，其基本出发点是使电器设备绝缘的最小击穿电压值高于系统可能出现的最大过电压值，并留有一定的安全裕度。

在绝缘配合惯用法中，系统最大过电压、绝缘耐受电压与安全裕度三者之间的关系为

$$A = \frac{U_W}{U_{0.max}} = \frac{U_W}{U_x \dfrac{\sqrt{2}}{\sqrt{3}} K_r K_0} \tag{3-6}$$

式中：A 为安全裕度；U_W 为绝缘的耐受电压，kV；U_{0max} 为系统最大过电压，kV；U_n 为系统额定电压有效值，kV；K_r 为电压升高系数；K_0 为系统过电压倍数。

（2）绝缘配合的统计法。统计法的根据是假定过电压和绝缘强度的概率分布函数是已知的或通过试验得到的。利用在大量统计资料基础上的过电压概率密度分布曲线，以及通过试验得到绝缘放电电压的概率密度分布曲线，用计算的方法求出由过电压引起绝缘损坏的故障概率，通过技术经济比较确定绝缘水平。

由于实际工程中采用统计法进行绝缘配合是相当繁琐和困难的。因此，通常采用"简化统计法"。对过电压和绝缘强度的统计规律做出一些合理的假设，如正态分布和标准偏差等，在此基础上计算绝缘的故障率。

还必须指出，绝缘配合的统计法至今只能用于自恢复绝缘。因而要得出非自恢复绝缘击穿电压的概率分布是非常困难的。工程上通常对 220kV 及以下的自恢复绝缘均采用惯用法，而对 330kV 及以上的超高压自恢复绝缘才部分地采用简化统计法进行绝缘配合。

2. 带电作业中的绝缘配合

如果把带电作业中使用的绝缘工具（或作业空气间隙）作为电力系统中的一种设备看待，就同样存在绝缘配合问题。即若把绝缘工具（或间隙）的绝缘水平选得太低，则安全水平就低，事故率就高，带电作业就不安全；相反，若把绝缘工具（间隙）的绝缘水平选得很高，则安全水平就高，作业安全很有保障，但配置的作业器具要求较高，投资增加，经济上不划算。在带电作业方法中，绝缘体与人体构成的回路有：①地电位作业法：大地—人体—绝缘工具—带电体（电气设备）；②中间电位作业法：大地—绝缘体—人体—绝缘工具（绝缘体）—带电体；③等电位作业法：大地—绝缘体—人体—带电体。进行带电作业时，为保证带电作业人员的安全，只有绝缘体和绝缘工具符合技术要求，并且人体与带电体保证有足够的安全距离时，通过人体的泄漏电流才会小于人体的感知电流水平，此时带电作业人员才是安全的。如地电位作业时，作业人

员就是站在大地或杆塔上用绝缘性能良好的绝缘工具（绝缘操作杆等）进行操作，此时绝缘工具应保持最短一段有效绝缘长度大于规定的安全长度，作业人员与带电设备保持最小安全距离，这样就有效增大带电作业回路的阻抗及电气绝缘，确保作业人员的人身安全。这里的绝缘工具、安全距离等都是增大作业回路中阻抗的技术措施。

事实上，带电作业中的绝缘结构总是由自恢复和非自恢复两部分组成。空气间隙是自恢复绝缘的，而一般的带电作业用工具、装置及设备的绝缘不能简单地说成是自恢复或非自恢复型的，仅在一定的电压范围内，在工具、装置及设备的绝缘部分发生沿面或贯穿性放电的概率可忽略不计时（此时工具、装置及设备的放电概率与其自恢复绝缘部分的放电概率一致），才可称其绝缘为自恢复绝缘。与其相反，称其绝缘为非自恢复绝缘。

对于自恢复绝缘，可在有一定放电概率的条件下进行试验。例如，用超过额定冲击耐受水平的电压决定放电概率与所施加电压的相互关系，可直接获得较多的带电作业用工具、装置及设备的绝缘特性的数据。而对非自恢复绝缘，多施加某一电压，如额定冲击耐受电压，绝缘虽未必放电，但可能发生不可逆的恶化，故对非自恢复绝缘只能施加有限次数的冲击电压进行试验。

在带电作业中，通常将绝缘损坏危险率简称为危险率。设系统操作过电压的概率分布和空气间隙击穿的概率都服从正态分布，带电作业的危险率可由下列计算求得

$$P_{\mathrm{o}} = \frac{1}{2} \int_0^\infty P_{\mathrm{o}}(U) P_{\mathrm{d}}(U) \mathrm{d}U \tag{3-7}$$

式中：$P_{\mathrm{o}}(U)$ 为操作过电压幅值的概率密度函数；$P_{\mathrm{d}}(U)$ 为空气间隙在幅值为 U 的操作过电压下击穿的概率分布函数。分别为

$$P_{\mathrm{o}}(U) = \frac{1}{\sigma_0 \sqrt{2\pi}} \cdot \mathrm{e}^{-\frac{1}{2}\left(\frac{U-U_{\mathrm{ov}}}{\alpha_0}\right)^2}$$

$$P_{\mathrm{d}}(U) = \int_0^U \frac{1}{\sigma_{\mathrm{d}} \sqrt{2\pi}} \cdot \mathrm{e}^{-\frac{1}{2}\left(\frac{U-U_{\mathrm{ov}}}{\alpha_{\mathrm{d}}}\right)^2} \mathrm{d}U \tag{3-8}$$

式中：U_{av} 为操作过电压平均值，kV；σ_0 为操作过电压的标准偏差，kV；σ_{d} 为绝缘放电电压的标准偏差，kV。

运用上述数学模型可编制计算程序，根据试验结果计算相应的带电作业危险率。在计算中，若系统内操作过电压出现幅值超过某一值的概率为 2% 时，该值称为系统的统计操作过电压，用 $U_{2\%}$ 表示；若系统内操作过电压出现幅值超

过某一值的允许概率为 0.13%，该值称为系统的最大操作过电压，用 $U_{0.13\%}$ 表示，操作过电压平均值 U_{av} 可由下式计算

$$U_{av} = \frac{U_{2\%}}{1+2.05\sigma_0} \text{ 或 } U_{av} = \frac{U_{0.13\%}}{1+3\sigma_0} \tag{3-9}$$

式中：σ_0 为操作过电压的标准偏差，kV。

二、安全间距

1. 安全距离

安全距离是指为了保证人身安全，作业人员与带电体之间所应保持各种最小空气间隙距离的总称。具体地说，安全距离包括下列五种间隙距离：最小安全距离、最小对地安全距离、最小相间安全距离、最小安全作业距离和最小组合间隙。确定安全距离的原则，就是要保证在可能出现最大过电压的情况下，不致引起设备绝缘闪络、空气间隙放电或对人体放电。

在确定带电作业安全距离时，过去基本上不考虑系统、设备和线路长短，一律按系统可能出现的最大过电压来确定。实际上，当线路长度、系统结构、设备状况和作业工况等不一样时，线路的操作过电压会有较大差别。同时，如果在带电作业时停用自动重合闸，则带电作业时的实际过电压倍数将较系统中的最大过电压低。因此，在计算带电作业的安全距离和危险率时，应根据作业时的实际过电压倍数来计算分析。不同系统的过电压值可通过暂态网络分析仪等专用程序计算求得。在实际作业中，如果无该线路的操作过电压计算数据和测量数据，则应按该系统可能出现的最大过电压倍数来确定安全距离。

最小安全距离是指地电位作业人员与带电体之间应保持的最小距离。带电作业最小安全距离包括带电作业最小电气间隙及人体允许活动范围。在 IEC 标准中，最小电气距离是指带电作业工作点可防止发生电气击穿的最小间隙距离。最小间隙距离的确定受到多种因素的影响，主要包括间隙外形、放电偏差、海拔、电压极性等。作业间隙的形状对放电电压有明显的影响。在正极性标准冲击电压下，棒—板结构的放电电压最低，其间隙系数为 0.1。对于其他不同的间隙结构，可通过仿真型试验求出不同电极结构下的间隙系数。间隙结构的不同直接影响到进入高电位的作业方式，试验结果表明：在同样的间隙距离下，处于等电位的模拟人对侧边构架的放电电压要高于对顶部构架的放电电压。正常情况下，人体与带电体的最小安全距离分别是 0.4m（海拔不超过 3000m 地区）和 0.6m（海拔 3000~4500m 地区），20kV 为 0.5m（海拔不超过 1000m）。

最小对地安全距离是指带电体上等电位作业人员与周围接地体之间应保持的最小距离。通常，带电体上等电位作业人员对地的安全距离等于地电位作业

人员对带电体的最小安全距离。

最小相间安全距离是指带电体上作业人员与邻相带电体之间应保持的最小距离。

最小安全作业距离是指为了保证人身安全，考虑到工作中必要的活动，地电位作业人员在作业过程中与带电体之间应保持的最小距离。确定最小安全作业距离的基本原则是：在最小安全距离的基础上增加一个合理的人体活动范围增量。一般而言，增量可取 0.5m。

2. 组合间隙

带电作业时，在接地体与带电体之间单间隙的基础上，由于人体的介入，将单间隙分割为两部分，即人体对接地体之间和人体对带电体之间的两个间隙，这两个间隙的总和，我们称之为组合间隙，即 $S_z=S_1+S_2$，如图 3-2 所示。

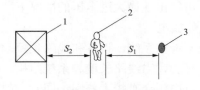

图 3-2　组合间隙示意图
1—杆塔（接地体）；2—人体；3—带电体

组合间隙是一种特殊的电极形式，通过对组合间隙的试验得出，组合间隙的放电电压都比同等距离、同种电极形式的单间隙放电电压降低了 20% 左右。因此，在确定组合间隙安全距离时，仍然以单间隙的人体对带电体最小安全距离增加 20% 左右来计算。

最小组合间隙是指在组合间隙中的作业人员处于最低的 50%操作冲击放电电压位置时，人体对接地体与带电体两者应保持的距离之和。

3. 绝缘工具的有效长度

绝缘工具中往往有金属部件存在，计算绝缘工具长度时，必须减去金属部件的长度。而减去金属部件后的绝缘工具长度，被称为绝缘工具的有效长度，或称最短有效长度。

带电作业中，为了保证带电作业人员及设备的安全，除保证最小空气间隙外，带电作业所使用的绝缘工具的有效长度，也是保证作业安全的关键问题。试验证明，同样长度的空气间隙和绝缘工具作放电电压试验时，空气间隙的放电电压要高出 6%～10%，因此各电压等级绝缘工具有效长度按 1.1 倍的相对地安全距离值考虑。同时对于绝缘操作杆的有效长度，要考虑其使用中的磨损及在操作中杆前端可能向前越过一段距离，为此，绝缘操作杆的有效长度须再增加 0.3m，以作补偿。10kV 绝缘操作工具的最小有效长度分别为 0.7m（海拔不超过 3000m 地区）和 0.9m（海拔 3000～4500m 地区），绝缘承力工具的最小有效长度为 0.4m（海拔不超过 3000m 地区）和 0.6m（海拔 3000～4500m 地区）；海拔不超过 1000m 地区；20kV 绝缘操作工具的最小有效长度为 0.9m，绝缘承力工具的最小有效长度为 0.5m。

常用作业工器具及其使用

4

作业工器具和防护用具的正确使用及维护保管对作业过程的人身安全至关重要。本章简要介绍作业常用的绝缘材料，重点介绍带电作业的绝缘工具、防护用具和相关作业器具的性能、使用与管理，简要介绍简易实用带电作业工器具的相关制作技术。

4.1 绝 缘 工 具

绝缘工具是用绝缘材料制成的作业工具，包括以绝缘管、棒、板为主绝缘材料，端部装配金属工具的硬质绝缘工具；以绝缘绳、合成橡胶、天然橡胶或其他绝缘柔性材料为主绝缘材料制成的软质绝缘工具。带电作业用绝缘工具应有良好的电气绝缘性能和较高的机械强度，同时还应具有吸湿性低、耐老化等特点。为了现场作业的方便，绝缘工具还应具备自重轻、操作方便、不易损坏的特点。

一、常用的绝缘材料

绝缘材质的性能直接影响和决定着工具的电气和机械性能，带电作业常用的绝缘材料一般分为硬质绝缘材料和软质绝缘材料。

1. 硬质绝缘材料

（1）环氧玻璃钢。环氧玻璃钢（通常简称为玻璃钢）是由玻璃纤维与环氧树脂复合而成，硬质绝缘工具基本上都采用环氧玻璃钢为原材料。由于玻璃纤维和环氧树脂的电气绝缘性能都十分优良，因此由它们复合而成的玻璃钢具有优良的电气性能。

玻璃为质硬易碎物体，不适于作为结构用材，但如其拉成丝后，则其强度大为增加且具有柔软性，故配合树脂赋予形状以后可成为优良的结构用材。玻璃纤维是玻璃在熔融状态下，通过小孔高速拉制成的直径为数微米至数十微米的细丝，玻璃纤维随其直径变小其强度增高。由数百根甚至数千根单丝集成一束玻璃纤维中，偶尔存在的微裂纹只能使一根单丝断裂，扩展不到其他纤维丝上，整束玻璃纤维仍然可承受很高的机械应力。根据玻璃的含碱量多少分为碱玻璃和无碱玻璃两类。无碱玻璃的含碱量低于 1%，不易被潮气所侵蚀，并且具有稳定的电气性能和机械性能，因而，制造带电作业绝缘工具用的玻璃纤维都由无碱玻璃拉制而成。

玻璃钢在制造过程中，不可避免会混入极少量的杂质，包括水分、灰尘、油污、汗渍等，它们滞留在玻璃纤维和环氧树脂之间的界面上，影响了结合紧密性，空气中的潮气容易沿着这些薄弱点侵入玻璃钢内部。杂质的含量虽少，但大多具有很高的导电性，对玻璃钢电气制品的电气绝缘性能影响极大，因此，玻璃钢制品电气绝缘性能的优劣主要决定于对杂质含量的控制。

（2）环氧树脂。环氧树脂是泛指分子中含有两个或两个以上环氧基团的有机高分子化合物，它们的相对分子质量一般都不高。环氧树脂的分子结构是以分子链中含有活泼的环氧基团为特征，环氧基团可以位于分子链的末端、中间或成环状结构。由于分子结构中含有活泼的环氧基团，使它们可与多种类型的固化剂发生交联反应而形成不熔的具有三向网状结构的高聚物。固化后的环氧树脂具有良好的物理化学性能，它对金属和非金属材料的表面具有优异的粘接强度，介电性能良好、硬度高、柔韧性较好，对碱及大部分溶剂稳定，因而广泛应用于浇注、浸渍、层压料、粘结剂、涂料等用途。

硬质绝缘板、管、棒及各种异形材的硬质绝缘材料制成的硬质绝缘工具，包括通用操作杆、承力杆、硬梯、托瓶架、作业平台、抱杆等，此外，还有绝缘承载工具，即承载作业人员进入带电作业位置的固定式或移动式绝缘承载工具，包括绝缘斗臂车、绝缘平台等。

2. 软质绝缘材料

软质绝缘材料主要有绝缘薄膜和绝缘绳索。绝缘薄膜包括聚氯乙烯、聚丙烯等薄膜。聚氯乙烯简称 PVC，是由氯乙烯在催化剂作用下使用一个氯原子取代氢原子聚合而成的热塑性树脂；聚丙烯简称 PP，是由丙烯在催化剂的作用下聚合而制得的一种热塑性树脂。绝缘绳索由蚕丝或锦纶制成，下面重点介绍其构成与基本性能。

（1）蚕丝的构成与基本性能。蚕丝是成熟蚕结茧时所分泌丝液凝固而成的连续长纤维，也称天然丝，是自然界中最轻、最柔、最细的天然纤维，蚕丝的密度约为 $1.3 \sim 1.45 \text{g/cm}^3$。主要成分是丝素和丝胶，丝胶内尚含有少量蜡质和碳水化合物。丝素是一种纤维蛋白质，又称丝纤维，它不溶于水；丝胶是球状蛋白质，溶于水。含有丝胶的蚕丝称为生丝，不能用于制造绝缘绳，必须将丝胶除去后才能作为制造绝缘绳的原料。

蚕丝的纤维细而柔软，因此有较高的机械强度。蚕丝在干燥状态时是良好的电气绝缘材料，电阻率约为 $1.5\sim5\times10^{11}\Omega\cdot cm$，但由于蚕丝的丝胶具有亲水性及纤维具有多孔性，因此蚕丝具有很强的吸湿性，受潮后的绝缘性能迅速降低，电阻率也明显降低，当蚕丝作为绝缘材料使用时，应特别注意避免受潮。蚕丝还具有耐酸性能好、耐碱性能弱、有较大的伸长率等特点。

（2）锦纶的成分与性能。锦纶的学名为聚酰胺纤维，简称 PA，俗称尼龙，是分子主链上含有重复酰胺基团（NHCO）的热塑性树脂的总称。基本原料为苯、苯酰、环乙烷、甲苯。锦纶的品种很多，有锦纶 6、锦纶 66、锦纶 11、锦纶 610，其中最主要的是锦纶 66 和锦纶 6。各种锦纶的性质不完全相同，共同的特点是大分子主链上都有酰胺链，能够吸附水分子，可以形成结晶结构，耐磨性能极为优良。因此锦纶强度高、耐磨性好、回弹性好，锦纶的长丝可制成弹力丝，短丝可与棉及腈纶混纺，以提高其强度和弹性，广泛应用于制造绳索。锦纶耐碱而不耐酸，长期暴露在日光下其纤维强度会下降。

以软质绝缘材料为主构件制成的软质绝缘工具，包括各种绳索及其制成品以及各种软管、软板、软棒的制成品等，使用最广泛的是绝缘绳。

二、绝缘杆

按照带电作业中的不同用途，绝缘杆分为绝缘操作杆、支杆和拉（吊）杆三类。绝缘杆用的环氧玻璃钢，具有的物理、机械、介电性能，见表 4-1。

表 4-1　　　　　　　　　　环氧玻璃钢的物理、机械、介电性能

项目	技术要求	项目		技术要求
密度	不小于 $1.75g/cm^3$	体积电阻率	常态	大于 $1\times10^{14}\Omega\cdot cm$
吸水率	不大于 0.4%		浸水	大于 $1\times10^{12}\Omega\cdot cm$
抗弯强度	不小于 35×10^7Pa	表面电阻率	常态	大于 $1\times10^{12}\Omega$
横向抗压强度	不小于 20×10^7Pa		浸水	大于 $1\times10^9\Omega$
抗拉强度	不小于 30×10^7Pa	受潮后表面耐压		不小于 12kV
介质损耗角正切	不大于 0.01			

1. 绝缘操作杆

绝缘操作杆是一种由作业人员手持其末端，用前端接触带电体进行操作的绝缘工具，如图 4-1 所示。

（1）绝缘测距杆。用于测量导线对地距离，根据需要可伸缩调节长度，如图 4-1（a）所示。

（2）绝缘卡线钩。用于引线需要临时固定在导线上时，绝缘柄可旋转，端部配置的金属构件在绝缘柄顺时针旋转时压紧物体，反时针旋转时松开物体，使用时应注意旋转力度，如图 4-1（b）所示。

（3）绝缘扳手。用于紧固螺栓，手柄为绝缘手柄，操作方法与普通扳手相同，如图 4-1（c）所示。

（4）绝缘绕线器。通过两个转轮，把单股铝线均匀缠绕在导线上，采用间接作业法将电源引线采用绑扎连接方式进行搭接，如图 4-1（d）所示。

（5）绝缘夹钳。用于手持临时夹持引线或其他轻型的小部件，如图 4-1（e）所示。

（6）绝缘剪线钳。用于剪断单股或小截面导线、绑扎的余线等，如图 4-1（f）所示。

（7）液压绝缘断线器。用于间接作业时钳断导线，如图 4-1（g）所示。

绝缘操作杆在带电作业中广泛使用，其结构的一般要求是操作杆的接头应采用固定式绝缘接头，接头连接应紧密牢固。用空心管制造的操作杆内、外表面及端部必须进行防潮处理，并用堵头在空心管的两端进行封堵，以防止内表面受潮和脏污。固定在操作杆上的接头宜采用比其强度高的材料制作，对金属接头其长度不应超过 100mm，端部和边缘应加工成圆弧形。操作杆的总

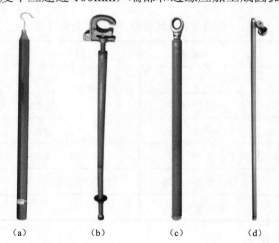

（a）　　　　（b）　　　　（c）　　　　（d）

图 4-1　常用绝缘操作杆（一）

（a）绝缘测距杆；（b）绝缘卡线钩；（c）绝缘扳手；（d）绝缘绕线器

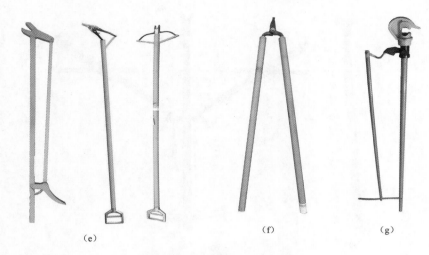

图 4-1 常用绝缘操作杆（二）

（e）绝缘夹钳；（f）绝缘剪线钳；（g）液压绝缘断线器

长度由最短有效绝缘长度、端部金属接头长度和手持部分长度的总和决定，其各部分长度应符合要求，10kV 绝缘操作杆的最小有效绝缘长度为 0.7m，20kV 为 0.9m。

2. 支杆和拉（吊）杆

支杆是一种由其两端分别固定在带电体和接地体（或构架、杆塔）上，以安全可靠地支撑带电体荷载的绝缘工具。拉（吊）杆则是一种与牵引工具连接并安全可靠地承载相应荷载的绝缘工具。常用的绝缘撑杆和绝缘横担如图 4-2 所示。

（1）绝缘撑杆。用于作业中适当撑开导线，加大导线的相间距离，撑杆的长短可根据需要调节，如图 4-2（a）所示。

（2）绝缘横担（也称提线器）。固定在电杆本体上，可根据现场导线排列的实际情况调整三相导线的位置，用于直线杆上的导线提升，如图 4-2（b）所示。使用时应注意控制导线的弧垂，防止受力过大。

支杆、拉（吊）杆结构的一般要求是支杆、拉（吊）杆上的金属配件与空心管、填充管（以下简称绝缘管）、绝缘板的连接应牢固，使用时灵活方便。支杆的总长度由最短有效绝缘长度、固定部分长度和活动部分长度的总和决定。拉（吊）杆的总长度由最短有效绝缘长度和固定部分长度的总和决定，其各部分长度应符合规定。

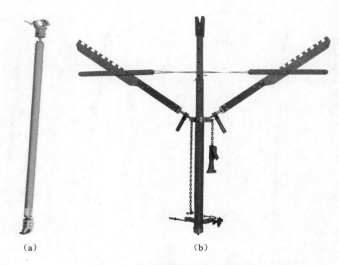

（a）　　　　　　　　　　（b）

图 4-2　常用的绝缘撑杆和绝缘横担

（a）绝缘撑杆；（b）绝缘横担

三、绝缘绳索

绝缘绳索是广泛应用于带电作业的绝缘材料之一，以绝缘绳为主绝缘部件制成的工具，具有灵活、轻便、便于携带、适于现场作业等特点，可用作运载工具、攀登工具、吊拉绳，连接套及保安绳等。此外，利用绝缘绳或绝缘带，又可制成绝缘软梯、腰带等。

1. 绝缘绳的结构与编织

绝缘绳的结构有绞制圆绳、编织圆绳、编织扁绳、环形绳等。绳索的捻制方法可分为顺捻和反捻两种，顺捻时按反时针方向螺旋前进的方式捻，一般称为 S 捻；反捻是按顺时针方向螺旋前进的方式捻，一般称为 Z 捻。为了防止绳索松散，通常对绳索按照 ZSZ 方式捻制，也就是将纤维捻成单纱时，按照反捻方式，纱线捻成股线时，按照顺捻方式，最后将股线捻成绳索时又按照反捻方式。

（1）外观及工艺要求。绝缘绳索应在具有良好通风防尘设备的室内生产，在生产过程中不允许裸手直接触摸，不得沾染油污及受潮；每股绳及每股线中丝均应紧密绞合，不得有松散、分股的现象；绳索各股及各股中丝线均不应有叠痕、凸起、压伤、背股、抽筋等缺陷，不得有错乱、交叉的丝、线、股；接头应单根丝线连接，不允许有股接头，单丝接头应封闭在绳股内部，不得露在外面；股绳和股线的捻距在其全长上应该均匀。

（2）绝缘绳的电气性能指标见表 4-2，桑蚕丝和锦纶长丝绝缘绳索物理和机械性能见表 4-3 和表 4-4。

表 4-2　　　　　　　　　　绝缘绳的电气性能指标

试 验 项 目	标准	试品长度	布置方式
高温度下交流泄漏电流 （相对湿度 90%，温度 20℃，24h）	100kV 时不大于 300μA	0.5m	垂直布置
工频干闪电压	不小于 170kV	0.5m	垂直布置

表 4-3　　　　　桑蚕丝绝缘绳索（ZSZ 捻制）的物理和机械性能

型号	直径/mm		结构 （股）	捻距/ mm	线密度/ （g/m）	伸长度 （不大于） （%）	断裂强度 （不小于）/ kN	测量张力/ N
	标称直径	允许偏差						
SCjS-2	2	±0.2	3	7±0.3	2.5±0.2	20	1.2	20
SCjS-4	4	±0.2	3	13±0.3	12±0.2	20	2.6	40
SCjS-6	6	±0.3	3×3	18±0.3	19±0.3	20	4.5	80
SCjS-8	8	±0.3	3×3	24±0.3	42±0.5	20	6.9	110
SCjS-10	10	±0.3	4×4+1	32±0.3	61±1.0	35	9.2	140
SCjS-12	12	±0.4	4×4+1	37±0.3	90±1.0	35	12.4	200
SCjS-14	14	±0.4	4×4+1	42±0.5	115±1.5	35	16.0	300
SCjS-16	16	±0.4	4×4+1	48±0.5	155±1.5	35	20.0	400
SCjS-18	18	±0.5	4×4+1	56±0.5	190±2.0	44	25.0	500
SCjS-20	20	±0.5	4×4+1	62±0.5	220±3.0	44	30.0	700
SCjS-22	22	±0.5	4×4+1	66±0.5	266±3.0	44	36.0	800
SCjS-24	24	±0.5	4×4+1	72±0.5	315±4.0	44	41.5	900

注　型号符号的含义为：第一个 S—桑，C—蚕丝，j—绝缘，第二个 S—绳索。

表 4-4　　　　　锦纶长丝绝缘绳索（ZSZ 捻制）的物理和机械性能

型号	直径/mm		结构 （股）	捻距/ mm	线密度/ （g/m）	伸长度 （不大于） （%）	断裂强度 （不小于）/ kN	测量张力/ N
	标称直径	允许偏差						
jCjS-2	2	±0.2	3	7±0.3	2.6±0.2	40	1.4	10
jCjS-4	4	±0.2	3	13±0.3	13±0.2	40	3.1	20
jCjS-6	6	±0.3	3×3	18±0.3	20±0.3	40	5.4	40
jCjS-8	8	±0.3	3×3	24±0.3	44±0.5	40	8.0	80

型号	直径/mm		结构（股）	捻距/mm	线密度/（g/m）	伸长度（不大于）/（%）	断裂强度（不小于）/kN	测量张力/N
	标称直径	允许偏差						
jCjS-10	10	±0.3	4×4+1	32±0.3	63±1.0	48	11.0	130
jCjS-12	12	±0.4	4×4+1	37±0.5	93±1.0	48	15.0	180
jCjS-14	14	±0.4	4×4+1	42±0.5	117±1.5	48	20.2	250
jCjS-16	16	±0.4	4×4+1	48±0.5	157±1.5	48	26.0	300
jCjS-18	18	±0.5	4×4+1	56±0.5	193±2.0	58	32.0	400
jCjS-20	20	±0.5	4×4+1	62±0.5	222±3.0	58	38.0	500
jCjS-22	22	±0.5	4×4+1	66±0.5	268±3.0	58	44.0	600
jCjS-24	24	±0.5	4×4+1	72±0.5	318±4.0	58	50.0	700

注　型号符号的含义为：第一个 j—锦纶，C—长丝；第二个 j—绝缘，S—绳索。

2. 绝缘绳套

又称绝缘千斤，由锦纶丝线先制成股绳，再由股绳根据绳套的绳径和长度单股循环缠绕足够圈数后编织而成。按照形状分无极绝缘绳套和两眼绝缘绳套。无极绝缘绳套由绝缘丝线制成的环形绳套，两眼绝缘绳套由绝缘丝线制成的两端有眼圈的绳套，在带电作业中用于挂接吊钩、吊杆、滑轮、卸扣等工器具的承重绝缘绳索工具，如图 4-3 所示。绝缘绳套的规格可根据需要做成各种绳径和长度，型号由材料、代号、规格三部分组成。

（a）　　　　　　　　　　　　　　　　　（b）

图 4-3　绝缘绳套图

（a）无极绝缘绳套；（b）两眼绝缘绳套

如 JCSTW-16×400，其中：JC—锦纶长丝，ST—绳套，W—无极绳套，16—绳径 16mm，400—长度 400mm。

如 JCSTL-16×400，其中：JC—锦纶长丝，ST—绳套，L—两眼绳套，16—绳径 16mm，400—长度 400mm。

绝缘绳索的试验包括取样、目视、检查、断裂强度、伸长率以及电气试验等。绝缘绳套的机械拉力试验宜在拉力试验机上进行。

4.2 防 护 用 具

防护用具是带电作业人员使用的安全防护用具的总称，包括绝缘遮蔽用具、绝缘防护用具和电场屏蔽用具。绝缘遮蔽用具是阻拦操作者接近、接触带电体，满足一定绝缘水平的防护用具，包括各种软、硬质的隔离罩、挡板、覆盖物等。绝缘防护用具是用绝缘材料制成的供带电作业人员专用的安全隔离用品，包括绝缘手套、绝缘服（袖套）、绝缘鞋、绝缘毯等。电场屏蔽用具是用导电材料制成的屏蔽强电场的用品，包括屏蔽服、防静电服（导电鞋、导电手套）等，配电带电作业电压低不需要电场屏蔽用具，因此不做介绍。

一、绝缘遮蔽用具

由绝缘材料制成、用于遮蔽或隔离带电体和临近的接地部件的硬质或软质用具。由于配电线路及设备安全距离小，在人体与带电体之间，加装一层绝缘遮蔽罩或挡板，来弥补空气间隙的不足，这种做法通常称为绝缘隔离措施。在带电作业用具中，遮蔽罩不能起主绝缘作用，它只适用于在带电作业人员发生意外短暂碰撞时，即擦过接触时起绝缘遮蔽或隔离的保护作用。绝缘遮蔽与绝缘隔离是中低压配电带电作业的一项重要安全防护措施。实践证明，采用完善的绝缘遮蔽措施，使用合格的安全防护工具，可防止人身触电伤害事故的发生，在配电带电作业上起到了重要的安全防护作用。

根据遮蔽对象的不同，遮蔽罩可以分为硬壳型、软型或变形型。根据遮蔽罩的不同用途，可分为以下几种：导线遮蔽罩（导线绝缘软管）、耐张装置遮蔽罩、绝缘子遮蔽罩、横担遮蔽罩、电杆遮蔽罩、套管遮蔽罩、跌落式熔断器遮蔽罩、隔板、绝缘布和特殊遮蔽罩等。各类绝缘遮蔽用具如图 4-4 所示。

遮蔽罩应由吸湿性小、密度小的人工合成硬质（或软质）绝缘材料制成，其技术性能应满足一定气温情况下所要求的电气和机械性能，经电气和机械性能试验合格。遮蔽罩应具有光滑的表面，其内表面与外表面均不允许有小孔、接缝裂纹、浮泡、破口、不明杂物、磨损擦伤、明显机械加工痕迹等表面缺陷；应适用于遮蔽被保护部分，并且有阻碍人体直接接触带电体或接地体的功能，其长度一般不应超过 1.5m。在满足所需的电气特性情况下，其尺寸要减到最小。遮蔽罩的保护区应有清晰、明显且牢固的标记。

对于所有能够以一个端部连接起来使用的遮蔽罩，应便于进行组装、互相连接，从而能构成一个绝缘遮蔽系统。在其保护区域内应不出现间隙，遮蔽罩连接处应能承受住一个完整的遮蔽罩同样的电气绝缘。

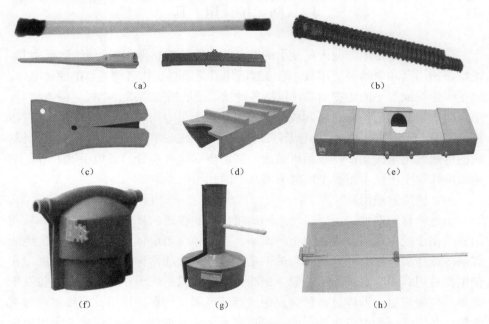

图 4-4　绝缘遮蔽罩

（a）导线遮蔽罩；（b）套管防护罩；（c）避雷器遮蔽罩；（d）横担遮蔽罩（软质）；（e）横担遮蔽罩
（硬质）；（f）绝缘子遮蔽罩；（g）跌落式熔断器遮蔽罩；（h）绝缘隔离板

　　设有提环、孔眼、挂钩的遮蔽罩，能用与其配套的绝缘杆来装设；还应适当配有一个或多个闭锁部件，防止使用中在外力作用下突然脱落。闭锁部件应便于闭锁和开启，并且应能用绝缘杆操作。

　　二、绝缘毯（垫）

　　绝缘毯（垫）采用绝缘的橡胶类和塑胶类材料，无缝制作工艺制成。一般有平展式和开槽式两种类型，也可专门设计以满足特殊用途的需要，常用绝缘毯如图 4-5 所示。

　　绝缘毯（垫）上下表面均不应存有损坏表面光滑轮廓的缺陷，如小孔、裂缝、局部隆起、切口、夹杂导电异物、折缝、空隙、凹凸波纹、明显的铸模痕迹等。在展平状态下的外形尺寸符合要求。进行厚度测量和检查时可在整个毯面上随机选择 5 个以上不同的点进行测量。

　　三、绝缘防护用具

　　绝缘防护用具由绝缘材料组成，在带电作业时对人体进行安全防护的用具，包括绝缘安全帽、绝缘袖套、绝缘披肩、绝缘服、绝缘裤、绝缘手套、绝缘靴（鞋）等，其材质主要划分为橡胶制品、树脂 E.V.A 制品和塑料制品等。与普通的劳动保护用品有很大的差别，需要满足作业时的电气绝缘性能要求，因此用具名称通常冠以"带电用"。

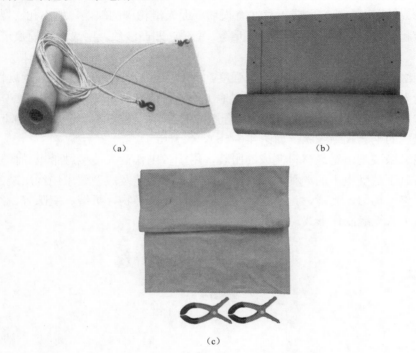

（a）　　　　　　　　　　　　　　　（b）

（c）

图 4-5　常用绝缘毯

（a）电杆包毯；（b）绝缘橡胶毯；（c）绝缘毯及毯夹

1. 绝缘袖套

绝缘袖套是配电带电作业最为常用的防护用具，它是用绝缘材料制成的，用于保护作业人员接触带电体时免遭电击的袖套，如图 4-6（a）所示。绝缘袖套按电气性能分为 0、1、2、3 四级，适用于不同系统额定电压的袖套分级，见表 4-5。

表 4-5　　　　　　　　　　　　　绝缘袖套的额定电压

级别	交流（有效值）/kV	级别	交流（有效值）/kV
0	0.38	2	10
1	3	3	20

绝缘袖套的使用除了定期试验外，平时使用时要注意外观的检查，主要要求是：

（1）袖套应采用无缝制作方式，袖套上为连接所留的小孔必须用非金属等不导电材料加固边缘，直径为 8mm。

（2）袖套内、外表面应不存在有损坏表面光滑轮廓的缺陷，如小孔、裂缝、局部隆起、切口、夹杂导电异物、折缝、空隙、凹凸波纹、明显的铸模痕迹等。

2. 绝缘服

绝缘服不仅应具有高电气绝缘强度，而且应有较好的防潮性能和柔软性，使作业人员在穿戴绝缘服后仍可便利地工作。目前有两种绝缘服应用于配电网带电作业，一种是由袖套、胸套、背套组成的组合式绝缘服；另一种是由上衣、裤子组成的整套式绝缘服，如图 4-6（b）、（c）所示。

绝缘服装是由绝缘材料制成的服装，用于带电作业人员接触带电导体和电气设备时不遭受电击的一种人身安全防护用具。工艺及成型要求绝缘服装的表面应平整、均匀、光滑，无小孔、局部隆起、夹杂异物、折缝、空隙等，结合部位应采取无缝制作形式。

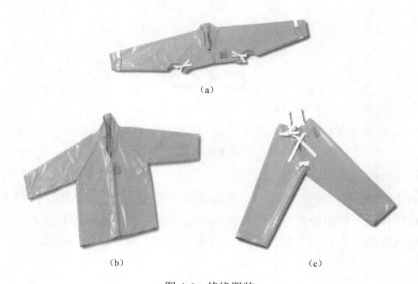

（a）

（b）　　　　　　　　　　　　（c）

图 4-6　绝缘服装

（a）绝缘袖套；（b）上衣；（c）裤子

作业人员身穿戴整套绝缘服在配电线路上作业时，一般采用两种作业方法。

（1）身穿全套绝缘服，通过绝缘手套直接接触带电体。这时绝缘服作为人体与带电体间的绝缘防护，可解决配电线路净空距离过小问题。但是，考虑到绝缘护用具本身耐受电压的安全裕度不大，使用中可能产生磨损，因此，在直接作业中仅作为辅助绝缘而不作为主绝缘，而作为相对地的绝缘是依靠绝缘斗臂车的绝缘臂或绝缘平台，相间的绝缘防护采用绝缘遮蔽罩。

（2）通过绝缘工具进行间接作业，绝缘工具作为主绝缘，绝缘服和绝缘手套作为人身安全的后备保护用具。

3. 绝缘手套和绝缘靴（鞋）

绝缘手套是指在进行带电作业时起电气绝缘作用的一种专用手套，它采用合成橡胶或天然橡胶制成，其形状为分指式。绝缘手套有别于一般劳动保护用的安全防护手套，要求具有良好的绝缘性能、较高的机械性能，并具有柔软良好的服用性能。绝缘手套可使人的两手与带电物体绝缘，是防止同时触及不同电位带电体而触电的安全防护用品。

按照不同电压等级，手套分为 1、2、3 三种型号。1 型适用于在 3kV 及以下配电设备上工作，2 型适用于在 6kV 及以下配电设备上工作，3 型适用于在 10kV 及以下配电设备上工作。

绝缘手套表面必须平滑，内外面应无针孔、疵点、裂纹、砂眼、杂质、修剪损伤、夹紧痕迹等各种明显缺陷和明显的波纹及明显的铸模痕迹，不允许有染料溅污痕迹。

绝缘靴（鞋）是用绝缘材质制作而成，按系统电压分为工频 3～10kV 绝缘鞋（靴）、0.4kV 以下绝缘鞋。按材质分为布面绝缘鞋、皮面绝缘鞋、胶面绝缘鞋（靴）。中压带电作业用的绝缘靴是胶面绝缘鞋（靴），低压带电作业用的绝缘鞋有布面、皮面或胶面绝缘鞋。绝缘靴（鞋）的作用是使人体与地面绝缘，高压操作时，绝缘靴是用来与地保持绝缘的辅助安全用具；用于低压系统中，可作为防护跨步电压的基本安全用具。常用手套、绝缘靴如图 4-7 所示。

绝缘手套、绝缘靴的使用及保管注意事项如下：

（1）每次使用前应进行外部检查，查看表面有无损伤、磨损或破漏、划痕等。如有砂眼漏气情况，应禁止使用。绝缘手套的检查方法是：将手套朝手指方向卷曲，当卷到一定程度时，内部空气因体积减小、压力增大，手指鼓起，为不漏气者，即为良好。

（2）使用绝缘手套时，里面最好戴上一双棉纱手套，这样不仅防止有些人员皮肤接触橡胶会产生的过敏现象，夏天还可防止出汗而操作不便，冬天可以保暖。外面应再套上羊皮手套，用于防护绝缘手套的磨损和钩划损伤，使作业人员的安全性得到更大保障。戴手套时，应将外衣袖口放入绝缘手套的伸长部分里。

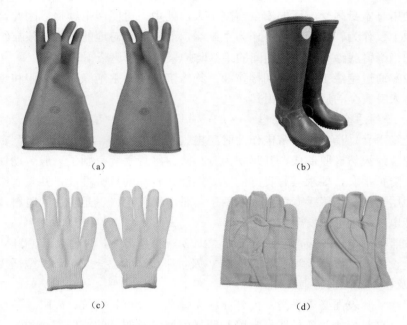

图 4-7　常用手套、绝缘靴

（a）绝缘手套；（b）绝缘靴；（c）纱手套；（d）羊皮手套

（3）绝缘手套使用后应擦净、晾干，最好洒上一些滑石粉，以免粘连。

（4）绝缘手套、绝缘靴（鞋）应存放在干燥、阴凉的地方，并应倒置在指形支架上或存放在专用的柜内，与其他工具分开放置，其上不得堆压任何物件。

（5）绝缘手套、绝缘靴（鞋）不得与石油类的油脂接触，不与不合格的绝缘手套、绝缘靴（鞋）混放在一起，以免使用时拿错。

（6）绝缘靴（鞋）不得当作雨鞋或作其他用，其他非绝缘靴（鞋）也不能代替绝缘靴（鞋）使用。

4. 绝缘安全帽

绝缘安全帽采用高强度塑料或玻璃钢等绝缘材料制作，外形与普通安全帽大体相同，除了保护作业现场及人员的头部防止异物撞击，在带电作业中还能防止头部上方触及带电设备，因此还应具有一定的绝缘强度，其电气绝缘强度不低于 20kV 的试验要求。绝缘安全帽要求具有较轻的自重、较好的抗机械冲击特性、较强的电气性能，并有阻燃特性。外观检查，绝缘安全帽内外表面均应完好无损，无划痕、裂缝和孔洞。尺寸应符合相关标准要求。

4.3 其他作业器具

一、紧线器

　　紧线器主要用于收紧导线、钢绞线等，这是普通的配电线路作业器具。紧线器的种类很多，按照各种需要，它可以有许多不同的组合，由卡线器、收紧器及其连接装置组成。卡线器主要用于卡住导线，如图 4-8 所示。普通线路施工的卡线器和收紧器之间是采用钢丝绳，而带电作业需要维持导线与横担等杆上设备之间的绝缘要求，收紧器主要有绝缘带手扳葫芦、绝缘双勾，如图 4-9 所示。

（a）　　　　　　　　　　　　（b）

图 4-8　卡线器

（a）桃子式；（b）平板式

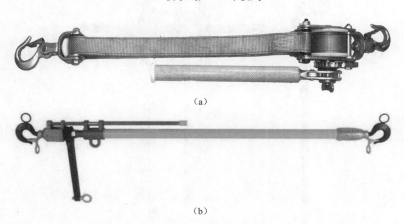

（a）

（b）

图 4-9　收紧器

（a）绝缘带手扳葫芦；（b）绝缘双勾

　　绝缘带手扳葫芦的绝缘带、手柄采用绝缘材料制成，收紧部分主要是棘齿紧线盘。绝缘带手扳葫芦具有绝缘、结构紧凑轻小、携带方便、手扳省力、抗拉力强等优点，适用于带电施工作业的牵引、张紧和轻型起重。

绝缘双勾由操作杆和外包橡胶组成，用于将导线某一段暂时绝缘并收紧，如更换绝缘子和横担，调整导线弧垂。

绝缘带手扳葫芦和绝缘双勾使用时应注意以下事项：

（1）绝缘带、绝缘杆部分应有效绝缘长度应满足不同电压等级的要求和作业时的绝缘距离。

（2）检查机械部分应转动灵活、无卡涩。

（3）绝缘带、绝缘杆部分应清洁干燥，不得有脏污或潮湿。

（4）检查绝缘带无磨损和扭结、断丝、断股，凡不符合安全使用的一定要更换。使用时，尽量使绝缘织带远离锋利棱角，避免遭受磨损或切割。

二、绝缘导线剥皮器

绝缘导线剥皮器用于剥除绝缘导线外皮的专用工具，是架空绝缘配电线路带电作业的常用工具，刀具大多数采用旋切式进行剥除，其外形结构多样，通常按照操作方式分为绝缘杆式和徒手式。

绝缘杆式剥皮器适用于绝缘杆作业法，分单人操作和双人操作，如图 4-10 所示。单人操作的剥皮器由绝缘摇把式扭力传动杆、剥皮回转器、切刀模具组成；双人操作的剥皮器由两根操作杆、卡线体和切刀滑块一体组成。

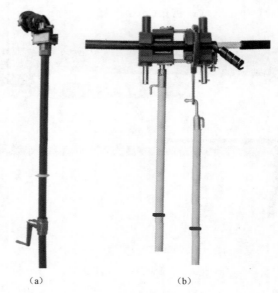

（a）　　　　　　　　　　（b）

图 4-10　绝缘杆式绝缘导线剥皮器

（a）单人操作；（b）双人操作

徒手式绝缘导线剥皮器适用于绝缘手套作业法，如图 4-11 所示。

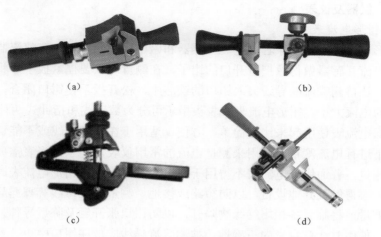

（a）　　　　　　　　　　　　　　（b）

（c）　　　　　　　　　　　　　　（d）

图 4-11　徒手式绝缘导线剥皮器

（a）BXQ-Z-40B 剥皮器；（b）NP400 剥皮器；（c）AV6220 剥皮；（d）WS-50 剥皮器

各种结构形式不同的剥皮器，按照厂家说明使用，根据导线直径和绝缘皮厚度选择切刀吃进深度，调整至恰当的位置，否则过深伤及导体，不足则绝缘皮剥除不干净。

断线钳用于切断导线，如图 4-12 所示。

图 4-12　断线钳

三、绝缘滑车

绝缘滑车的吊钩、吊环、中轴等金属部件采用不低于 45 号钢材机械性能的材料制作，护板、隔板、拉板、加强板和绝缘钩采用环氧玻璃布层压板制造，绝滑轮采用聚酰胺 1010 树脂等绝缘材料制造，如图 4-13 所示。滑轮的个数根据载荷的大小确定，有单轮、双轮、三轮和四轮四种，结构特点有侧板开口型、闭口型、绝缘钩型等。绝缘滑车固定在杆塔上，配合绝缘绳索，在不停电的情况下广泛应用于提升材料、工具

图 4-13　绝缘滑车

或导线。

四、仪器及仪表

1. 钳形电流表

钳形电流表由单匝穿芯式电流互感器和磁电式电流表（内有整流器）组合而成，电流互感器做得像把可开口的钳子，在测量时只要捏紧扳手，将活动铁芯张开，让待测载流的导线夹入钳口的铁芯中，松开扳手使钳口闭合，即可读出被测的电流大小。钳形电流表按表头指示可分为数字式和指针式两种。

钳形电流表使用起来比较简单、方便，适用于在不便拆线或不能切断电源等情况下进行电流测量，是用来测量电流的常用仪表。由于钳形表需要在带电情况下测量，普通钳形电流表不得用于高电压测量。使用钳形电流表时应戴绝缘手套，不得触及其他设备，以防短路或接地。测量低压母线等裸露导体的电流时，测量前将临近各相用绝缘物隔开，以防钳口张开触及临近导体，引起相间短路。使用时注意测量的正确性，被测载流导线应放在钳口中央，并使钳口动、静铁芯接触良好。若无法预测被测电流的大小，应将仪表量程放置最大量限档处，以防损坏仪表，然后根据读数再选择适当的量限档。观察测量值时，要特别注意保持头部与带电部分的安全距离。每次测量完毕后，应将量程切换到最高位，以免下次使用时因疏忽未切换量程而损坏仪表。普通型钳形电流表如图 4-14（a）所示。

绝缘型钳形电流表具有红外线传送测试信息数据方式，使电流互感器部分和手把部完全绝缘，并相距 60cm，如图 4-14（b）所示。配网带电作业测量电流采用的是绝缘型钳形电流表。

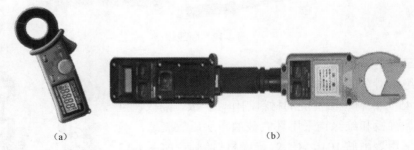

（a）   （b）

图 4-14　数字式钳形电流表

（a）普通型；（b）绝缘型

2. 绝缘电阻表

绝缘电阻表一般用于测量电气设备（如变压器、电动机等）及电力线路（如架空线、电缆）等的绝缘电阻，主要有电子式和手摇式两种，如图4-15所示。电子式采用电池作为工作电源，测量值为数显式。手摇式绝缘电阻表俗称绝缘摇表，它主要由手摇直流发电机、磁电式流比计和接线柱三部分组成，使用方法如下。

图4-15　绝缘电阻表

（1）选择绝缘电阻表时，必须与被测设备或线路的电压等级相适应。若用电压较高的绝缘电阻表测量低压设备的绝缘电阻，有可能损坏被测设备的绝缘；如果用电压较低绝缘电阻表测量高压设备的绝缘电阻，则将会使其测量结果产生较大的误差。常用绝缘电阻表的电压等级有500、1000、2500V和5000V四种。对于额定电压为220/380V的设备、线路而言，一般使用500V绝缘电阻表摇测其绝缘电阻；对于额定电压为500V及以上的设备、线路而言，则使用1000V或2500V绝缘电阻表。

（2）测量前，应检查绝缘电阻表是否完好。检查时，应把绝缘电阻表放平，将绝缘电阻表接线柱开路空摇，若接线良好，指针应指在标度尺上的"∞"处；然后将绝缘电阻表接线柱短接，轻摇手柄，此时指针应指在标度尺的"0"处。

（3）绝缘电阻表接线要正确。绝缘电阻表上有三个接线端钮，L端钮（代表线路）和E端钮（代表接地）接被测设备或线路，G是屏蔽端钮，用于测量电缆或在潮湿气候下测量设备绝缘电阻时起屏蔽作用；如测量线路对地绝缘电阻时，L端接线路导线，E端接接地引线；测量变压器高压侧对低压侧的绝缘电阻，为得到精确的数值，绝缘电阻表的G端钮要与变压器外壳连接。

（4）使用绝缘电阻表时，应将仪表放平，摇动手柄要由慢到快，使其转速达到120r/min。当指针稳定后，即可读取绝缘电阻值。在摇动手柄时，若发现指针指"0"，一般不宜再摇手柄，以免大电流流经线圈时间过长而烧坏仪表。测试后，要等绝缘电阻表停止转动，并且被测设备放电后，人体才可触及被测设备。

（5）绝缘电阻表连接被测对象的导线，应采用绝缘良好的单股导线分开连接，不能使用双股绝缘线，以免因导线绝缘不良导致测量误差。

（6）不能用绝缘电阻表测量带电设备。测量前，被测设备必须停电，并将被测设备对地放电，以保障人身和设备的安全；同时应将被测设备表面擦干净，以免因漏电而造成测量误差。

图 4-16　绝缘杆泄漏电流检测仪
（含测试棒）

（7）使用绝缘电阻表检测带电作业工具（电极宽 2cm，极间宽 2cm）时应戴清洁、干燥的手套。

3. 绝缘杆泄漏电流检测仪

绝缘杆泄漏电流检测仪用于绝缘杆定期表面泄漏电流值检测，以判断绝缘操作杆的绝缘性能是否合格，如图 4-16 所示。它的自重小、携带方便、操作使用简单便利，可随时随地针对绝缘杆、操作杆实施干式或湿式检测。

试验方法及注意事项如下：

（1）检测仪仅限于检测绝缘操作杆，不可用于其他设备的检测。

（2）测试过程检测仪将感应任何接近其电极的导体，测试时不得用手或导体触摸电极，不得将检测仪放在已通电的任何导体表面。此时若操作者把手放在检测仪底部，读数将升高。

（3）测试前要对仪器是否正常运转的试验。将附带的测试棒嵌入检测仪。干式检测时，指针指向最大；湿式检测时，指针指向 1/8～1/4 刻度之间，表明仪器运转正常。

（4）测试步骤。

1）测试任一长度整根试品。将检测仪从试品的任意一段开始，被测棒须放置在非导电的支撑物上，电极接到试品两侧。

2）将检测仪连接到交流电源。将电源开关拨至"接通"，按下"复位"按钮，松开后自动回到"接通"的位置，旋转"调零"旋钮直到指针校准指向零。

3）按需要选择"干式检测"或"湿式检测"开关按钮，记下仪表显示的泄漏电流微安读数。

4）整段测试完毕后，将试品旋转180°再测一遍，以确保读数的准确性。若检测仪检测到过载电流，将会断开高压电源，过载指示灯亮，此时应关闭电源2s后拨向"复位"，检测仪将自动回到"接通"的位置。

5）若为湿式检测，将蒸馏水湿润其表面，均匀喷洒整根试品直到底部表面开始滴水，再开始测试。湿式检测中，禁止沿着试品滑动，避免由于摩擦水滴引起过高的异常读数。

4. 温湿度检测仪

温湿度检测仪用于测试带电作业环境的温湿度，判别是否符合要求。如图4-17所示，将传感器探头放置在被测环境中测温，在测量过程中，按下"℃"或"℉"键分别选择所需的温度测量单位为摄氏度或华氏度，按下"锁定"键可锁定读数，再按一次可解除锁定。

图 4-17 MS6503温湿度检测仪

4.4 作业工器具的制作

带电作业单位经常根据作业需求和自身特点，制作简易实用的硬质工器具，如绝缘操作杆、绝缘隔板、绝缘挡板等。制作带电作业工器具应符合《带电作业工具基本技术要求与设计导则》（GB/T 18037），包括材料选择、设计、加工制作、模拟演练、鉴定验收和实践应用等过程。

一、材料选择

带电作业的硬质工器具制作材料一般选用环氧树脂玻璃纤维增强型复合材料作为主绝缘材料，以橡胶、硅橡胶、塑料及其制成品等作为带电作业工具的辅助绝缘材料，同时制作材料应满足介电性能和物理性能要求。介电性能主要指标包括体积电阻率、表面电阻率、平行层向绝缘电阻、击穿强度、介质损失角正切；物理性能主要指标包括材料的吸水性、密度、抗张（弯、冲击、剪、挤压）强度。介电性能和物理性能具体数值要求可查阅相关的技术标准。选材的基本原则如下。

（1）用于承力工具的绝缘材料，应有较好的接续性能和纵向机械加工性能，同时具有相应的抗剪、抗挤压、抗冲击强度；用于承力工具的层压绝缘材料，其横向及纵向都应有较高的抗张强度，但纵向强度要比横向强度为高，两者之比可控制在 1.5:1 以内。绝缘承力部件必须选用纵向有纤维骨架的模压、层压、卷制和引拔工艺生产的环氧树脂复合材料，严禁使用无纤维骨架的如塑料硬板之类的纯合成树脂材料。

（2）用于载人器具的绝缘材料，承受垂直荷载的部件必须选用有较高抗张、抗压强度的绝缘材料制作，承受水平荷重的横置梁型部件则必须选用具有较高抗弯强度的绝缘材料制作。载人器具严禁使用无纤维骨架的绝缘材料，一般采用环氧树脂玻璃布层压板、矩形管及其他模压异形材料制作。

（3）用于硬质绝缘遮蔽用具（如绝缘隔板）的绝缘材料，一般采用环氧树脂玻璃布层压板及玻璃纤维模压定型板制作；软质绝缘遮蔽用具一般采用绝缘性能良好、耐老化、非脆性的工程塑料模压件或者橡胶制作；包裹带电设备的不规则覆盖用具，可以采用聚乙烯、聚氯乙烯、聚丙烯等塑料软板及塑料薄膜制作。

（4）用于手持绝缘操作杆的绝缘材料，应全部使用绝缘材料制作（销钉等较小部件除外）。较长的操作杆可选用不等径塔型连接方式的环氧树脂玻璃布空心管及泡沫填充管制作，短的操作杆则可用等径圆管制作。绝缘操作杆的接头及堵头应尽可能使用绝缘材料（例如环氧树脂玻璃布棒）制作。一般也允许使用金属制作活动接头，其选料应注重耐磨性及防锈蚀性。

二、设计与加工制作

1. 机械设计

带电作业工器具的机械设计一般是按气象区域、最低气温、最大风速等组合气象条件进行设计，确定额定设计荷载和许用应力。

（1）紧线工器具额定设计荷载。一般按导线机械特性曲线确定，常规紧线工具额定荷载 P_s 按式（4-1）计算并取为整数

$$P_s=1.1nS\sigma_d \tag{4-1}$$

式中：P_s 为紧线工具额定设计荷载，N；n 为作用于工具上的导线根数；S 为一根导线的截面积，mm^2；σ_d 为导线张力，N/mm^2。

（2）载人工具的额定设计荷载：额定设计荷载 Q_{rs} 可按式（4-2）计算并取为整数

$$Q_{rs}=K_cQ_r=K_c(G_1+G_2)n \tag{4-2}$$

式中：Q_{rs} 为载人工具的额定设计荷载，N；K_c 为载人工具的冲击系数；垂直攀登取 1.6～2.0，水平迁移取 1.5，机动提升取 2.5；Q_r 为载人工具的荷载，N；G_1 为每人的人体重量，N，按 700N 计算；G_2 为每人携带工具用品的重量，N，

按 150N 计算；n 为工具允许载人的人数。

（3）与承力工具配套的卡具、夹具可按紧线工器具和载人工具所确定的额定设计荷载确定，与承力工具配套的牵引机具可加大 1.2 倍确定额定设计荷载，其他牵引机具、卡具、夹具向有关工具的系列额定荷载标准靠拢确定。

（4）手持操作工具。

1）额定冲击荷载可根据经验取值。拔开口销 1000N·cm，敲击性工具 500N·cm。

2）额定扭转荷载可根据经验取值。拆装螺母 1000N·cm，拧绑线结 300N·cm，取弹簧销（旋转型）300N·cm，扳动紧线丝杠 2500N·cm，手持操作工具（夹钳）的额定握力 1000N·cm。

（5）许用应力。按材料延伸率 δ 的数值划分，$\delta \leqslant 5\%$ 的为脆性材料，$\delta > 5\%$ 的为塑性材料。带电作业经常使用的玻璃纤维、环氧树脂复合材料一般作为脆性材料对待，绝缘绳索和塑料薄膜为塑性材料。

1）塑性材料取屈服极限 σ_s（或条件屈服极限 $\sigma_{0.2}$）为极限应力计算许用应力，即

$$\sigma = \sigma_s/n_s \tag{4-3}$$

式中：σ 为许用应力，N/mm²；σ_s 为屈服极限，N/mm²；n_s 为塑性材料安全系数，轧、锻件为 1.5～2.2，铸钢件为 1.8～2.5，当构件承受动荷载或冲击荷载时，n_s 取值还应再增加 1.15～1.5 倍。

2）脆性材料取拉伸破坏强度 σ_b 为极限应力计算许用应力，即

$$\sigma = \sigma_b/n_c \tag{4-4}$$

式中：σ 为许用应力，N/mm²；σ_b 为拉伸破坏强度，N/mm²；n_c 为脆性材料安全系数，一般取 $n_c=2.0～3.5$。当构件承受动荷载或冲击荷载时，n_c 取值还应再增大 1.5～2.0 倍。

3）绝缘绳索因延伸率较大，一般安全系数取 $n=4～5$，取绳索的额定拉断应力为极限应力计算许用应力。

2．电气设计

以绝缘管、绝缘板作为主绝缘的绝缘遮蔽用具，其直接接触带电体绝缘部件的层间绝缘水平、沿面闪络电压应满足电气强度的要求。根据用途设计相关的有效绝缘长度、载流工具的截面及规格。带电作业绝缘工具的绝缘强度及有关作业距离的设计的电气试验，均在标准气象条件下进行，对其他气象条件下应按《绝缘配合 第 1 部分：定义、原则和规则》（GB 311.1）修正试验数据。

3．工艺及结构要求

自制带电作业工器具应综合考虑通用性与轻便化，体现"一具多用"的原则，单元工具或组合工具质量小、安装使用方便。

（1）功能相同、纵向尺寸不同的工具应尽量设计成积木式组合工具，用调整组合件数的方法做到一具广用，功能相近的工具应尽量设计成通用型工具。

（2）纵向尺寸长、横向尺寸宽的工具，应尽量采用折叠式结构，在不增加装拆工作量前提下方便工具组装、运输和保管。

（3）带电作业工具的金属部件，在满足机械强度的前提下，应尽量采用轻合金材料（例如超硬铝合金）制作。

（4）各种通用工具的接口，应尽量采用耐磨性好、结合缝隙小、接拆快捷、互换性强的标准接口件。

（5）单元工具的长度应根据作业人员携带工具行走方便的需要，对工具正常分解后的纵向长度，单人携带不超过 1.8m，两人搬运（普通货车运输）不超过 2.5m，绝缘工具的总长度按有关要求设计。单人使用及安装正常分解后单元工具重量不超过 10kg，两人使用及安装的不超过 15kg。

（6）工具的表面处理。按照部件的功能要求作相应的上色涂（浸或喷）漆、镀铬抛光、镀锌、硅橡胶密封等。

4．工器具的辅助携带用品

绝缘工具、轻合金工具及具有活动部件的机具，在设计工具时应同时设计与工具外形相适应的、便于装取携带的工具袋（包）。

5．加工制作

带电作业工器具设计后一般委托进行加工制作，加工制作的技术和工艺要求主要依据设计文件，完成后再进行有关的电气试验和机械试验，合格后方可进入试用。

三、模拟演练和鉴定验收

制作带电作业工器具研制成品后，应制订模拟演练方案和试用计划，开展模拟演练。

1．模拟演练

按照实践检验标准、标准指导实践原则进行模拟演练。模拟演练一般由带电作业班组在模拟线路上进行。模拟演练应反复进行，并应做好演练记录，演练记录主要有：

（1）演练过程中出现的不安全情况（是否产生新的危险点）。

（2）演练过程中工器具出现的各方面问题。

（3）作业中使用的工器具是否合适妥当，有无需要改进的必要。

（4）演练作业过程中的危险点及必须采取的安全措施。

2．鉴定验收

自制带电作业工器具在投产前必须填写技术鉴定书、报企业生产技术和安全监察部门审查。经企业主管生产领导（总工程师或分管技术领导）批准后，方可应用。技术鉴定书应附有下列主要技术鉴定文件：

（1）自制工器具研制总结。

（2）自制工器具的设计文件、制造及组装图。

（3）自制工器具技术证明书（机械、电气性能试验报告及结论）。

（4）自制工器具模拟演练结论。

（5）自制工器具使用说明书及安全技术措施。

四、实践应用

自制工器具通过鉴定验收后方可实践试用，实践试用过程中应加强工器具使用情况的记录及现场跟踪监视，及时发现可用性和存在的问题，以便提出相应的改进措施和对策。在试用成熟后由带电作业专业负责人提出转为常规作业工器具。

4.5 作业工器具的使用管理

带电作业工器具，特别是绝缘工器具的性能优劣是作业人员性命攸关的大事。因此，带电作业工器具应实行从采购、保管、使用至报废的全过程管理，采取有效措施进行保护，确保保持完好的待用状态，杜绝使用不良或报废的作业器具。

一、带电作业工器具的保管及保养

（1）带电作业工器具应有专门的库房存放并由专人保管，经常予以检查；库房内应保持恒定的温度（干燥）和相对湿度，并有专用除湿设备。

（2）带电作业工器具必须建立台账，每件工具应有永久性编号，放置位置应相对固定；做到账、卡、物三相符。

（3）带电作业工器具使用应有出入库登记，工具使用后入库时应认真检查其状态是否良好，发现损坏或损伤应要求使用部门书面提供损坏的原因及经过，并及时做好维修保养和电气机械试验记录。试验合格后方能继续使用。

（4）带电作业工器具的包装、运输应根据外形特征、材质强度而备有相应的专用袋（箱）进行包装处理。硬质绝缘品应保证其运输过程中表面不受碰撞和外力冲撞，软质绝缘品要求袋装封闭，防止受潮，金属卡具（含丝杆）应袋装，防止运输颠簸产生零部件松脱、丢失。

（5）已淘汰的不合格工器具应分库存放，并配以醒目标识禁用。

（6）带电作业工器具的领（借）用。

1）带电作业工器具的领（借）用必须填写《带电作业工器具领（借）用记录》。

2）领（借）用人员应认真核对工器具编号、试验标签和有效期，对绝缘工器具外观质量进行检查，看有无损伤或损坏。金属工器具接头、卡销、连接螺栓是否良好完整。

3）领（借）用人员应按带电作业工器具维护保养要求正确使用、保养。

4）工器具保管员应对入库工器具进行外观检查，如有疑问须进行有关机械、电气试验方能入库，同时领（借）用人员应详细汇报使用过程中出现的不适用情况，保管员应做好详细记录并向上级汇报，提出处理建议，经修复或经试验认定是否继续使用，经修复后试验合格方能入库。

5）超计划时间领（借）用应向保管员讲明原因，工作结束后应及时归还入库。

二、带电作业工器具库房及其管理

带电作业用工具必须设立专用工具库房存放，库房应符合 DL/T 974《带电作业用工具库房》的要求。

带电作业工器具应存放于通风良好、清洁干燥的专用工具房内，进行集中管理，其保管及存放必须满足国家和行业标准及产品说明书要求。

库房四周及屋顶应装有红外线干燥灯（或其他烘干设备），以保持室内干燥，库房内应装有通风装置及除尘装置，以保持空气新鲜且无灰尘。此外库房内还应配备烘干设备（或小型烘干柜），用来烘干经常使用的或出库时间较长的（例如外出工作连续几天未入库的）绝缘工器具。

带电作业专用库房除具备以上条件外，还应做到与室外保持恒温的效果，以防止绝缘工器具在冷热突变的环境下结露，使工具受潮。库房内存放各类工器具要实行定置管理，有固定位置，绝缘工具应有序地摆放或悬挂在离地的高低层支架上（可按工器具用途或电压等级排序且应标有名签），以利通风；金属工器具应整齐地放置在专用的工具柜内（按工器具用途分类或按电压等级排序，并应标有名签）。

每间库房内分别安装有至少两个以上的温度传感器和两个以上的湿度传感器，库房内空气相对湿度不大于 60%；硬质绝缘工具、软质绝缘工具、检测工具、屏蔽用具的存放区，温度宜控制在 5～40℃；配电带电作业用绝缘遮蔽用具、绝缘防护用具的存放区的温度宜控制在 10～21℃；金属工具的存放不做温度要求。为比较室内外温差，整套库房的控制系统在室外安装必须安装有不少于一个的温度传感器。

（一）一般要求

（1）工器具库房应修建在周边环境清洁、干燥、通风良好、工具运输及进出方便的地方。在许可条件下，绝缘工器具库房、金属工器具库房可分开建设修建，金属工器具库房一般不做温度要求。

（2）库房面积可按在 60～80m^2、高度不低于 4m 进行参考设计。

（3）库房的门窗必须良好封闭。库房门可采用防火门，配备防火锁。设有观察窗，距地面 1.0～1.2m 为宜。窗玻璃应采用双层玻璃，每层玻璃厚度不小于 8mm，以确保库房具有隔湿及防火功能。

（4）库房装修材料应采用不起尘、阻燃、隔热、防潮、无毒的材料。

（5）库房地面必须采用隔湿、防潮、防静电材料，做好防水及防潮处理。

（6）库房墙壁必须采用隔湿、防潮、防静电材料，做好防水、防虫及防潮处理。

（7）库房内必须配备数量足够的消防器材。消防器材应分散安置在工具存放区附近。

（8）库房内必须配备数量足够的照明灯具。照明灯具可采用嵌入式格栅灯等，以防止工具搬动时撞击损坏。

（9）工器具存放架宜采用不锈钢等防锈蚀材料制作。

（10）绝缘斗臂车库。绝缘斗臂车库的存放体积一般应为车体的 1.5～2.0 倍。顶部应有 0.5～1.0m 的空间，车库门可采用具有保温、防火的专用车库门，车库门可实行电动遥控开启或关闭，也可实行手动。

（二）技术条件与设施

1．湿度要求

（1）库房内空气相对湿度应保持在 50%～70%。

（2）为了保证湿度测量的可靠性，要求在库房的每个房间内安装两个及以上的湿度传感器。

2．温度要求

（1）带电作业工具及防护用具应根据工具类型分区存放，各存放区可有不同的温度要求。

（2）硬质绝缘工具、软质绝缘工具、检测工具的存放区，温度宜控制在

5～40℃之间；室内温度应略高于室外，温差不宜大于 5℃且不低于 0℃。

（3）金属工具的存放一般不做温度要求。

（4）为保证温度测量的可靠性，要求在库房的每个房间内至少安装两个及以上的温度传感器。

3. 库房内应装设除湿设备

除湿量按库房空间体积的大小来选择，可按每天 0.13～0.2L/m³ 选配。对湿度相对较高的区域，除湿机应按上限选配，必须满足库房内空气相对湿度要求。

4. 烘干加热设备

（1）库房内应装设烘干加热设备。可采用热风循环加热设备；在能保证加热均匀的情况下也可考虑采用其他加热设备。加热功率按库房空间体积的大小来选择，可根据实际温度环境，按 15～30W/m³ 选配。

（2）加热设备在库房内应均匀分散安装，加热设备或热风口距工器具表面距离应不少于 50cm，绝缘服、绝缘手套不得位于热风口。热风式烘干加热设备安装高度距地面 2.0m 以上，低温无光加热器可安置于与地面平齐高度。绝缘斗臂车车库的加热器安装在顶部或斗臂部位高度。加热设备内部风机应有延时停止装置。

5. 库房内应装设排风设备

可按每小时排风量 1～2m³ 选配排风机。吸顶式排风机应安装在吊顶上，轴流式排风机宜安装在库房内净高度 2/3～4/5 高度的墙面上。出风口应设置百叶窗或铁丝窗，进风口应设置过滤网，预防鸟、蛇、鼠等小动物进入库房内。

6. 库房应设有温度超限保护装置、烟雾报警、室外报警器等报警设施

当库房温度超过限值，超限保护装置应能自动切断加热电源并起动室外报警器；同时要求温度超限保护装置在控制系统失灵时也应能正常起动，当库房内产生烟雾时，烟雾报警器和室外报警器应能自动报警。

7. 库房设施的综合配置和选择

在除湿、烘干加热、通风设施的综合配置和选择上，主要应以能否满足温度、湿度要求，以及调控要求来确定。

8. 绝缘斗臂车库的通风、除湿、烘干装置

与带电作业工具库房的要求相同，车库的加热器应安装在便于烘烤斗臂的部位或顶部，下部一般不需安装加热器。

（三）温湿度测控装置要求

1. 功能要求

为了保证工具库房的温度、湿度环境能满足使用要求，必须设置温湿度测

控系统，如图 4-18 所示。温湿度测控系统应具备湿度测控、温度测控、温湿度设定、超限报警及温湿度自动记录、显示、查询、打印等功能。

图 4-18　温湿度监控装置

2. 测控系统组成

由传感器、测量装置、控制屏柜及其附件等组成的监控系统应对库房的温湿度实施实时监测并加以记录保存。

3. 调控要求

（1）工具库房的湿度、温度调控系统，应可根据监测的参数自动起动或停止加热、除湿及通风装置，实现对库房湿度、温度的调节和控制。当调控失效并超过规定值时，应能报警及显示；当库房温度超限时，温度超限保护装置应能自动切断加热电源。

（2）控制系统需设置自动复位装置，以保证测控系统的安全有效运行及测控系统在受到外界干扰而失灵时能立即自动复位而恢复正常运行。

（3）控制屏柜上应设有手动/自动切换开关及相应的手动开关，以保证在测控系统完全失效或检修时除湿装置及加热装置等仍能投入工作。

4. 主要测控元件的技术性能

库房内的设备、装置、元器件的技术性能和指标均必须满足相关设备、装置和元器件标准的要求，以保证系统稳定、可靠、安全运行。主要测控元件的技术性能有：

（1）温度测控指标。范围−5～80℃，精度±1℃。

（2）湿度测控指标。范围 20～95%RH，精度±3%。

（3）温度传感器指标。量程−50～120℃，在−10～85℃范围内精度±0.2℃。

（4）湿度传感器指标。量程 0～100%RH，在 10%～95%RH 范围内精度±1%。

5. 储存功能

测控系统应能存储库房至少一年时间的温湿度数据，具备全天候任意时段的温湿度数据的报表显示、曲线显示、报表打印等功能，实时监测和记录库房的工作状态。

6. 其他功能

根据实际需要可配备防盗报警系统及视频监控系统、有条件的可配备在企业局域网上实施 WEB 发布及远程监控功能、远程维护功能。

（四）带电作业工器具的存放

1. 带电作业工器具应按工具类别隔离存放

主要类别为：金属工器具、硬质绝缘工具、软质绝缘工具、绝缘遮蔽用具、绝缘防护用具、检测工具等，如图 4-19 所示。

（a）

（b）

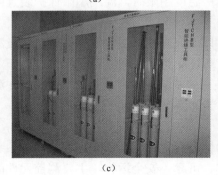

（c）

（d）

图 4-19　带电作业工具库房（一）

（a）工具库房；（b）绝缘工具专柜布置 1；（c）绝缘工具专柜布置 2；（d）绝缘工具专柜布置 3

（e）　　　　　　　　　　　　　　　　（f）

图 4-19　带电作业工具库房（二）

（e）绝缘遮蔽罩；（f）绝缘斗臂车库房

（1）金属工器具。金属工器具的存放设施应考虑承重要求，并便于存取，可采用多层式存放架。

（2）硬质绝缘工具。硬质缘工具中的硬梯、平梯、挂梯、升降梯、托瓶架等可采用水平存放，每层间隔 30cm 以上，最低层对地面高度不小于 15cm，同时应考虑承重要求，应便于存取。绝缘操作杆、吊拉支杆等的存放设施可采用垂直吊挂的排列架，每个杆件相距 10～15cm，每排相距 30～50cm。在杆件较长、不便于垂直吊挂时，可采用水平式存放架存放。质量比较大的绝缘吊拉杆可采用水平式存放架存放。

（3）软质绝缘工具。绝缘绳索、软梯的存放设施可采用垂直吊挂的构架。绝缘绳索挂钩的间距为 20～25cm，绳索下端距地面不小于 30cm。

（4）检测仪器。检测用具应分件摆放，防止碰撞，可采用多层水平不锈钢构架存放。

（5）绝缘遮蔽用具。绝缘遮蔽用具，如导线遮蔽罩、绝缘子遮蔽罩、横担遮蔽罩、电杆遮蔽罩等应置放在多层式水平构架上。禁止储存在蒸气管、散热管和其他人造热源附近，禁止储存在阳光直射的环境下。

（6）绝缘防护用具。绝缘防护用具，如绝缘服、绝缘袖套、绝缘披肩、绝缘手套、绝缘靴等应注意防止阳光直射或存放在人造热源附近，尤其要避免直接碰触尖锐物体，造成刺破或划伤。

2. 带电作业工器具存放的一般要求

（1）带电作业绝缘工器具和金属工器具必须分别存放在专用库房内。

（2）库房应设在周围干燥、环境清洁、通风良好以及进出方便的地方。

（3）库房设置对流式通风装置，地面应用木质地板，窗户采用双层玻璃。

（4）绝缘工具库房内应安装适当数量的红外线灯或其他干燥设备，并配置去湿机、温湿度计，室内与室外温度尽可能接近，差值不宜大于 5℃，相对湿度控制在 50%～60%范围内。

（5）库房内应配置工器具架、箱和柜，分别存放不同的工器具，即：

1）铝合金工器具架。存放绝缘工器具和金属工器具。

2）专用工具箱。存放绝缘服、屏蔽服、静电防护服等安全防护装备。

3）专用工具柜。存放个人用具等。

（6）库房外按规定设置适当数量的消防设备。

（7）库房应配置洗衣机和适当数量的公用棉质手套、毛巾和拖鞋。

（8）库房内使用存放的各种工器具，必须有试验合格的标签。备用品应分别存放，并有明显标签说明，不得与使用的工器具混放。

（9）库房内不得存放不合格的工器具（包括各种工具材料）。

3. 带电作业工具库房的管理

库房应建立工器具管理制度，设兼职人员专人管理，并建立以下台账。

（1）带电作业新工具技术鉴定书。

（2）带电作业新工具出厂机械电气试验证明书。

（3）带电作业工器具电气试验预防卡。

（4）带电作业工器具机械预防试验卡。

（5）带电作业分项需用工具卡。

（6）带电作业工器具清册等。

工器具出入库必须进行登记，要定期对工器具进行烘干或进行外表检查及保养，如发现问题，应及时上报专责人员。此外，还要负责监督进行定期的电气试验和机械试验。

带电作业工器具出库装车前必须专用清洁帆布袋包装或配备专用工具箱，以防运输途中工器具受潮、污的侵袭，同时也防止由于颠簸、挤压使工器具受损。

现场使用工器具时，在工作现场地面应放苫布，所有工器具均应摆放在苫布上，禁止直接放在地面上，每个使用和传递工具的人员，无论在绝缘斗内、杆塔上，还是地面均需戴干净的手套，不得赤手接触绝缘工器具，传递人员传递工具时要防止与杆塔磕碰。若绝缘工具在现场偶尔被泥土等物粘污时，应用清洁干燥的毛巾或用无水酒精清洗，对严重粘污或受潮的，经过处理后须进行试验方可再用。外出连续工作时，还应配带烘干设备，每日返回驻地后，要对所带绝缘工器具进行一段时间的烘干，以备次日使用。

此外，工器具管理还应把好采购及报废、淘汰这些重要环节。带电作业工器具有许多是根据作用项目的特殊要求而提出研制的，非标准的较多，因此，采购环节、监造工作十分重要，同时新工具的入库，要把好验收试验关。而报废或淘汰工器具要坚决及时清理出库房，不得与可用工器具混放，确保作业安全。

（五）带电作业库房车

带电作业工具是比较特殊的工具，对存储环境有一定的要求。一般都是存放在带电作业库房中，但是带电作业很多是在野外进行，途中可能还会遭遇突变的雨雪天气，采用带电作业库房车来运输和存储工具，可适应户外恶劣环境的要求。带电作业库房车如图 4-20 所示，合理利用后车厢有限的空间，采用后双开门结构，工具库的结构为两侧货架、中间过道的方式，根据需求配置存放货架，配有防震软质衬垫以及操作简单的固定装置，充分满足工具运输防磨损、防震动的要求，所有的设施均采用工业不锈钢材质制作，存放硬质工具、金属工具的模型模具采用泡沫橡胶材料制作。车厢内按照带电作业工具库房标准安装除湿机、烘烤加热设备和排风设备等，并设置专门除湿风道，除湿快速充分，可满足绝缘工具、绝缘防护用具的防潮及存放温度要求。

1—发电机；2—硬质绝缘工具存放区；
3—绝缘防护用具、软质绝缘工具存放区；
4—仪表、仪器、电动工具、金属工具存放区

（a）　　　　　　　　　（b）

图 4-20　带电作业库房车
（a）外观图；（b）后车厢结构图

三、工器具的现代标识与智能管理

现代通信及控制技术的飞速发展和管理理念的创新，为物品的集约化只能

管控系统的可行性和实用性创造了有利条件。物品管理的现代化、智能化通常采用条码或电子标签来标识，实现物品出入库、质量控制等管理。

条形码技术是在计算机应用中产生发展起来的一种广泛应用于信息属性的自动识别技术，是利用光电扫描阅读设备识读并实现数据输入计算机的一种特殊代码。条形码是由一组粗细不同、黑白或彩色相间的条、空及其相应的字符、数字、字母组成的标记，用以表示一定的信息。条形码自动识别系统由条形码标签、条形码生成设备、条形码识读器和计算机组成。条码二维码又称二维条码，是近几年流行的一种编码方式，它用某种特定的几何图形按一定规律在平面（二维方向上）分布的黑白相间的图形记录数据符号信息的。

射频识别即 RFID（Radio Frequency IDentification）技术，又称电子标签、无线射频识别，是一种非接触式的自动识别技术，它通过射频信号自动识别目标对象并获取相关数据。一套完整的 RFID 系统是由阅读器与电子标签及应用软件系统三个部分所组成。电子标签由耦合元件及芯片组成，每个标签具有唯一的电子编码，附着在物体上标识目标对象。阅读器是读取（有时还可以写入）标签信息的设备，可设计为手持式读写器或固定式读写器。

作业工器具应用条码或电子标签进行唯一标识，在库房出入口设置扫描阅读设备并连接至管理系统，对工器具从申购、领用、保存、试验、使用直至报废等一系列过程进行科学、规范的管理，实现信息化管理目的和全寿命周期管理理念，非常方便对工器具的质量、进出库有效便捷的智能监控与管理。条码或电子标签具有经济便宜、灵活实用、信息唯一、可靠准确、自动识别能力强、速度快、质量管控高效等特点，在带电作业工器具的智能管理中越来越受青睐，实现功能的主要有：

（1）分配给单个工器具唯一标识，利用条形码扫描或者射频卡技术进行识别。

（2）工器具台账、基本信息、试验数据、领用状态的存储管理。

（3）进出库房必须进行经扫描阅读设备识别，语音自动提示工器具的完好状态，对不合格器具、已报废工器具、超越试验周期或未登记合格信息等情况发出告警，联动门禁系统管控工器具的进出。

作业工器具的测试技术

本章首先介绍作业工器具测试的项目内容，重点介绍常用的绝缘工具和绝缘防护用具的测试技术。

5.1 测试的项目内容

一、测试的分类

为了及时掌握带电作业工具的机械强度和绝缘水平，确保工具的正常使用和作业人员的安全，作业工具在设计制作、出厂交货和现场使用等不同阶段必须进行相应的试验，与之相对应的一般有型式试验、抽样试验、验收试验和预防性试验。而按照试验内容的不同又可分为机械性能试验、电气性能试验和机电联合试验。

型式试验是新产品鉴定中必不可少的一个环节，是为了验证工具能否满足设计技术规范的全部要求所进行的试验。只有通过型式试验，该产品才能正式投入生产。型式试验通常由工具生产厂家委托具有省部级及以上相关资质的检验论证机构进行，试验的依据是产品的技术标准，试验所需样品的数量由论证机构确定。对于带电作业工具，在下列情况应进行型式试验：①新产品投入生产前的定型鉴定；②产品的结构、材料或制造工艺有较大改变，影响到产品的主要性能；③原型式试验已超过5年。型式试验时，机械性能试验项目包括静负荷试验、动负荷试验；电气性能试验项目包括工频耐压试验、直流耐压试验。此外，防潮型工具还应进行淋雨交流泄漏电流试验和淋雨直流泄漏电流试验，承力作业的绝缘工具还应进行机电联合试验。

抽样试验是在一批产品中随机抽取一些样品作为试品而进行试验，以检验该批工具是否符合技术规范的要求。抽样试验由生产厂家或用户根据自身需要批量产品中抽取部分产品检测试验，可由使用单位与生产厂家双方协商指定有资质的单位进行试验。抽样试验的试验项目可以是型式试验的全部项目，也可以是型式试验的部分试验项目。

验收试验是使用单位接收该产品而要求进行的试验。试验的项目可以是型式试验的全部项目，也可以抽做部分项目。验收试验是为了发现工具在设计、制造、运输过程中可能产生的隐患，诊断是否符合交付使用的条件。

预防性试验是为了发现在使用过程中工具的隐患，预防发生工具损坏或技术参数不合格，而对工具进行周期性的检查、试验或监测。预防性试验是工具使用和管理工作中一个重要环节，是保证工具安全使用的有效手段之一，对及时发现、诊断工具的缺陷起到重要作用。

二、测试的项目

（1）机械性能试验。作业工具在外力的作用下，所表现的抵抗变形或破坏的能力，称作机械性能。机械性能是作业工具常用指标的一个集合，使用性能的好坏，决定了它的使用范围与使用寿命。常说的机械性能主要有：弹性、塑性、刚度、时效敏感性、强度、硬度、冲击韧性、疲劳强度和断裂韧性等。机械性能试验是测定作业工具及其材料在一定环境条件下受外力作用时所表现出的特性试验，又称力学性能试验。机械性能试验项目主要是测量强度、硬度、刚性、塑性和韧性等。机械性能试验可分为静负荷试验和动负荷试验两大类。静负荷试验包括拉伸试验、压缩试验、弯曲试验、剪切试验、扭转试验、硬度试验、蠕变试验、高温持久强度试验、应力松弛试验、断裂韧性试验等；动负荷试验包括冲击试验、疲劳试验等。配电带电作业工具的机械性能试验主要项目有拉伸、压缩、弯曲、扭曲试验等。

（2）电气性能试验。绝缘工具的绝缘体在实际应用中，不仅起绝缘作用，还常常要起支撑物的作用，所以，绝缘体不仅受电场作用，还有机械应力作用。为此，除了要具有机械强度，还要具有相应的电气性能，需要进行电气性能试验来检验绝缘的介电性能。绝缘性能的绝缘试验大致可分为绝缘特性试验和绝缘强度试验。绝缘特性试验是在较低的电压下，以比较简单的手段，从各种不同的角度鉴定绝缘的性能。绝缘特性试验一般包括：绝缘电阻测量、吸收比测量、极化指数测量、介质损耗因数测量。绝缘特性必须定期试验，比较历次试验数据，判断绝缘情况的演变，或根据规程标准，判断绝缘合格或不合格。

绝缘强度试验是指测定绝缘设备在不同电压下，如工频交流、直流、雷电冲击和操作冲击电压下，能耐受的最大电压。试验结果不外乎耐受和击穿两种可能性，因而属于破坏性试验。这种试验结果的可信度高，但要冒一定风险，而且多次做这种试验，可能会由于累积效应而对设备造成一定损害。绝缘强度试验一般包括工频交流耐压试验、交流泄漏电流试验、直流耐压试验、操作冲击耐压试验。

绝缘电阻的测试是绝缘试验中一种最简便和最基本的方法。当绝缘体受潮、表面变脏时，其绝缘电阻会显著下降。在现场普遍使用绝缘电阻表测量绝缘电阻。绝缘电阻值的大小能灵敏地反映绝缘情况，有效地发现设备局部或整体受潮和脏污，以及绝缘击穿和严重过热老化等缺陷。在绝缘电阻试验中，绝缘电阻的大小与绝缘材料的结构、体积有关，与所用的绝缘电阻表的电压高低有关，还与大气气象有关。因此，在排除了大气条件的影响后，所测绝缘电阻值应与其出厂时的值比较，与历史数据相比较，与同批设备相比较，其变化不能超过规程允许的范围，同时，应结合绝缘电阻值的变化结合起来综合考虑。

（3）机电联合试验。承力作业绝缘工具在使用中经常受机械和电气的共同作用，因而要同时施加一定的工作荷载和交流电压，以试验其机电性能。

三、测试的技术标准

1. 机械性能试验

带电作业工具的机械性能试验一般分静负荷试验和动负荷试验两种。对于正常承受静负荷的工具，如绝缘拉杆、吊线杆等，仅做静负荷试验；而对于操作杆、收紧器等受冲击荷载的工具，则必须做静负荷试验和动负荷试验。

在工作状态承担各类线夹和连接金具荷载时，应按有关金具标准进行试验。在工作状态承担其他静荷载时，应根据设计荷载，按施工机具的规定进行试验。

机械性能试验属于破坏性试验，通常在型式试验或产品抽样检测时进行。

（1）静负荷试验。为了检验带电作业工具、装置和设备承受机械载荷（拉力、扭力、压力、弯曲力）的能力所进行的试验。

静负荷一般指额定负荷。静负荷试验时，将带电作业工具组装成工作状态，加上 2.5 倍的使用荷载，持续时间为 5min，各部构件均未发生永久变形和破坏、裂纹等情况时，则认为试验合格。

（2）动负荷试验。在静荷载基础上考虑因运动、操作而产生横向或纵向冲击作用力的机械载荷试验。

动负荷试验时，将带电作业工具组装成工作状态，加上 1.5 倍的使用荷载，然后按工作情况进行操作。连续操作三次，如果操作轻便灵活，连接部分未发生卡住现象，则认为试验合格。

（3）根据作业需要的实际受力状况，操作杆需要进行弯曲、扭曲和拉伸试验，支杆需要进行压缩试验，吊杆及拉杆需要进行拉伸试验。

2. 电气性能试验

对于用绝缘材料制成的带电作业工具，除经机械性能试验合格后，还应对各绝缘部分进行耐压试验，以检验其绝缘性能否满足电气要求。在高海拔地区使用的应采用加强绝缘或较高电压等级的作业工具，进行耐压试验时应根据实际使用地点进行海拔校正。对于中低压配电带电作业工具，一般不进行操作冲击耐压试验。下面介绍电气预防性试验标准，其他试验的试验电压和试验持续时间有所不同。

（1）工频试验电压。

1）10kV 线路上用的绝缘操作及承力工具，其预防性试验电压不小于 45kV；20kV 线路上用的绝缘工具，其预防性试验电压不小于 80kV。试验周期为 12 个月。

2）10kV 绝缘防护及遮蔽用具的预防性试验电压为 20kV，20kV 用的预防性试验电压为 30kV。试验周期为 6 个月。

3）工频耐压试验持续的时间为 1min。

（2）试验方法。根据被试品的形状设计配套试验电极。

如绝缘服的试验，是在绝缘服里边及外边各套上一套均压服作为电极进行试验；而绝缘手套及绝缘鞋的试验，一般用自来水作电极进行试验等。在全部试验过程中，被试工具能耐受所加电压，而当试验电压撤除后以手抚摸，若无局部或全部过热现象，无放电烧伤、击穿等，则认为电气试验合格。而绝缘工具的检查性试验是将绝缘工具分成若干段进行工频耐压试验，每 300mm 耐压 75kV，时间持续 1min，无击穿、无闪络及过热为合格。

3．机电联合试验

承力作业绝缘工具的机电联合试验是同时施加 1.5 倍的工作荷载和两倍额定相电压，试验持续时间为 5min。如绝缘设备的表面没有开裂和放电声音且当电压撤除后，立即用手摸，没有发热的感觉及裂纹等现象时，则认为机电联合试验合格。

5.2　常用绝缘工具的测试

本节重点介绍带电作业绝缘工具和绝缘防护用具的测试方法与要求。

一、绝缘杆的测试

按照带电作业中的不同用途，绝缘杆分为绝缘操作杆、支杆和拉（吊）杆三类。

（1）外观及尺寸检查。绝缘杆表面应光滑，无气泡、皱纹、开裂，玻璃纤维布与树脂间粘接完好，不得开胶，杆段间连接牢固。其金属配件与绝缘管、泡沫填充管、绝缘棒、绝缘板的连接应牢固，使用时应灵活方便。支、拉（吊）杆的各部分尺寸应符合表 5-1 的规定，绝缘操作杆的各部分尺寸应符合表 5-2 的规定。

| 表 5-1 | 支、拉（吊）杆的最短有效绝缘长度 |

额定电压 /kV	海拔 H /m	最短有效绝缘 长度/m	固定部分长度/m		支杆活动部分长 度/m
			支杆	拉（吊）杆	
10	H≤3000	0.40	0.60	0.20	0.50
	3000<H≤4500	0.60	0.60	0.20	0.50
20	H≤1000	0.50	0.60	0.20	0.60

| 表 5-2 | 绝缘操作杆各部分长度 |

额定电压 /kV	海拔 H /m	最短有效绝缘长度 /m	端部金属接头长度 /m	手持部分长度 /m
10	H≤3000	0.70	≤0.10	≥0.60
	3000<H≤4500	0.90	≤0.10	≥0.60
20	H≤1000	0.80	≤0.10	≥0.60

（2）机械性能试验。试验项目包括静负荷试验、动负荷试验，要定期进行预防性试验，周期不超过 24 个月。

静负荷试验应在表 5-3、表 5-4 所列数值下加载持续 1min 无变形、无损伤。动负荷试验应在表 5-3、表 5-4 所列数值下加载操作 3 次，机构动作灵活、无卡住现象。绝缘操作杆的拉伸、压缩、弯曲、扭曲试验标准见表 5-5，无永久变形或裂纹为合格。

表 5-3	支 杆 机 械 性 能		/kN
支杆分类级别	额定荷载	静荷载	动荷载
1kN 级	1.00	1.20	1.00
3kN 级	3.00	3.60	3.00
5kN 级	5.00	6.00	5.00

表 5-4	拉（吊杆）机械性能		/kN
拉（吊）杆分类级别	额定荷载	静荷载	动荷载
10kN 级	10.0	12.0	10.0
30kN 级	30.0	36.0	30.0
50kN 级	50.0	60.0	50.0

| 表 5-5 | 绝缘操作杆机械试验标准 |

试品及规格		拉伸试验荷载 /kN	压缩试验荷载 /kN	弯曲试验荷载/ （N·m）	扭曲试验荷载/ （N·m）
操作杆	标称外径 （mm） 28 及以下	1.50	/	225	75
	28 以上	1.50	/	275	75

续表

试品及规格		拉伸试验荷载/kN	压缩试验荷载/kN	弯曲试验荷载/（N·m）	扭曲试验荷载/（N·m）
支杆、吊（拉）杆	1kN级	/	2.50	/	/
	3kN级	/	7.50	/	/
	5kN级	/	12.50	/	/
	10kN级	25.0	/	/	/
	30kN级	75.0	/	/	/
	50kN级	125.0	/	/	/

表5-6　　　　　　　绝缘操作杆弯曲试验的 F_d、f、F_r 值

管和棒的外径/mm		支架间的距离/m	F_d/N	f/mm	F_r/N	试品长度/m
实心棒	10	0.5	270	20	540	2
	16	0.5	1350	15	2700	2
	24	1.0	1750	15	3500	2.5
	30	1.5	2250	40	4500	2.5
管材	18	0.7	500	12	1000	2.5
	20	0.7	550	12	1100	2.5
	22	0.7	600	12	1200	2.5
	24	1.1	650	14	1300	2.5
	26	1.1	775	14	1550	2.5
	28	1.1	875	14	1750	2.5
	30	1.1	1000	14	2000	2.5
	32	1.1	1100	25	2200	2.5
	36	1.5	1300	25	2600	2.5
	40	2.0	1750	26	3500	2.5
	44	2.0	2200	28	4400	2.5
	50	2.0	3500	30	7000	2.5
	60	2.0	6000	27	12000	2.5
	70	2.0	10000	27	20000	2.5

注　F_d 为初始抗弯负荷，f 为挠度差值（指 $F_d/3$ 与 $2F_d/3$ 或 $2F_d/3$ 与 F_d 的差值），F_r 为额定抗弯负荷。

　　根据作业需要的实际受力状况，操作杆需要进行弯曲、扭曲和拉伸试验，支杆需要进行压缩试验，吊杆及拉杆需要进行拉伸试验。

　　1）弯曲试验。操作杆按照图5-1布置，对试品进行弯曲试验。将操作杆架在两端的滑轮上，在中间施加载荷直至规定值。施加的载荷见表5-5，两滚轮轴线间距离见表5-6。

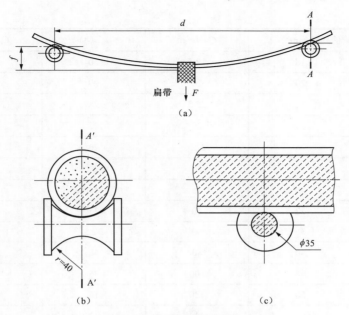

图 5-1 弯曲试验布置图

（a）装配图；（b）支架纵断面放大图；（c）支架横断面放大图

2）扭曲试验。取试品的试验长度为 2m，将手持端固定好，在距离固定端 2m 处的另一端施加扭矩直至规定值。扭曲试验的 C_d、α_d、C_r 试验值见表 5-7。

试验时，在试品的夹头或端头之间 1m 长度上施加扭矩，直至达到扭矩值 C_d 为止。此时应听不到异常的响声，看不到明显的缺陷。在维持初始扭矩 C_d 值 3000s 后，测得的角偏移应小于相应的角度 α_d 后，除去扭矩，1min 后测量偏移残余角，应小于 1%。

再按上述步骤重施一个逐渐增大的扭矩，直到额定扭矩 C_r，达到 C_r 值时维持 30s，不应有损坏的痕迹。

表 5-7 扭曲试验的 C_d、α_d、C_r 值

管和棒的外径/mm		C_d/N·m	α_d（°）	C_r/N·m
实心棒	10	4.5	150	9
	16	13.5	180	27
	24	40	150	80
	30	70	150	140

续表

管和棒的外径/mm		C_d/N·m	α_d（°）	C_r/N·m
管材	18	18.5	30	37
	20	20	29	40
	22	22.5	28	45
	24	25	27	50
	26	27.5	26	55
	28	30	21	60
	30	35	17	70
	32	40	35	80
	36	60	37.5	120
	40	80	40	160
	44	100	35	200
	50	120	16	240
	60	320	12	640
	70	480	10	960

3）压缩试验。按照图 5-2 布置，取试品的试验长度为 2m，把支杆的下端固定，上端为自由端，沿轴对支杆施加载荷直至规定值。试验数值见表 5-8。

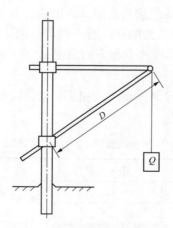

图 5-2　支杆的压缩试验布置图

D—支杆两支点的距离

表 5-8	支杆的压缩试验值	/kN
支杆分类级别	允许荷载	破坏荷载不小于
1kN 级	1.00	3.00
3kN 级	3.00	9.00
5kN 级	5.00	15.00

4）拉伸试验。按照图 5-3 布置，取试品的试验长度为 2m，两端用夹具固定。试品固定部位的绝缘管内必须浇注树脂填充或插入金属棒，防止试品被夹坏，金属棒的直径应等于或略小于绝缘管内径。试品被夹紧后，即对试品施加轴向拉伸载荷直至规定值。试验数值见表 5-9。

表 5-9	吊（拉）杆的拉伸试验值	/kN
支杆分类级别	允许荷载	破坏荷载不小于
10kN 级	10.0	30.0
30kN 级	30.0	90.0
50kN 级	50.0	150.0

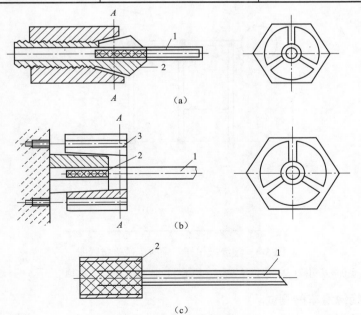

图 5-3 拉伸试验布置图

（a）用弹性套爪紧固绝缘杆及剖面图；（b）用锥形夹头紧固绝缘杆及剖面图；（c）端部浇注树脂填充空心管

1—被试绝缘杆；2—树脂；3—螺杆

（3）电气预防性试验。试验项目为工频耐压试验，周期不超过 12 个月。

试验电极布置如图 5-4 所示，绝缘操作杆须悬挂固定（或放置在非导电的支撑物上），距离地面 H 大于 1000mm，模拟导线直径 ϕ 不小于 30mm，均压球直径 D 为 200～300mm，试品间距 d 不小于 500mm。电极接到绝缘杆的两侧，通过短时工频耐受电压试验，其电气性能应符合表 5-10 的规定，无击穿、无闪络及无明显发热为合格。

绝缘杆进行分段试验时，每段所加的电压应与全长所加的电压按长度比例计算，并增加 20%。

表 5-10 　　　　　　　　　　　　　　绝缘操作杆的电气性能

额定电压 /kV	海拔 H /m	试验电极间距离/ （L/m）	1min 工频耐受电压/kV	
			交接试验	预防性试验
10	$H \leqslant 3000$	0.40	100	45
	$3000 < H \leqslant 4500$	0.60		
20	$H \leqslant 1000$	0.50	150	80

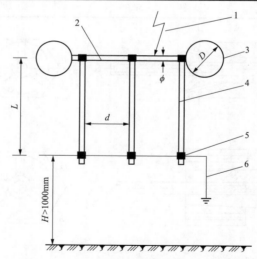

图 5-4　绝缘操作杆工频耐压试验布置图

1—高压电极及引线；2—模拟导线；3—均压球；4—操作杆；5—接地电极；6—接地引线

二、绝缘滑车的测试

（1）外观及尺寸检查。绝缘滑车的护板、隔板、拉板、加强板一般采用环氧玻璃布层压板制造，滑轮采用聚酰胺 1010 树脂等绝缘材料制造。其绝缘部分应光滑，无气泡、皱纹、开裂等现象；滑轮在中轴上应转动灵活，无卡阻和碰擦轮缘现象；吊钩、吊环在吊梁上应转动灵活；侧板开口在 90°范围内无卡阻现象。

（2）机械性能试验。试验项目为拉力试验，要定期进行预防性试验，周期不超过 12 个月。

绝缘滑车与绝缘绳组装后进行拉力试验。5、10、15、20kN 级的各类滑车，均应分别能通过 6、12、18、24kN 拉力负荷，持续时间 5min 的机械拉力试验，无永久变形或裂纹为合格。

（3）电气预防性试验。试验项目为工频耐压试验，周期不超过 12 个月。

试验电极布置如图 5-5 所示，两电极间的试品不能碰触导电物体。各种型号的绝缘滑车均应能通过工频交流 25kV、1min 耐压试验，无击穿、无闪络及无明显发热为合格。其中，绝缘钩型滑车应能通过工频交流 37kV、1min 耐压试验。

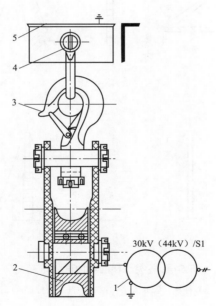

图 5-5　滑车电气试验布置图

1—工频试验装置；2—滑轮；3—吊钩；4—Ⅰ形环；5—金属横担

三、绝缘硬梯的测试

（1）外观及尺寸检查。绝缘硬梯有平梯、挂梯、直立独杆梯、升降梯和人字梯等类别，绝缘部件选用绝缘板材、管材、异型材和泡沫填充管等绝缘材料制作。其表面应光滑，无气泡、皱纹、开裂，玻璃纤维布与树脂间粘接完好不得开胶，杆段间连接牢固。

（2）机械性能试验。试验项目包括抗弯静负荷试验、抗弯动负荷试验，预防性试验周期不超过 24 个月。

进行机械强度试验时，其负荷的作用位置及方向应与部件实际使用时相同，如图 5-6 所示，静负荷试验应在表 5-11 所列数值下加载持续 5min 无变形、无损伤；动负荷试验应在表 5-11 所列数值下加载操作 3 次，要求机构动作灵活、无卡住现象。

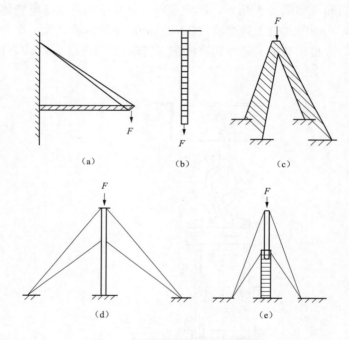

图 5-6　各类硬梯的弯曲试验布置

（a）平梯；（b）挂梯；（c）人字梯；（d）直立独杆梯；（e）升降梯

表 5-11　　　　　　　　　　　　绝缘硬梯的机械性能

负荷种类	额定负荷	静抗弯负荷	动抗弯负荷
试验加压值/N	1000	1200	1000

（3）电气预防性试验。试验项目为工频耐压试验，周期不超过 12 个月。其电气性能应符合表 5-12 的规定，无击穿、无闪络及无明显发热为合格。

绝缘硬梯工频耐压试验的电极布置可参考绝缘操作杆的试验布置图。

表 5-12   绝缘硬梯的电气性能

额定电压/kV	海拔 H/m	试验电极间距离/m	1min 工频耐受电压/kV	
			交接试验	预防性试验
10	$H \leqslant 3000$	0.40	100	45
	$3000 < H \leqslant 4500$	0.60		
20	$H \leqslant 1000$	0.50	150	80

四、绝缘绳索的测试

1. 外观及尺寸检查

绝缘绳索还包括人身绝缘保险绳、导线绝缘保险绳、绝缘测距绳等，绳索合绳股应紧密绞合，不得有松散、分股的现象。绳索各股及各股中丝线不应有叠痕、凸起、压伤、背股、抽筋等缺陷，不得有错乱或交叉的丝、线、股。绝缘绳索、人身绝缘保险绳、导线绝缘保险绳、消弧绳、绝缘测距绳以及绳套均应满足各自的功能规定和工艺要求。

2. 机械性能试验

试验项目为静拉力试验，包括伸长率测量、断裂强度试验。试验周期不超过 12 个月。

（1）伸长率测量。试品通过专用连接件放置于两夹具之间，当拉力值达到绝缘绳索测量张力值时停止拉伸，量取试品总长度中任意 0.5m 的一段距离，并在两端做好标记。再次以 300mm/min 的速度拉伸至绳索断裂强度约 50%时，试验速度改为 250mm/min，继续拉伸至绳索断裂强度约 75%时，记录两标记间的距离，并计算绝缘绳索的伸长率，伸长率不应超过表 5-13、表 5-14 的数值。伸长率计算公式如下

$$A = (L_a - L_p) \div L_p \qquad (5-1)$$

式中：A 为伸长率；L_a 为拉力为断裂负荷规定值 75%时的绝缘绳索长度，mm；L_p 为拉力为测量张力时的绝缘绳索长度，mm。

表 5-13   天然纤维绝缘绳索机械性能要求

规格	直径/mm	伸长率（%）	断裂强度/kN	测量张力/N
TJS-4	4±0.2	20	2.0	45
TJS-6	6±0.3	20	4.0	85
TJS-8	8±0.3	20	6.2	120
TJS-10	10±0.3	35	8.3	150

规格	直径/mm	伸长率（%）	断裂强度/kN	测量张力/N
TJS-12	12±0.4	35	11.2	210
TJS-14	14±0.4	35	14.4	350
TJS-16	16±0.4	35	18.0	450
TJS-18	18±0.5	44	22.5	550
TJS-20	20±0.5	44	27.0	750
TJS-22	22±0.5	44	32.4	850
TJS-24	24±0.5	44	37.3	950

表 5-14　　　　　　　　　　合成纤维绝缘绳索机械性能要求

规格	直径/mm	伸长率（%）	断裂强度/kN	测量张力/N
HJS-4	4±0.2	40	3.1	30
HJS-6	6±0.3	40	5.4	50
HJS-8	8±0.3	40	8.0	90
HJS-10	10±0.3	48	11.0	140
HJS-12	12±0.4	48	15.0	190
HJS-14	14±0.4	48	20.0	260
HJS-16	16±0.4	48	26.0	350
HJS-18	18±0.5	58	32.0	450
HJS-20	20±0.5	58	38.0	450
HJS-22	22±0.5	58	44.0	700
HJS-24	24±0.5	58	50.0	800

（2）断裂强度试验。测试完伸长率后，继续拉伸绳索至断裂为止，此时的实验值为绳索的断裂强度。断裂强度不应低于表 5-13、表 5-14 的数值。

3. 电气预防性试验

试验项目：常规型绝缘绳索进行工频干闪电压试验，防潮型绝缘绳索进行工频干闪电压试验、浸水后工频泄漏电流试验。试验周期不超过 12 个月。

（1）工频干闪电压试验。试品在 50℃干燥箱里进行 1h 的烘干后自然冷却 5min，防潮型绝缘绳索可在自然环境中取样，在规定的试验环境中进行试验。试验电极采用直径 1.0mm 的铜线缠绕。常规型绝缘绳索试验结果应满足表 5-15 要求，试验布置图如图 5-7 所示，测量区应离开任何高压电源至少 2m 以上的距离。防潮型绝缘绳索试验结果应满足表 5-16 要求。

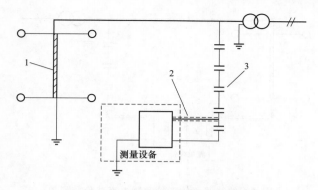

图 5-7　绝缘绳索的电压试验布置图

1—试品；2—屏蔽引线；3—电容（或电阻）分压器

表 5-15　　　　　　　　　常规型绝缘绳索的电气性能

序号	试 验 项 目	试品有效长度/m	电气性能要求
1	加压 100kV 时高湿度下工频泄漏电流[①]	0.5	不大于 300μA
2	工频干闪电压	0.5	不小于 170kV

① 试验条件为相对湿度 90%，温度 20℃，24h，试品长度 0.5m。

（2）浸水后工频泄漏电流试验。试品置于电阻率为 100Ω·cm 的水中，浸泡 15min 后取出抖落水珠，然后在规定的试验环境中测量出泄漏电流值。测量结果应满足表 5-16 的要求，试品布置如图 5-8 所示，测量区应离开任何高压电源至少 2m 以上的距离。

表 5-16　　　　　　　　　防潮型绝缘绳索的电气性能

序号	试 验 项 目	试品有效长度/m	电气性能要求
1	工频干闪电压/kV	0.5	不小于 170
2	持续高湿度下工频泄漏电流[①]/μA	0.5	不大于 100
3	浸水后工频泄漏电流[②]/μA	0.5	不大于 150
4	淋雨工频闪络电压[③]/kV	0.5	不小于 60
5	50%断裂负荷拉伸后，高湿度下工频泄漏电流[①]/μA	0.5	不大于 100
6	经漂洗后，高湿度下工频泄漏电流[①]/μA	0.5	不大于 100
7	经磨损后，高湿度下工频泄漏电流[①]/μA	0.5	不大于 100

① 试验条件为相对湿度 90%，温度 20℃，168h，加压 100kV。

② 试验条件为水电阻率为 100Ω·cm，浸泡 15min，抖落表面附着水珠，加压 100kV。

③ 试验条件为雨水量 1~1.5mm/min，水电阻率为 100Ω·cm。

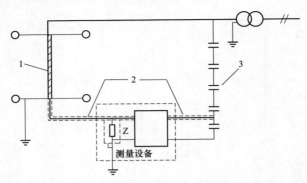

图 5-8　绝缘绳索的工频泄漏电流试验布置图

1—试品；2—屏蔽引线；3—电容（或电阻）分压器

五、绝缘手工工具的测试

带电作业用绝缘手工工具包括绝缘扳手、绝缘带手扳葫芦等，根据其使用功能必须具有足够的机械强度、电气绝缘强度和良好的阻燃性能。

（1）外观及尺寸检查。按照相应标准中的技术要求检查尺寸，工具的使用性能应满足工作要求，制作工具的绝缘材料应完好无孔洞裂纹、破损等且应牢固地粘附在导电部件上，金属工具的裸露部分应无锈蚀，标志应清晰完整。

（2）机械性能试验。试验项目为机械冲击试验，周期不超过 24 个月。

根据绝缘手工工具的功能做机械冲击试验，以摆动锤冲击试验装置为例，试验布置如图 5-9 所示，试锤的硬度至少为 HRC20。被试工具上获得的冲击能量 W 等于该工具从 2m 高度落在一个硬平面上的能量，试锤落下的高度计算公式为

$$H=W/P=2F/P \qquad (5-2)$$

式中：H 为试锤落下的高度，m；F 为被试工具的重力，N；P 为试锤的重力，N。

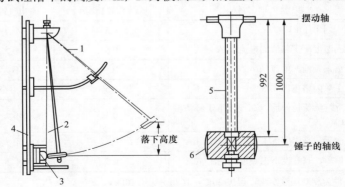

图 5-9　机械冲击试验装置图

1—可调摆动轴；2—垂直平面；3—试品；4—框架；5—钢管；6—锤子

绝缘手工工具至少应选取分布在不同位置的 3 个试验点，如果绝缘材料没有破碎、脱落和贯穿绝缘层的开裂，则试验通过。

（3）电气预防性试验。试验项目为工频耐压试验，预防性试验周期不超过 12 个月。

绝缘手工工具须放置在非导电的支撑物上，电极接到两侧，工频耐压试验时加压至 10kV 持续 3min，无发生明显发热、击穿、放电或闪络的为合格。

六、绝缘遮蔽罩的试验

1. 导线软质遮蔽罩

导线软质遮蔽罩一般为直管式（A）、带接头的直管式（B）、下边缘延裙式（C）、带接头的下边缘延裙式（D）、自锁式（E）等 5 种类型，也有专门设计以满足特殊用途需要的其他类型，一般采用橡胶类和软质塑料类绝缘材料制作而成。

（1）外观及尺寸检查。各类遮蔽罩的上下表面均不应存在有害的缺陷，如小孔、裂缝、局部隆起、切口、夹杂导电杂物、折缝、空隙、凹凸波纹等，对每个试样必须逐个进行审视检查，从外观上检查整体和附件装置的尺寸及有无缺陷。

（2）电气预防性试验。导线软质遮蔽罩的电气性能试验项目包括交流耐压试验、直流耐压试验，试验周期 6 个月。加压时间保持 1min，其电气性能应满足表 5-17 要求，以无电晕发生、无闪络、无击穿、无明显发热为合格。试验电极和试验布置如图 5-10 所示，内电极采用导线，外电极在遮蔽罩外包绕金属箔，外电极边缘距遮蔽罩边缘的沿面距离约为（65±5）mm。

表 5-17　　　　　　　　　导线软质遮蔽罩的耐压试验值

级别	额定电压/kV	交流耐受电压/kV（有效值）	直流耐受电压/kV（有效值）
0	0.38	5	5（0 级 C 类和 D 类为 10kV）
1	3	10	30
2	6、10	20	35
3	20	30	50

注　0 级 C 类为下边缘延裙式，D 类为带接头的下边缘延裙式。

2. 其他类型遮蔽罩

除了导线遮蔽罩外，根据不同用途还包括针式绝缘子、耐张装置、悬垂装置、线夹、棒形绝缘子、电杆、横担、套管、跌落式熔断器等专用的以及为被遮物体所设计的其他类型遮蔽罩。采用环氧树脂、塑料、塑胶及聚合物等绝缘材料制成。

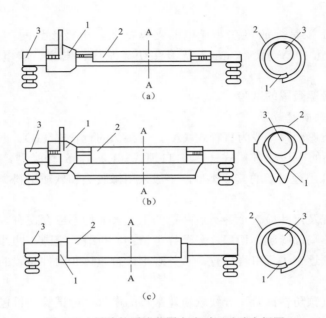

图 5-10　导线软质遮蔽罩交流耐压试验电极图

（a）样式 A、B 的导线软质遮蔽罩电极布置及剖面图；（b）样式 C、D 的导线软质遮蔽罩

电极布置及剖面图；（c）样式 E 的导线软质遮蔽罩电极布置及剖面图

1—导线遮蔽罩；2—外电极；3—内电极

（1）外观及尺寸检查。各类遮蔽罩的上下表面均不应存在有害的缺陷，如小孔、裂缝、局部隆起、切口、夹杂导电杂物、折缝、空隙、凹凸波纹等，对每个试样必须逐个进行审视检查，从外观上检查整体和附件装置的尺寸及有无缺陷。

（2）电气预防性试验。遮蔽罩的电气性能试验项目为交流耐压试验，试验周期 6 个月。对遮蔽罩进行交流耐压试验时，加压时间保持 1min，其电气性能应符合表 5-18 的要求。以无电晕发生、无闪络、无击穿、无明显发热为合格。试验电极布置如图 5-11 所示，高压电极接于内部的导线，接地电极接于遮蔽罩外包绕的金属箔，金属箔边缘距遮蔽罩边缘的沿面距离约为（65±5）mm。

级别	额定电压/kV	交流耐受电压/kV（有效值）
0	0.38	5
1	3	10
2	6、10	20
3	20	30

表 5-18 　　　　　　　　　　　遮蔽罩的交流耐压值

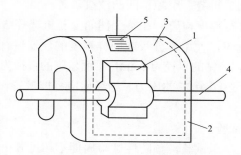

图 5-11　遮蔽罩的试验电极布置图

1—被遮蔽元件；2—遮蔽罩；3—金属箔；4—接地电极；5—高压电极

3. 组合电气预防性试验

功能类型不同的单个遮蔽罩组成一个绝缘遮蔽系统使用时，应进行绝缘遮蔽系统的组合电气试验，加压时间保持 1min，其电气性能应符合表 5-18 的要求，以无电晕发生、无闪络、无击穿、无明显发热为合格。

（1）导线软质遮蔽罩。将两件试品按设计的组合装配要求组合起来，按导线软质遮蔽罩的电气性能试验方法布置好并进行试验，每一件试品均应能通过交流电压试验和直流耐压试验。在进行组合试验时，组装在一起的两件试品可视为一件同电压等级的试品，应该说明的是，此时外电极应触及结合部位。

（2）其他类型遮蔽罩。将两件试品按要求装配组合起来，每一件试品均应能通过交流耐压试验。在进行组合装配试验时，试验电压应施加在整个组合装配试件上（包括结合部件），并按要求选定内外电极。

4. 机械性能试验

制作绝缘遮蔽罩的材料多为合成绝缘材料，在加工制作过程中，经常要受到高温热处理，其材质性能皆有可能发生变化。为此，在现场使用时，绝缘遮蔽罩要满足机械强度要求，并有一定并的耐热性和耐寒性，因此需要对绝缘遮蔽罩进行机械性能方面的试验。试验项目包括模拟装置试验、低温机械试验、软形遮蔽罩折叠试验、硬质遮蔽罩耐冲击试验，通常在型式试验或产品抽样检测时进行。

七、绝缘毯（垫）的试验

1. 外观及尺寸检查

绝缘毯（垫）上下表面均不应存在有害的缺陷，如小孔、裂缝、局部隆起、切口、夹杂导电异物、折缝、空隙、凹凸波纹等。

应按相关标准进行厚度检查，在整个毯面上随机选择 5 个以上不同的点进行测量和检查。测量时，使用千分尺或同样精度的仪器进行测量。千分尺的精度应在 0.02mm 以内，测钻的直径为 6mm，平面压脚的直径为（3.17±0.25）mm，压脚应能施加（0.83±0.03）N 的压力。绝缘毯应平展放置，以使千分尺测量面之间是平滑的。

2. 电气预防性试验

试验项目为交流耐压试验，预防性试验周期不超过 6 个月。

耐压试验的电极由两个同轴布置的金属圆柱组成，如图 5-12 所示。圆柱边缘的曲率半径 R_3 为 3mm，其中一个电极的高度应为 25mm，直径为 25mm；另一个电极高度应为 15mm，直径为 75mm。把试品固定在两金属电极之间，并把整个装置浸泡在绝缘液体中（如变压器绝缘油），试品不应触及油箱。试验电压标准见表 5-19，加压持续 1min，以无电晕发生、无闪络、无击穿、无明显发热为合格。

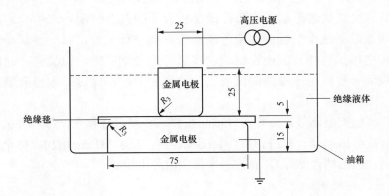

图 5-12　绝缘毯（垫）耐压试验布置图

表 5-19 绝缘毯（垫）的交流试验耐压值

级别	额定电压/kV	试验电压/kV	级别	额定电压/kV	试验电压/kV
0	0.38	5	2	10	20
1	3	10	3	20	30

3. 机械性能试验

绝缘毯（垫）试验项目包括拉伸强度和伸长率试验、抗机械刺穿试验、拉伸永久变形试验，绝缘垫还应进行防滑试验，通常在型式试验或者产品抽样检测进行。

八、绝缘服（披肩）的试验

1. 外观及尺寸检查

整套绝缘服应为无缝制作，内外表面均应完好无损，无深度划痕、裂缝、折缝，无明显空洞，尺寸应符合相关标准的要求。

2. 机械性能试验

试验项目包括拉伸强度和伸长率试验、抗机械刺穿试验、拉伸永久变形试验，通常在型式试验或产品抽样检测时进行。

3. 电气预防性试验

试验项目为交流耐压试验，预防性试验周期不超过 6 个月。

绝缘上衣的前胸、后背、左袖、右袖及绝缘裤的左右腿上下方及接缝处都要进行试验。按照表 5-20 的数值加压持续时间为 1min，无闪络、无击穿、无明显发热为合格。

表 5-20 绝缘服（披肩）的耐压试验值

绝缘服（披肩）级别	额定电压/kV	交流耐受电压/kV（有效值）
0	0.38	5
1	3	10
2	10	20
3	20	30

绝缘服试验电极布置如图 5-13 所示。电极由两块海绵或其他吸水材料制作成的湿电极组成，内外电极形状与绝缘服内外形状相符。将绝缘服平整布置于内外电极之间，不应强行拽拉。电极设计及加工应使电极之间的电场均匀且无

电晕发生。电极边缘距绝缘服边缘的沿面距离为65mm。

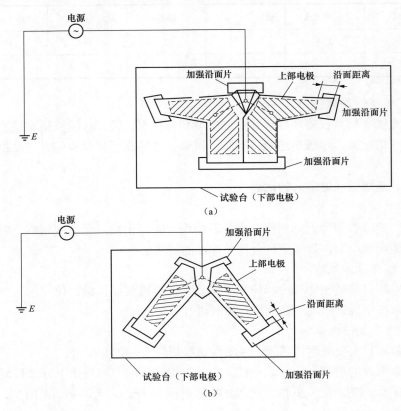

图 5-13　绝缘服耐压试验布置图

（a）绝缘上衣；（b）绝缘裤

绝缘服交流耐压试验注意事项为：

（1）为防止绝缘服边缘发生沿面闪络，应注意高压引线至绝缘服边缘的距离满足要求，或采用套管引入高压的方式。

（2）试验电压应从较低值开始上升，并以大约 1000V/s 的速度逐渐升压，试验时间从达到规定的试验电压值开始计时。

（3）进行绝缘服（披肩）的层向工频耐压试验时，电极由两块海绵或其他吸水材料制作成的湿电极组成，内外电极形状与绝缘服内外形状相符。电极设计及加工应使电极之间的电场均匀且无电晕发生。电极边缘距绝缘服边缘的沿面距离为（65±5）mm。将绝缘服平整布置于内外电极之间，不应强行拽拉并用干燥的棉布擦干电极周围绝缘服上的水迹。

九、绝缘手套的测试

1. 外观及尺寸检查

以目测为主，并使用量具测定缺陷程度，应为无缝制作，内外表面均应完好无损，无深度划痕、裂缝、折缝、无明显空洞，尺寸应符合相关标准要求。进行气密性检查，充气器对绝缘手套充满空气，或将手套从口部向上卷 2～3 折，稍用力将空气压至手掌和手指部分，贴近手套面颊感觉有无气流流动、耳听有无气流声的方法检查判断上述部位有无漏气，如有则为不合格。

2. 机械性能试验

试验项目包括拉伸强度和伸长率试验、抗机械刺穿试验、拉伸永久变形试验，通常在型式试验或产品抽样检测时进行。

3. 电气预防性试验

试验项目为交流耐压试验、直流耐压试验，预防性试验周期不超过 6 个月。

试验应在环境温度为（23±2）℃的条件下进行。将预湿的被试手套内部注入电阻率不大于 750Ω·cm 的水，然后浸入盛有相同水的容器中，并使手套内外水平面呈相同高度，如图 5-14（a）所示，尺寸 D_1 适用于圆弧形袖口手套，D_2 适用于平袖口手套，露出水面部分长度符合表 5-20 的规定，吃水深度允许误差为±13mm。水中应无气泡和间隙。试验前手套上端露出水面部分应擦干。盛水的容器平衡放置在绝缘支撑物体上方。试验电极接线如图 5-14（b）所示。

试验耐压值符合表 5-21 规定，加压时间保持 1min，无电晕、无闪络、无击穿、无明显发热为合格。

表 5-21 绝缘手套的耐压试验的吃水深度及耐压值

型号规格		交流耐压试验		直流耐压试验	
型号	额定电压/kV	试验电压/kV	露出水面部分长度/mm	试验电压/kV	露出水面部分长度/mm
1	3	10	65	20	100
2	10	20	75	30	130
3	20	30	100	40	150

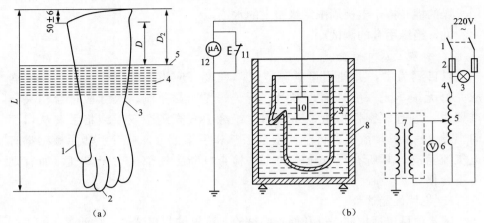

图 5-14　绝缘手套试验布置图

（a）吃水深度

1—大拇指；2—中指；3—手套；4—水；5—水平线

（b）交流试验接线

1—隔离开关；2—可断熔丝；3—电源指示灯；4—过负荷开关〔也可用过电流继电器〕；

5—调压器；6—电压表；7—变压器；8—盛水金属器皿；9—试样；

10—电极；11—毫安表短接开关；12—毫安表

十、绝缘鞋（靴）的测试

1. 外观及尺寸检查

绝缘鞋（靴）一般为平跟而且有防滑花纹，因此，凡绝缘鞋（靴）有破损、鞋底防滑齿磨平、外底磨透露出绝缘层，均不得再作为绝缘鞋（靴）使用。外观及厚度检查以目测为主，并使用量具测定缺陷程度，应为无缝制作，内外表面均应完好无损，无深度划痕、裂缝、折缝、无明显空洞，尺寸应符合相关标准要求。

2. 机械性能试验

试验项目包括拉伸性能试验、耐磨性能试验、邵氏 A 硬度试验、围条与鞋帮粘附强度试验、鞋帮与鞋底剥离强度试验、耐折性能试验，通常在型式试验或产品抽样检测时进行。

3. 电气预防性试验

试验项目为交流耐压试验，预防性试验周期不超过 6 个月。

交流试验耐压值符合表 5-22 规定，加压时间持续 1min，无电晕发生、无闪络、无击穿、无明显发热为合格。试验布置如图 5-15 所示。

表 5-22   绝缘鞋（靴）的交流试验耐压值

额定电压/kV	交流耐受电压/kV（有效值）
0.4	3.5
3～10	15

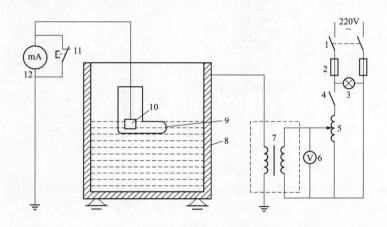

图 5-15   绝缘鞋（靴）耐压试验布置图

1—隔离开关；2—可断熔丝；3—电源指示灯；4—过负荷开关〔也可用过流继电器〕；

5—调压器；6—电压表；7—变压器；8—盛水金属器皿；9—试样；

10—电极；11—毫安表短接开关；12—毫安表

十一、绝缘安全帽的试验

1. 外观及尺寸检查

绝缘安全帽内外表面均应完好无损，无划痕、裂缝和孔洞，尺寸应符合相关标准要求。

2. 机械性能试验

试验项目包括冲击吸收性能试验和耐穿透性能试验，主要用于检测安全帽耐冲击吸收性能和穿刺性能，通常在型式试验或产品抽样检测进行。

3. 电气预防性试验

试验项目为交流耐压试验，预防性试验周期不超过 6 个月。

对绝缘安全帽进行交流耐压试验时，应将绝缘安全帽倒置于试验盛水容器内，注水进行试验。电极布置与绝缘手套的试验方法相似，如图 5-16 所示。试验电压应从较低值开始上升，以大约 1000V/s 的速度逐渐升压至 20kV，加压

配电不停电作业技术（第二版）

时间保持 1min，无闪络、无击穿、无明显发热为合格。

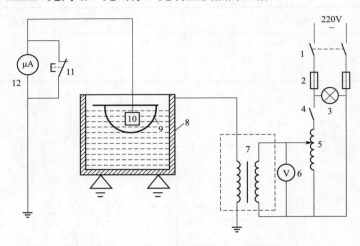

图 5-16　绝缘安全帽耐压试验布置图

1—隔离开关；2—可断熔丝；3—电源指示灯；4—过负荷开关（也可用过电流继电器）；

5—调压器；6—电压表；7—变压器；8—盛水金属器皿；9—试样；

10—电极；11—毫安表短接开关；12—毫安表

130

6

绝缘斗臂车与绝缘平台

绝缘斗臂车 20 世纪 30 年代在欧美国家开始研制，50 年代以后得到广泛的应用。采用绝缘斗臂车进行带电作业，具有升空便利、机动性强、作业半径大、机械强度高、电气绝缘性能高等优点，在配电带电作业中得到广泛的应用。而绝缘平台是一种结构简单、使用方便、工作可靠的配电带电作业器具，适用于绝缘斗臂车无法到位的作业。随着工业机器人在社会许多领域的广泛应用，本章也介绍了国内外配电带电作业机器人的开发应用情况。

6.1　绝缘斗臂车

一、绝缘斗臂车简介

绝缘斗臂车根据其工作臂的形式，可分为折叠臂式、直伸臂式、多关节臂式、垂直升降式和混合式；根据作业线路电压等级，可分为 10、35、110kV 等。

绝缘斗臂车由汽车底盘、绝缘斗、工作臂、斗臂结合部组成（见图 6-1），绝缘斗、工作臂、斗臂结合部能满足一定的绝缘性能指标。绝缘臂采用玻璃纤维增强型环氧树脂材料制成，绕制成圆柱形或矩形截面结构，具有自重轻、机械强度高、电气绝缘性能好、憎水性强等优点，在带电作业时为人体提供相对地之间绝缘防护。绝缘斗有单层斗、双层斗，外层斗一般采用环氧玻璃钢制作，内层斗采用聚四氟乙烯材料制作，绝缘斗应具有高电气绝缘强度，与绝缘臂一起组成相与地之间的纵向绝缘，使整车的泄漏电流小于 500μA，工作时若绝缘斗同时触及两相导线，也不会发生沿面闪络。绝缘斗上下部都可进行液压控制，定位是通过绝缘臂上部斗中的作业人员直接进行操作，下部驾驶台上也可进行应急控制操作，具有水平方向和垂直方向旋转功能。

采用绝缘斗臂车进行配电带电作业是一种便利、灵活、应用范围广、劳动强度低的作业方法。

（a）　　　　　　　　　　　　　　　　（b）

图 6-1　绝缘斗臂车

（a）直伸臂式；（b）折叠臂式

1．绝缘斗臂车的工作环境

绝缘斗臂车正常工作对环境有一定要求，一般是允许风速 10.8m/s，作业环境温度为−5～+40℃，作业环境相对湿度不超过 90%。对海拔 1000m 及以上的地区，绝缘斗臂车所选用的底盘动力应适应高原行驶和作业，在行驶和作业过程中不会熄火，同时，海拔每增加 100m，绝缘体的绝缘水平应相应增加 1%。

2．工作性能要求

（1）斗臂车应保证绝缘斗起升、下降作业时动作平稳、准确，无爬行、振颤、冲击及驱动功率异常增大等现象，微动性能良好。

（2）绝缘斗的起升、下降速度不应大于 0.5m/s，同时绝缘斗在额定载荷下起升时应能在任意位置可靠制动。

（3）具有绝缘斗、转台上下两套控制装置的斗臂车，转台处的控制应具有绝缘斗控制装置的功能，而且有越过绝缘斗控制装置的功能（即转台控制装置优先功能）。绝缘斗控制盘的装设位置便于操作人员控制同时又具有防止误碰的设施。

（4）斗臂车回转机构应能进行正反两个方向回转或 360°全回转。回转时，绝缘斗外缘的线速度不应大于 0.5m/s。回转机构作回转运动时，起动、回转、制动应平稳、准确，无抖动、晃动现象，微动性能良好。

（5）所有方向控制柄的操作方向应与所控设备的功能运动方向一致，操作人员放开控制柄，控制柄应能自动回到空档位置并停住，振动等原因控制柄不得移位。

（6）斗臂车液压系统应装有防止过载和液压冲击的安全装置。安全溢流阀的调整压力，一般以出厂说明为准，正常情况下不应大于系统额定工作压力的1.1倍。

3. 作业范围

绝缘斗臂车有其正常的作业范围，在使用绝缘斗臂车之前，必须先了解其许可作业范围。折叠臂式绝缘斗臂车作业范围，根据折叠臂的长度和支点由如图 6-2 所示的两个圆弧组成。伸缩式绝缘斗臂车作业范围，根据斗臂伸出长度由以支点为圆心伸出长度为各半径的圆弧，如图 6-3 所示。MIN—支腿伸出最小，MIDI—支腿伸出第一档，MID2—支腿伸出第二档，MAX—支腿伸出最大。

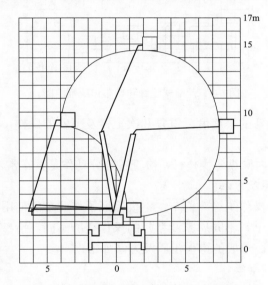

图 6-2　折叠臂式绝缘斗臂车作业范围图

二、绝缘斗臂车的使用与操作

（一）作业前的检查

（1）环绕车辆进行目测检查。查看有无漏油，标牌、车体及绝缘斗等有无破损、变形的情况。

（2）起动发动机，产生油压，操作水平支腿、垂直支腿伸出，用于检查在保管中有液压缸漏油。在取力器切换后，检查传动轴等方面有无出现异响。如果垂直支腿伸出后出现自然回落的现象，须进行进一步检查。

（3）检查液压油的油量。

（4）检查并确认限位安全装置正确动作。

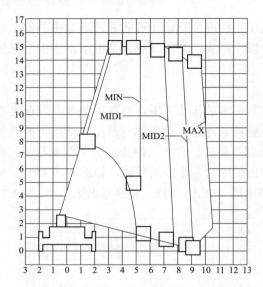

图 6-3　伸缩式绝缘斗臂车作业范围图

（5）检查绝缘斗的平衡度。重复几次上臂及下臂的操作，检查绝缘斗是否保持在水平状态。

（6）在绝缘斗内操纵各操作杆，检查各部分动作是否正常，有无异常声响。

（二）操作步骤及方法

正确地使用和操作绝缘斗臂车，不仅保证了作业车的使用安全，也保证了操作人员的人身安全。不同厂家及型号的操作有所不同，请参阅厂家提供的操作说明书进行操作。一般的操作步骤及方法如下：

1. 发动机的起动操作

（1）检查车辆已挂好手刹，垫好轮胎防滑三角块。

（2）确认变速器杆处于停止（P）位置，取力器开关扳至"关"的位置。汽车变速器杆必须处于停止位置，因若不在停止位置时，操作发动机起动、停止会使车辆移动。

（3）将离合器踏板踩到底，起动发动机。

（4）踩住离合器踏板，将取力器开关扳至"开"的位置。此时计时器开始起动。计时器指示出车辆液压系统的累计使用时间。

（5）缓慢地松开离合器踏板。

（6）通过上述操作，产生油压。冬季温度较低时，请在此状态下进行 5min 左右的预热运转。

（7）油门高低速的操作。将油门切换至油门高速，提高发动机转速，以便快速地支撑好支腿，提高工作效率。工作臂操作时，为了防止液压油温过高，油门应调整为中速或怠速状态。在作业中，不要用驾驶室内的油门踏板、手油门来提高发动机的转速，这样会使液压油温度急剧上升，容易造成故障。

2. 支腿的伸缩操作

（1）水平支腿操作。在 4 个支腿操作转换杆中，选出欲操作的水平支腿转换杆，切换至"水平"位置；"伸缩"操作杆扳至"伸出"位置时，水平支腿就会伸出。水平支腿设有不同张开幅度的绝缘斗臂车，根据不同的张开幅度，斗臂的作业范围就可在人员的控制下进行相应的调整。先确认水平支腿伸出方向没有人和障碍物后，再进行伸出操作。没有设置支腿张幅传感器的斗臂车，水平支腿一定要伸出到最大跨距，否则有倾翻的危险。在支腿的位置放置支腿垫板。

（2）垂直支腿操作。将 4 个支腿操作转换杆切换到"垂直"位置；"伸缩"操作杆扳至"伸出"位置，垂直支腿就会伸出；先确认支腿和支腿垫板之间没有异物后，再放下支腿。放下垂直支腿后，确认以下三点：

1）所有车轮全部离开地面。

2）水平支腿张开幅度最大和垂直支腿着地的指示灯亮，用手摇动各支腿确认已可靠着地。

3）车架基本处于水平状态，设有水平仪的车辆可根据水平仪进行调整。若未达到这三点，操作相应的支腿，调节其伸出量或增加支腿垫板。

水平支腿不伸出、轮胎不离地、垂直支腿放置不可靠时，车辆会出现倾翻；所有支腿操作杆收回到中间位置，关闭支腿操作箱的盖子。绝对不允许为了加大作业半径，而将支腿捆绑在建筑物上或装上配重物体；否则，容易引起车辆倾翻、工作臂损坏等重大事故。不要在几个支腿转换杆分别处于"水平"位置或"垂直"位置的状态下，操作水平支腿；否则，会引起水平支腿跑出或使垂直支腿收缩，引起车辆损坏。

（3）收回操作方法要将各支腿收回到原始状态，请按照"垂直支腿→水平支腿"的顺序，进行收回操作，收回后，各操作杆一定要返回到中间位置。

3. 安装接地棒

将车辆底盘通过接地线与接地棒连接接地。

4. 绝缘斗上的操作

（1）工作臂的操作。

1）下臂的升降操作。折叠臂式绝缘斗臂车将下臂操作杆扳至"升"，使下臂液压缸伸出，下臂升。将下臂操作杆扳至"降"，使下臂液压缸缩进，下臂降；直伸臂式绝缘斗臂车则选择"升降"操作杆，扳至"升"，升降液压缸伸出，工作臂升起；扳至"降"，使下臂液压缸缩回，工作臂下降。

2）回转操作。将回转操作杆按标示的箭头方向扳，使转台右回转或左回转。回转角度不受限制，可做360°全回转。在进行回转操作前，要先确认转台和工具箱之间无人、无可能被夹的其他障碍物。

3）上臂伸缩操作。折叠臂式绝缘斗臂车将上臂操作杆扳至"升"，使上臂液压缸伸出，伸缩臂升。将上臂操作杆扳至"降"，使上臂液压缸缩回，伸缩臂缩。直伸臂式绝缘斗臂车，选择"伸缩"操作杆，扳至"伸"，伸缩液压缸伸出，工作臂伸长；扳至"缩"，伸缩液压缸缩回，工作臂缩短。

（2）绝缘斗摆动操作。将绝缘斗摆动操作杆按标示的箭头方向扳动，使绝缘斗右摆动或左摆动。

（3）紧急停止操作。绝缘斗上的作业人员为避免危险情况需紧急停止工作臂的动作或操作控制出现失控等情况，应操作紧急停止操作杆，这样，上部的动作均停止，但发动机不会停止运转。

5．转台处的操作

在转台处进行工作臂的操作及回转操作与在绝缘斗上的操作是一样的，紧急停止操作一般是地面上的人员判断继续由上部进行操作会出现危险的情况而进行应急操作。

6．应急泵的操作

绝缘斗臂车因发动机或液压泵出现故障，正常操作无法进行时，可起动应急泵操作，使绝缘斗上的作业人员安全下降到地面。操作前须确认取力器和发动机钥匙开关拨至"接通"位置。应急泵一次动作时间在30s内，到下一次起动，必须要等待30s的间隔才可继续进行。

（三）使用绝缘斗臂车的注意事项

（1）绝缘斗臂车的操作员必须经过专业的技术培训，并且由接受作业任务的操作员来进行操作。

（2）在天气情况恶劣、下雨及绝缘斗等部件潮湿时，应停止使用绝缘斗臂车。恶劣天气的标准为：

1）强风。10min内的平均风速大于10m/s。

2）大雨。一次降雨量大于50mm。

3）大雪。一次积雪量大于25mm。

在开阔平地上空1m处的风速概况可以参考表6-1对比判断。

表 6-1   风速与高差对应概况表

地面上空 10m 处的风速/（m/s）	地面上的状况
5.5～8.0	灰砂被吹起，纸片飞扬
8.0～10.8	树叶茂盛的大树摇动，池塘里泛起波浪
10.8～13.9	树干摇动，电线作响，雨伞使用困难
13.9～17.2	树干整体晃动严重，迎风步行困难

平均风速在离开地面的高度越高时就越大。在离地面高度超过 10m 时，应考虑风速的因素，作业高度处的风速应不超过 10m/s。

（3）夜间作业时，应确保作业现场的照明满足工作需要，操作装置部分更要明亮些，以防止误操作。

（4）停车后，应垫好车轮的三角垫块，垫块的放置应有效防止车辆滑行。在有坡度的地面停放时，坡度不应大于 7°且车头应向下坡方向。

（5）作业时的注意事项。

1）在进行作业时，必须伸出水平支腿，以便可靠地支撑车体，确认着地指示灯亮（没有着地指示灯设置者，应逐一检查支腿着地情况）后，再进行作业。水平支腿未伸出支撑时，不得进行旋转动作，否则车辆有发生倾翻的危险（装有支腿张开幅度传感器及电脑控制作业范围的车辆除外）。在固定垂直支腿时，不要使垂直支腿支撑在路边沟槽上或软基地带，沟槽盖板破损时，会引起车辆倾翻。

2）绝缘斗内工作人员要佩戴带安全带，将安全带的钩子挂在安全绳索的挂钩上。不要将可能损伤绝缘斗、绝缘斗内衬的器材堆放在绝缘斗内，当绝缘斗出现裂纹、伤痕等，会使其绝缘性能降低。绝缘斗内不要装载高于绝缘斗的金属物品，避免绝缘斗中金属部分接触到带电导线时，导致有触电的危险。任何人不得进入工作臂及其重物的下方。火源及化学物品也不得接近绝缘斗。

3）操作绝缘斗时，要缓慢动作。假如急剧操纵操作杆，动作过猛有可能使绝缘斗碰撞较近的物体，造成绝缘斗损坏和人员受伤。在进行反向操作时，要先将操作杆返回到中间位置，使动作停止后再扳到反向位置。绝缘斗内人员工作时，要防止物品从斗内掉出去。

4）工作中还要注意以下情况。作业人员不得将身体越出绝缘斗之外，不要站在栏杆或踏板上进行作业。作业人员要站在绝缘斗底面以稳定的姿态进行作业。不要在绝缘斗内使用扶梯、踏板等进行作业，不要从绝缘斗上跨越到其他建筑物上，不要使用工作臂及绝缘斗推拉物体，不要在工作臂及绝缘斗上装吊钩、缆绳等起吊物品，绝缘斗不得超载。

（6）冬季及寒冷地区的注意事项。在冬季室外气温低及降雪等情况进行作业时，因动作不便可能引起事故，应注意以下情况。

1）在降雪后进行作业，一定要先清除工作臂托架的限位开关等安全装置、各操作装置及其外围装置、工作臂、绝缘斗周围部分、工作箱顶、运转部位等部位的积雪，确认各部位动作正常后再进行作业。

2）清除积雪时，不要采用直接浇热水的方法，防止热水直接浇在操作装置部位、限位开关部位及检测器等的塑料件上，因温度的急剧变化有可能产生裂痕或开裂，同时也会造成机械装置的故障。

3）气温降低及降雪等时，对开关及操作杆的影响有可能比正常情况重一些，这是由于低温使得各操作杆的活动部分略有收缩引起的，功能方面不会有问题。在动作之前，多操作几次操作杆，并确认各操作杆都已经返回到原始位置之后，再进行正常作业。由于同样的原因，工作臂在动作中可能出现"噗—"或"嚓—"的声音，通过预热运转，随着油温及液压部件温度上升，这些声音会随之消失。

4）下雪天作业之后，在收回工作臂前，先清除工作臂托架上的限位开关处的积雪，然后再收回工作臂。如果不先清除积雪就收回工作臂，就会使积雪冻结，引起安全装置动作不可靠等问题。

三、绝缘斗臂车的维护和保养

1. 日常检查

（1）外观检查。用肉眼检查绝缘部件的表面损伤情况，如裂缝、绝缘剥落、深度划痕等。

（2）功能检查。斗臂车起动后，应在绝缘斗无人的情况下采用的下控制系统工作一个循环。检查中应注意是否有液体渗出，液压缸有无渗漏、异常噪声、工作失误、漏油、不稳定运动或其他故障。

2. 定期检查

定期检查的周期，可根据生产厂商的建议和其他影响因素，如运行状况、保养程度、环境状况来确定，但定期检查的最大周期不超 12 个月。定期检查必须由专业人员完成。

3. 液压油的使用及更换

斗臂车液压系统的液压油清洁度降低或变质后，其电气性能会降低，从而影响绝缘斗臂车的性能。所以对液压油的要求有：

（1）在购新车使用 100h 或一个月（计数器读数）后，进行第一次液压油的更换，以后每 1200h 或 12 个月更换一次液压油。

（2）每次更换液压油时，都要清洗油箱，清洗或更换回油过滤器及吸油过滤器的滤芯。

4. 车辆润滑保养

根据车辆的润滑图，按规定的周期对车辆进行润滑保养，将提高整车的性能，延长绝缘斗臂车的使用寿命。

（1）每 30h 或每周一次对以下部件进行润滑。起吊部、摆动部、绝缘斗回转轴、平衡液压缸、升降液压缸、工作臂轴、回转臂轴。

（2）每 100h 或一个月、800h 或六个月对中心回转体、转动轴进行润滑。

（3）每 1200h 或 12 个月更换一次油脂（第一次更换的时间为 100h 或一个月）。包括小吊减速机齿轮油、同轴减速器齿轮油。

5. 绝缘部件的保养

（1）绝缘斗臂车在行进过程中绝缘斗必须回复到行驶位置。带吊臂的绝缘斗臂车，吊臂应卸掉或缩回。上臂应折起来，下臂应降下来，上、下臂均应回位到各自独立的支撑架上。伸缩臂必须完全收回。上、下臂必须固定牢靠，以防止在运输过程中由于晃动并受到撞击而损坏。

（2）绝缘斗臂车在行进过程中，高架装置也处于位移之中，两臂的液压操作系统必须切断，以防止绝缘斗的液压平衡装置来回摆动。

（3）绝缘斗臂车在运输和库存过程中必须采用防潮保护罩进行防护，以免长期暴露在污染环境中，降低其绝缘耐受水平。

6. 车辆的保养

（1）必须有专用车库，库房内应具有防潮、防尘及通风等设施，如图 6-4 所示。

图 6-4　绝缘斗臂车专用库房

（2）经常清洗或清扫各部位。不要用高压水冲洗，冬季要防止冻结。

（3）为了保护底盘的悬簧，长时间停放时必须撑起垂直支腿。在屋顶较低的室内，应注意防止绝缘斗及工作臂碰到屋顶而损坏。

（4）车辆在长期存放中，液压缸的活塞杆上要涂上防锈油，每1个月发动一次发动机，防止润滑部分出现油膜断开的现象。

四、绝缘斗臂车的测试

绝缘斗臂车的测试项目包括：绝缘斗耐压及泄漏电流试验、绝缘臂的耐压及泄漏电流试验、整车耐压及泄漏电流试验、绝缘液压油击穿强度试验、绝缘胶皮管试验、斗臂车绝缘体材料性能试验。

（一）试验方法

1. 绝缘斗耐压及泄漏电流试验

绝缘斗（包括具有内、外绝缘斗的内衬斗、外层斗的交流耐压试验一般根据用户的需要确定）成品交流耐压以及泄漏电流试验，一般采用连续升压法升压，试验电极一般采用宽为 12.7mm 的导电胶带设置，试验参数见表 6-2。

工频耐压试验布置如图 6-5 所示。试验过程中，无火花、飞弧或击穿，无明显发热（温升小于 10℃）为合格。泄漏电流检测试验布置如图 6-6 所示。

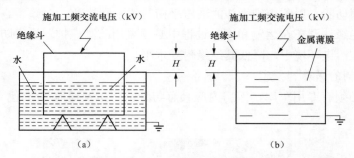

图 6-5　绝缘斗工频耐压试验布置图

（a）绝缘斗内外加水（可拆卸式）；（b）绝缘斗内外包金属薄膜（固定式）

H—绝缘斗顶面距水面高度

2. 绝缘臂的耐压及泄漏电流试验

（1）悬臂内绝缘拉杆、绝缘斗内小吊臂耐压检测与绝缘臂的耐压检测相同，一般采用连续升压法升压，试验电极一般采用宽为 12.7mm 的导电胶带设置，试验参数见表 6-3。

（2）绝缘臂、悬臂内绝缘拉杆、绝缘斗内小吊臂工频耐压试验方法基本一致，试验布置如图 6-7 所示，L 为试验电极间绝缘臂长度。试验过程中，无火花、飞弧或击穿，无明显发热（温升小于 10℃）为合格。

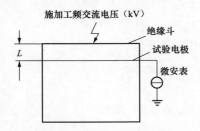

图 6-6 绝缘斗泄漏电流检测试验布置图

L—试验电极间的距离

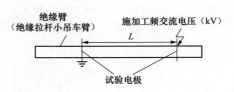

图 6-7 绝缘臂耐压试验布置图

（3）为掌握绝缘斗臂车实际作业条件下的泄漏值，确保带电作业安全，应对绝缘臂成品进行交流泄漏（全电流）试验，绝缘臂泄漏电流检测试验布置如图 6-8 所示，L 为试验电极间绝缘臂长度。

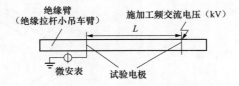

图 6-8 绝缘臂泄漏电流检测试验布置图

（4）基臂上具有绝缘臂段的斗臂车，施加的交流工频电压值为 50kV，加压时间为 1min，该绝缘臂段的试验布置如图 6-9 所示。

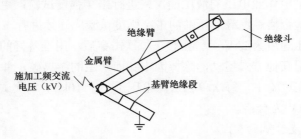

图 6-9 基臂段的试验布置图

3. 整车耐压及交流泄漏电流试验

（1）接地部分与绝缘斗之间仅绝缘臂绝缘的斗臂车，其试验参数见表 6-4，耐压试验布置如图 6-10 所示。

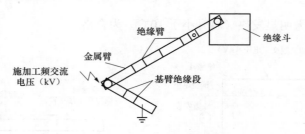

图 6-10　整车耐压及泄漏电流试验布置图

（2）具有上下操作功能及自动平衡功能（有承受带电作业电压的胶皮管、液压油、光缆、平衡拉杆等）的斗臂车，其耐压和整车泄漏电流试验参数见表 6-5，其整车耐压试验布置如图 6-11 所示，交流泄漏电流试验布置如图 6-12 所示，L 为试验电极间绝缘臂长度。

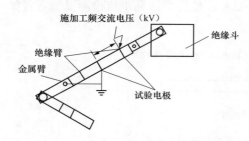

图 6-11　整车耐压试验布置图

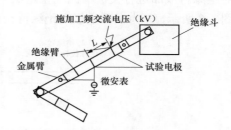

图 6-12　交流泄漏电流试验布置图

4. 绝缘液压油击穿强度试验

用于承受带电作业电压的液压油，应进行击穿强度试验，更换、添加的液压油也必须试验合格。绝缘液压油的击穿强度试验应连续进行 3 次，油杯间隙为 2.5mm，升压速度为 2kV/s（匀速）。每次击穿后，用准备好的玻璃棒在电极间拨弄数次或用其他方式搅动，除掉因击穿而产生的游离碳，并静置 1～5min（气泡消失）。在试验中，每次单独击穿电压不小于 10kV，6 次试验的平均击穿电压不小于 20kV 为合格。

5. 绝缘胶皮管试验

斗臂车使用的绝缘胶皮管型式试验包括：机械疲劳试验、液压试验、漏油试验、长度改变试验、冷弯试验、电气性能试验、受损后试验。

（1）机械疲劳试验。胶皮管应同时承受装有金属管套的压力周期和胶皮管部分的弯折周期试验，试验布置如图 6-13 所示。

（2）液压试验。根据胶皮管的型号和用途，斗臂车的每一根胶皮管应进行液压试验，试验方法为：将胶皮管装置加压到使用压力的 120%，持续3～60s，整个装配管不应有漏油、破损现象。

（3）胶皮管漏油试验。将胶皮管装置加压到最低规定破裂压力表的70%，持续（5±0.5）s。胶皮管不出现漏油或破损为合格。

（4）长度改变试验。胶皮管两管套之间至少应有 300mm 长的胶皮管，胶皮管加压到压力的 120%，持续 30s后消除压力，当压力消除后，可使其恢复稳定状态达 30s，然后在距管套250mm 处，对胶皮管外皮准确地标上

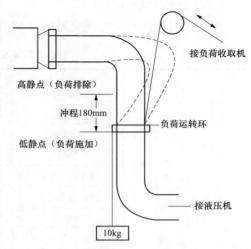

图 6-13　胶皮管压力、弯折周期试验

标记，再将胶皮管加压到使用压力的 120%，持续 30s 并测出加压后套管与标记处的距离。当胶皮管的长度改变不超过原来的 5%为合格。

（5）冷弯试验。将胶皮管或胶皮管装置伸直，置于–25℃温度下 24h。试样仍保持在该情况下，能均匀、一致地弯曲，其弯曲直径为胶皮管允许弯曲直径的两倍。标称内直径不小于 25.4mm 的胶皮管，其弯曲度为 90°。弯曲要在8～12s 内完成。弯曲后，将试样置于室内待其回复到室温，检查胶皮管外部情况，是否存在破损现象，然后再进行漏油试验。胶皮管不出现破裂或漏油为合格。

1）电气性能试验。只适用于斗臂车接地部分与绝缘斗之间承受带电作业电压的胶皮管（包括光缆、平衡拉杆等），在装配前进行。

2）受损后试验。承受带电作业电压的胶皮管，受损后会影响其电气性能，如果损坏严重，胶皮管可能会燃烧。

6. 斗臂车绝缘体材料性能试验

斗臂车绝缘体材料性能试验为型式试验和出厂检验进行。

（1）绝缘臂、绝缘斗用绝缘材料物理化学性能试验。包括密度、吸水率、马丁氏耐热性、可燃性、气候环境试验。

（2）绝缘臂、绝缘斗用绝缘材料电气、物理性能试验。包括体积电阻率、表面电阻率、介质损失角正切、相对介电常数、介电强度、压缩试验、弯曲试验、冲击强度试验。

（二）试验周期与标准

绝缘斗臂车的预防性试验周期为 12 个月一次。试验标准见表 6-2、表 6-3。

表 6-2　　　　　　　　　　　绝缘斗臂车交流耐压试验

额定电压 /kV	海拔 H /m	试验项目	试验长度 /m	预防性试验		
				试验电压 /kV	试验时间 /min	试验周期
10	H≤3000	绝缘臂	0.4	45	1	12 个月
		整车	1.0	45	1	12 个月
		绝缘内斗层向	—	45	1	12 个月
		绝缘外斗沿面	0.4	45	1	12 个月
	3000<H ≤4500	绝缘臂	0.6	45	1	12 个月
		整车	1.2	45	1	12 个月
		绝缘内斗层向	—	45	1	12 个月
		绝缘外斗沿面	0.4	45	1	12 个月
20	H≤1000	绝缘臂	0.5	80	1	12 个月
		整车	1.2	80	1	12 个月
		绝缘内斗层向	—	45	1	12 个月
		绝缘外斗沿面	0.4	45	1	12 个月

注　试验中试品应无击穿、无闪络、无过热。

表 6-3　　　　　　　　　　　绝缘斗臂车交流泄漏电流试验

额定电压 /kV	海拔 H /m	试验项目	试验长度 /m	预防性试验		试验周期
				试验电压 /kV	泄漏电流 /μA	
10	H≤3000	绝缘臂	0.4	—		12 个月
		整车	1.0	20	≤500	12 个月
		绝缘外斗沿面	0.4	20	≤200	12 个月
	3000<H ≤4500	绝缘臂	0.6	—		12 个月
		整车	1.2	20	≤500	12 个月
		绝缘外斗沿面	0.4	20	≤200	12 个月
20	H≤1000	绝缘臂	0.5	—		12 个月
		整车	1.2	40	≤500	12 个月
		绝缘外斗沿面	0.4	20	≤200	12 个月

6.2 绝 缘 平 台

一、绝缘平台简介

配电线路的许多杆塔，绝缘斗臂车无法到达，仅靠绝缘斗臂车开展带电作业无法满足要求。为改变这一现状，许多开展带电作业工作的单位因地制宜研制了绝缘平台，人员可站立在中间电位的绝缘平台上进行操作，作业人员穿戴绝缘服、绝缘手套，使用操作工具直接在带电体上操作，达到其检修目的的方法。这时人体与带电体的关系是"接地体—绝缘体—人体—绝缘体—带电体"。因此，利用绝缘平台进行带电作业可不受交通和地形条件限制，可弥补绝缘斗臂车应用的不足，其空中作业范围大，安全可靠，在高空绝缘斗臂车无法到达的杆位均可进行带电作业，机动性及便利性高，操作强度低。

绝缘平台作业是带电作业中不可缺少的一部分，也是一种性价比较高的作业方式，它比地电位作业可开展的项目多，又比绝缘斗臂车价格便宜。

绝缘平台由绝缘材料加工制作，安装固定在电杆或地面上，承载带电作业人员并提供人体与接地体的主绝缘保护的工作平台，主要由支撑（抱杆）装置、主平台及附件等组成。根据安置型式分为落地式绝缘平台和抱杆式绝缘平台，如图 6-14 所示。鉴于各地区作业方式不尽一样，绝缘平台的结构有所差异，但基本型式大体相同，普遍都具有升降和旋转功能，抱杆式绝缘平台以其部件少、安装简便、使用灵活，最为常见，国家能源局于 2015 年也出台了行业标准《10kV带电作业用绝缘平台》。此外，绝缘人字梯、独脚梯等在配电带电作业中也是一种绝缘平台。

1. 落地式绝缘平台

落地式绝缘平台包括底座、连接支架、作业平台、升降装置以及升降传动系统，其特征在于升降装置由不少于两节的套接式矩形绝缘框架构成，各节绝缘框架间置有提升连接带，安装在底座内的升降传动系统的丝杠与蜗轮、蜗杆减速器和电动机依次连接，安装在丝杠上的可滑动卷筒与底座两侧的滑轮组上绕接有钢丝绳，钢丝绳从底座四角向上作为最外节绝缘框架的提升连接带，其余的提升连接带均为绝缘带，绝缘平台的四个角分别固定连接立柱，立柱之间横向固定连接有固定柱，立柱之间设置有导向条。立柱的下端固定连接有下绝缘平台。升降标准节安装在外套框架内，升降标准节通过导向条与外套框架上下滑动连接。通过对传动机构的简化以及将其整体压缩在底座内，使设备结构简单、体积小、制造成本低，又将平台的升降装置整体做成绝缘，实现了平台

145

在升降过程中的绝对安全性。

（a）

（b）

图 6-14　绝缘平台图

（a）落地式绝缘平台；（b）抱杆式绝缘平台

2. 抱杆式绝缘平台

抱杆式绝缘平台由绝缘材料加工制作，安装固定在电杆上，承载带电作业人员并提供人与电杆等接地体的主绝缘保护工作平台。抱杆式绝缘平台具有经济、实用、轻便的特点，受到各单位的青睐，后面将重点介绍。

抱杆式绝缘平台根据其使用功能特点分为固定式绝缘平台、旋转式绝缘平台、旋转带升降式绝缘平台三大类；按照荷载能力分为Ⅰ级、Ⅱ级、Ⅲ级，可根据作业人员的体重参考表 6-6 选用。

固定式绝缘平台无活动式传动机构的绝缘平台，安装固定于电杆后，平台的高度和角度也随之固定，不具备其他辅助功能。

旋转式绝缘平台在抱杆装置上增加由中心轴及转动装置构成平台旋转传动机构，具备旋转功能，作业人员可根据作业要求选择合适的水平位置进行作业。

旋转带升降式绝缘平台在抱杆装置上增加由中心轴及转动装置构成平台旋转传动机构以及提升传动机构，具备旋转和升降功能的绝缘平台，作业人员可根据作业要求，选择合适的垂直高度和水平位置进行作业。

抱杆式绝缘平台主要由抱杆装置、主平台及附件等组成。抱杆装置是平台安装、固定于电杆的主要部件，一般由滚轮抱箍或抱箍紧锁等装置构成。主平台采用绝缘材料加工制作，是提供带电作业时人与电杆的绝缘保护的主要绝缘部件，也是绝缘平台的主要承力部件之一。部分绝缘平台在主平台上方还可设置绝缘小平台，小平台采用绝缘材料加工制作，作业人员可站立其上进行作业。

主平台装置一般包括：杆式绝缘平台支架、用于支撑该平台支架、可安装于架空线电杆上的平台连接座架及主平台。平台支架由螺栓固定连接于平台连接座架的上、下端，平台连接座架上端分别由一链条滚轴轮装置及一刹车保险装置可转动地支撑于电杆上，并锁紧其对电杆的固定，平台连接座架下端固定安装于可转动钢箍，可转动钢箍可滑动地置于紧固电杆上的固定钢箍托架上。

绝缘平台大都属于自制研发的实用型工具，结构形式多样，但应用前必须进行交接试验，机械和电气性能符合作业要求，模拟演练操作成熟后推广。

二、绝缘平台的测试

由于各地区绝缘平台结构的差异性，同时，绝缘平台大都属于自制研发的实用型工具，应用前必须进行交接试验和定期试验，而用于绝缘平台的绝缘材料主要是绝缘板、绝缘管材等，选择时必须对绝缘材料进行材质检验，加工完成后还应进行整体机械试验和电气试验。

硬质绝缘板应符合 GB/T 1303.2《电气用热固性树脂硬质压板 第二部分：试验方法》的有关规定。绝缘管材应符合 GB 13398《带电作业用空心绝缘管、泡沫填充绝缘管和实心绝缘棒》的有关规定。绝缘平台的试验参照 GB/T 1485《10kV 带电作业用绝缘平台》的有关规定。

（一）绝缘材料的电气特性试验

1. 绝缘管

用于制造绝缘平台的绝缘管应进行 300mm 长度的 3min 加压 100kV 的工频耐压试验，包括受潮前和受潮后的试验。

（1）受潮前和受潮后的电气试验。

1）一般试验条件。试验前，每件试品应以三氟三氯乙烷（$CF_2ClCFCl_2$）溶液（或无水酒精）擦净，并在空气中干燥 15min，从第一组绝缘管中分别截取 300mm 的试品 3 根进行试验。取样时，应避免使用端部 100mm 以内的绝缘材料。试验前，每件试品端部应以导电粘胶带（或铝箔）覆盖，在调整湿度使试件受潮时，必须将导电粘胶带（或铝箔）去掉。

试验布置如图 6-15 所示，测量设备离高压电极不得小于 2m，测量引线、分流器以及任选的保护间隙均应屏蔽接地。试品应放置在离地面高度约为 1m 的绝缘支撑上，按照 GB/T 16927.1《高电压试验技术　第一部分：一般定义及试验要求》规定，在两电极间施加工频电压 100kV（有效值），并测量流过试品的电流（保护电极地端直接接地）。

电流以有效值表示，电流与电压间的相位差测量方法如下：①电流（接地端）使其通过已知的阻抗；②电压（线端）通过适当的分压器；③试验中，试品各部分不应发生闪络和击穿现象。

2）受潮前试验。试品预先置于试验区域的大气环境中至少 24h。两电极间施加工频试验电压 100kV 持续 1min，测量 I_1，记录最大电流以及电流与电压间的相角差 ϕ_1，各类绝缘材料试品的 I_1、ϕ_1 值应满足表 6-4 的要求。

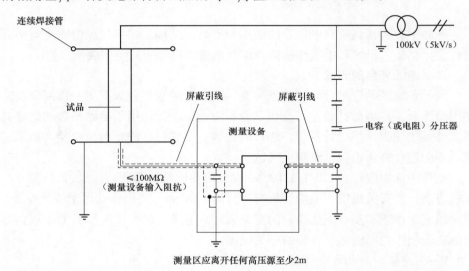

图 6-15　受潮前和受潮后的电气试验电极布置图

3）受潮后试验。将已通过受潮前试验的试品置于试验箱中（温度为 23℃、相对湿度为 93%），经 168h（七天七夜）后，试品仍应保持在相对湿度 93%的大气中，并返回到试验区域的大气温度下进行试验，用干布轻轻将试品擦干后，在与测量 I_1 和 ϕ_1 的相同条件下测量 I_2 和 ϕ_2。

在受潮前和受潮后试验两种试验中，试品相对于大地的位置应相同，高压端也应一样。各类试品的 I_2 和 ϕ_2 值应满足表 6-4 的要求。

（2）淋雨试验。用以制造绝缘平台的绝缘管应进行 1200m 长试品的 60min 淋雨试验。试品在 100kV 工频电压下应无火花放电、闪络或击穿现象，表面无漏电蚀痕、无发热现象。

表 6-4　　　　　　　　　绝缘管工频耐压试验及泄漏电流允许值

标称外径/mm	试品电极间距离/mm	1min 工频耐压试验/kV	泄漏电流/μA	
			受潮前	受潮后
30 及以下	300	100	≤10	≤30
32～70			≤15	≤40

注　1．试验中记录最大电流 I_1、I_2 以及电流与电压间的相角差 ϕ_1、ϕ_2，要求 ϕ_1、$\phi_2 > 50°$。

　　2．受潮后是指在恒温恒湿箱（23±1℃．HR93%）168h 加压工频试验。

1）一般试验条件。试验前，每件试品应以三氟三氯乙烷（$CF_2ClCFCl_2$）溶液（或无水酒精）擦净，在空气中干燥 15min。从第二组绝缘管中分别截取 1.2m 的试品 3 根进行试验。取样时，应避免使用端部 100mm 以内的绝缘材料。

用直径 3～4mm 的铝线在绝缘管上缠绕 3～4 圈做试验电极，两极间距离为 1m，试品两端不得覆盖。试验场所应处于水温及环境温度在 18～28℃。

试验布置如图 6-16 和图 6-17 所示。试品应倾斜 45°，试验电极间施加工频试验电压 100kV，加压持续时间为 1min。

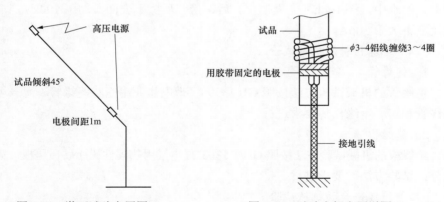

图 6-16　淋雨试验布置图　　　　　图 6-17　试验电极布置详图

2）淋雨条件。淋雨试验按照 GB/T 16927.1《高电压试验技术　第一部分：一般定义及试验要求》进行：①平均淋雨率：1.0mm/min～1.5mm/min；②收集的水校准到 20℃的电阻率：100±5Ω·m，加压前不预淋试品，而是加压和喷水同时进行。

（3）浸水试验。用于制造绝缘平台的绝缘管材应进行浸水试验。取 300mm 长度的管材浸泡于 400mm 深度（100Ω·m 水电阻率）的水中，经 168h（七天七夜）后，捞起后擦干表面，防止表面闪络，加压 100kV，泄漏电流应不大于 30μA。

2. 绝缘板

绝缘板的电气试验方法按照 GB/T 1303.2《电气用热固性树脂硬质压板 第二部分：试验方法》要求进行。

（1）常态试验。用于制造绝缘平台的绝缘板厚度一般不小于 8mm，进行 3min 加压 100kV 的工频耐压试验，泄漏电流应符合表 6-5 要求，以无火花放电、闪络或击穿现象，无明显发热现象为合格。

表 6-5　　　　　　　　　　绝缘板的工频耐压试验及泄漏电流允许值

试验部位	试验电压 /kV	电极距离 /mm	试验时间 /min	泄漏电流 /μA
层向	100	8	3	/
沿面	100	300	3	≤30

（2）浸水试验。用于制造绝缘平台的绝缘板材应切割成管材相似形状长度，进行浸水试验。取 300mm 长度的管材浸泡于 400mm 深度（100Ω·m 水电阻率）的水中，经 168h（七天七夜）后，捞起后擦干表面，加压 100kV，泄漏电流应不大于 30μA。

（二）绝缘材料的机械试验

1. 绝缘管

绝缘管的机械试验方法按照 GB 13398《带电作业用空心绝缘管、泡沫填充绝缘管和实心绝缘棒》要求进行。

2. 绝缘板

绝缘板的机械试验方法按照 GB/T 1303.2《电气用热固性树脂硬质压板 第二部分：试验方法》要求进行。

（三）绝缘平台的机械试验

绝缘平台加工制作完成后，应先进行工艺及成型检查，绝缘部件应光滑、无气泡、皱纹、开裂，玻璃纤维布与树脂间黏接完好无开胶，杆段间连接牢固。而后进行机械试验，具体包括静负荷、额定负荷和破坏负荷试验。抱杆式绝缘平台的机械试验按照表 6-6 内容逐项进行试验。荷载作用位置及方向如图 6-18 所示。

表6-6 绝缘平台的机械性能要求

荷载级别	作业人员最大体重/kg	额定荷载/N	破坏荷载/N	静荷载/N	动荷载/N	冲击荷载/N
I	70	850	2550	2125	1275	850
II	85	1050	3015	2625	1575	1050
III	105	1350	4050	3375	2025	1350

注 冲击荷载为安全带挂点的试验项目。

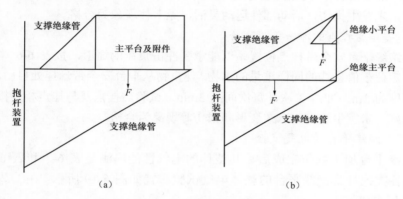

图6-18 各类绝缘平台机械试验布置图
(a) 固定式和旋转式；(b) 旋转带升降式

1. 绝缘平台的静负荷试验

试验时，对绝缘平台施以1.0倍额定外荷载，持续5min，不应有任何变形；然后施以2.5倍额定荷载的外荷载，此负荷的加载速度应均匀缓慢上升，不允许冲击性加载，绝缘平台在最大静试验负荷下持续5min，卸载后绝缘平台不发生永久变形和损伤，配套机构完好有效者为合格；之后再以3.0倍额定荷载的外荷载，此负荷的加载速度应均匀缓慢上升，不允许冲击性加载，绝缘平台在达到最大破坏试验负荷时，即可卸载，满足破坏负荷要求即合格。

2. 绝缘平台的动负荷试验

(1) 固定式绝缘平台在进行动负荷试验时，在如图6-18 (a) 所示的位置，施以1.5倍额定荷载的外荷载，冲击3次，每次间隔3min。试验后各部件完好，未发生永久变形和损伤，活动部件运动灵活、无卡住现象为合格。

(2) 旋转式绝缘平台在进行动负荷试验时，在如图6-18 (a) 所示的位置，对绝缘平台施以1.5倍额定荷载的外荷载，分别在0°、45°和90°各点，施加荷载 3 次，每次保持 3min，相邻两次之间间隔 3min。在施加荷载时对试品进行旋转操作，以试验过程中试品各部件完好，未发生损伤，活动部件运动灵活、无卡住现象为合格。

（3）旋转带升降式绝缘平台在进行动负荷试验时，在如图 6-18（b）所示的位置，对绝缘平台施以 1.5 倍额定荷载的外荷载，分别在旋转位置中的 0°、45° 和 90°各点，施加荷载 3 次，每次保持 3min，相邻两次之间间隔 3min。还应在升降位置中选间距 30～40cm 的三点，施加荷载 3 次，每次保持 3min，相邻两次之间间隔 3min。在施加荷载时进行升降及旋转操作，以试验过程中试品各部件完好，未发生损伤，活动部件运动灵活、无卡住现象为合格。

3. 安全带挂点的冲击负荷试验

在绝缘平台安全带挂点位置系以能承受冲击负荷的绳索，按表 6-6 中各级别的额定荷载值悬挂的同样重量的重物。使重物从平台安全带悬挂处自由落体，行程高度为 1m，冲击 3 次，每次间隔 3min。试验后挂点及与挂点相连接的各部件完好，未发生裂纹、永久变形和损伤等现象为合格。

（四）绝缘平台的电气试验

绝缘平台加工制作完成后，其整体的电气性能应满足表 6-7 和表 6-8 的要求。各类抱杆式绝缘平台的整体电气试验布置如图 6-19 所示，在①②③④处接高压电极。

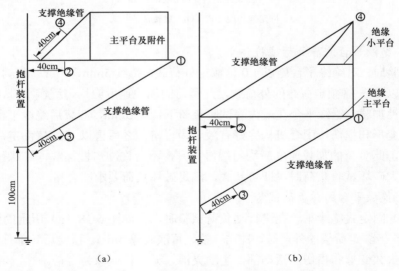

图 6-19　各类绝缘平台的工频耐压试验布置图

（a）固定式和旋转式；（b）旋转带升降式

（1）工频耐压试验。施加规定的工频试验电压进行试验，以无击穿、无闪络及无明显过热为合格。

（2）泄漏电流试验。将试品安装在试验电极上，接地极应距地面 1m 以上，在试验电极间施加规定的工频试验电压，达到规定施加的耐受电压后保持规定的时间，试品的泄漏电流小于规定值且试品无击穿、无闪络为合格。

表 6-7 绝缘平台交流耐压试验

额定电压 /kV	海拔 H /m	试验长度 /m	预防性试验		
			试验电压 /kV	试验时间 /min	试验周期
10	$H \leq 3000$	0.4	45	1	12 个月
	$3000 < H \leq 4500$	0.6	45	1	12 个月
20	$H \leq 1000$	0.5	80	1	12 个月

注 试验中试品应无击穿、无闪络、无过热。

表 6-8 绝缘平台交流泄漏电流试验

额定电压 /kV	海拔 H /m	试验长度 /m	预防性试验		
			试验电压 /kV	绝缘电流 /μA	试验周期
10	$H \leq 3000$	0.4	20	≤200	12 个月
	$3000 < H \leq 4500$	0.6	20	≤200	12 个月
20	$H \leq 1000$	0.5	40	≤200	12 个月

三、抱杆式绝缘平台的使用

1. 绝缘平台的安装步骤

（1）绝缘平台安装区周围设置防护围栏，悬挂警示标志牌，设专人监护。

（2）安装绝缘起吊支架。杆上电工登杆至平台预定安装位置下侧站立，将绝缘起吊支架安装于电杆上，绝缘滑车组固定于绝缘起吊支架内。

（3）安装绝缘平台固定架。地面电工将绝缘平台固定架的伸缩式紧固器拉出后，绑扎牢固传递至杆上电工。利用固定铰链绕抱电杆一周，插入保险销后按下紧固器保险，将紧固器弹紧，拧锁紧阀螺栓。

绝缘平台安装必须平衡且固定架牢固可靠；禁止使用平台固定架、平台安全挂环等作为起吊物挂点；绝缘平台及其附件起吊时应采取防止平台摆动、磕碰杆体、与其他带电设备安全距离不足等安全措施。

（4）拆除绝缘平台。拆除绝缘平台时与安装顺序相反，禁止将绝缘平台固定架和绝缘平台同时拆卸传递，避免磕碰对平台连接件和绝缘层造成损伤。

2. 绝缘平台的运输与保管

（1）运输搬运过程中，应轻拿轻放，金属工具和绝缘工器具应分开装运，以防止相互碰擦造成外表损坏，降低绝缘工器具的绝缘水平，严禁尖锐硬物碰伤绝缘管件和施压其他重物。

（2）绝缘平台应存放在通风良好、清洁干燥的带有专用支架的工具房内，距地面高度至少 20cm，工具房门窗应密闭严实，地面、墙面及顶面应采用不起尘、阻燃材料制作。

（3）绝缘平台及附件在工作现场应放置于干净清洁的帆布上，严禁将绝缘平台及附件直接接触地面。

（4）绝缘平台使用后，绝缘部件应使用不起毛的棉布擦拭，或使用低浓度洗洁溶剂（溶剂与水的比例约为 1:1.5）进行清洁。不得使用带有毛刺或具有研磨作用的擦拭物擦拭。

（5）蜗轮、蜗杆等关节部位每半年应加注一次润滑油，以减少磨损、延长使用寿命。

3. 使用时的注意事项

（1）作业人员必须认真检查绝缘平台的部件是否齐全、完好，连接是否可靠。对传动机构进行试操作，确认传动机构正常，操作制动可靠。绝缘平台的组成部件出现裂纹、弯曲变形、脆裂、污秽、潮湿时，禁止使用。

（2）绝缘平台的安装方法、步骤应正确、牢靠，安装位置应便于进行带电作业及作业后的拆除平台工作。

（3）绝缘平台为单人作业平台，平台上作业人员及工具设备的总重量不得超过其额定荷载。安装完毕后应对平台进行承载冲击，确保满足承载作业人员荷重，严禁超载作业。

（4）在绝缘平台上作业时，人体、工具及材料与邻相带电体和接地体（包括杆塔及金属横担）的安全距离都应满足表 3-5 的要求，达不到时应用绝缘用具进行可靠的绝缘遮蔽隔离，绝缘遮蔽重叠部分应不小于表 6-9 的要求。

表 6-9　　　　　　　　　　　绝缘遮蔽的重合长度

额定电压/kV	海拔 H/m	重合长度/mm
10	$H \leqslant 3000$	150
	$3000 < H \leqslant 4500$	200
20	$H \leqslant 1000$	200

（5）严禁在绝缘平台工作区域以外进行作业，作业人员正常工作范围与接

154

地部分应保持 0.4m 以上安全距离。

（6）绝缘平台应有明显的有效绝缘长度（不少于 1m）限位装置，人员作业时应始终保持有效绝缘长度，不得超越平台有效绝缘长度限位装置。

（7）绝缘平台在升降、旋转时应缓慢移动，动作平稳，防止与电杆、导线、电气设备及周围障碍物碰擦，不得将隔离开关、横担、绝缘子、金具等放置在绝缘平台上。

（8）杆上及平台上作业人员应使用工具袋，工器具以及材料应使用绝缘绳传递，防止落物伤人。

（9）绝缘平台作业人员必须穿戴全套合格绝缘服，使用"全身式"双重后备保护安全带且应挂在不同的牢固可靠构件上。

6.3 作业机器人

配电带电作业工作中，常规采用操作人员直接使用作业工具完成作业任务，如图 6-20 所示。该种方法存在劳动强度大、效率低、作业对象复杂多变以及作业环境恶劣等问题。随着电子技术和计算机技术的发展，机器人在许多领域得到广泛应用，及时研究开发以带电作业机器人为代表的新一代带电作业装备对配电带电作业的长远发展有着重要意义，如图 6-21 所示，该作业机器人能够完成多项带电作业任务，减轻劳动强度，作业人员与高压电场隔离从而最大限度保证作业人员安全。

图 6-20　人力作业方式　　　　　　图 6-21　机器人作业方式

一、作业机器人简介

带电作业机器人是一门边缘交叉学科，它涉及了高电压绝缘、计算机、机械、液压、自动化、传感器和机器人技术，是多领域技术的综合，其发展需相关学科的配合与支持。一个结构完整、功能完善的机器人包括传感器信息采集系统、控制决策系统、信号传输系统、执行机构、动力源和绝缘安全防护系统 6 大部分。

（1）传感器信息采集系统。由内部传感器和外部传感器组成，完成内部的位置、速度、加速度等信息及外部环境空间位置、距离信息的采集。

（2）控制决策系统。由中央处理器（计算机）、人机交互控制器组成，完成信号的处理、任务规划等。

（3）信号传输系统。由操作员、信号传输装置组成，完成控制信息和内、外部信息的传递。

（4）执行机构。由行走机构、专用工具及机械臂组成，完成具体的作业任务。

（5）动力源。由发电机、液压泵、蓄电池组成，给控制系统和执行机构提供必需的动力。

（6）绝缘安全防护系统。为机器人系统、操作人员、电网设备提供必需的安全措施。

1．基本结构及特点

（1）基本结构。作业机器人从整体结构上主要有两种形式：①操作人员在高空工作室内，以控制手柄或主手控制器为媒介，对机器人进行高空控制作业的形式，如图6-22（a）所示。这种方式操作人员在高空进行遥控，以绝缘斗为保护装置，直观明了地观察作业进展，减少操作难度，操作效率高，但未能使操作人员完全脱离电离辐射和高空作业的危险；②操作人员位于地面控制室，通过高空机器人视觉系统完成遥控的形式，如图6-22（b）所示。这种方式操作人员在地面控制室，虽不能直接近距离观察作业对象，影响作业效率，但该种方式下操作人员远离高压设备，避免高空跌落事故发生。

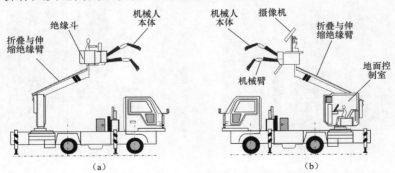

图6-22　带电作业机器人示意图
（a）高空控制机器人；（b）地面控制机器人

虽然两种机器人作业方式有所差异，但基本结构大体相同，均由以下几部分构成：机器人作业平台（机器人本体、机械臂绝缘子支撑）、工作平台（绝缘斗/地面控制室）、折叠与伸缩绝缘臂、控制装置、底盘卡车等组成。若按其功能来划分又可分为四个模块：主从操作机械臂、升降系统、专业作业工具和绝缘防护系统。

主从操作机械臂是完成带电作业的核心部件，其主要由机械臂、主手、液压系统、主从控制单元四部分组成，如图 6-23 所示。采用光纤通信，有效隔离高压电场对操作人员造成的人身伤害。操作主手与从手机械臂同构，从手通过液压系统完全跟随主手运动并带有力反馈功能，极大提高操作者意识。

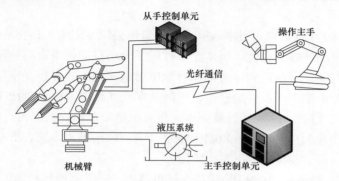

图 6-23　主从操作机械臂原理示意图

机械臂的驱动方式有液压驱动和电动机驱动。电动机驱动是带电作业机器人领域最常用的驱动方式。电动机容易起动，适合精密的操作任务，力矩电动机能够在低速运行或长期独转时产生大的转矩，具有反应速度快、转速波动小、机械特性好、线性度高等优点，适合在小型节能、高精度机器人方面做执行元件。液压驱动动力性能好、响应快、传动功率密度大，使系统结构紧凑、质量减轻、可提供较大的功率，实现精确的位置、力度控制等，但是需要一套专门的液压泵站，维护的工作量比较大，难以实现编程的功能，而且成本较高。

（2）主要特点。带电作业机器人的构成和功能决定了它具有以下特点：

1）安全性。带电作业机器人要有可靠的绝缘安全防护措施，带电作业时只能对所需更换或检修的部件进行操作，在任何情况下，不能造成相间和接地故障，同时要确保操作人员的人身安全。

2）程序性。只要变更操作软件，就能变更判断基准，改变动作顺序。例如：进行绝缘子更换时，可根据绝缘子的形状（柱式绝缘子、悬式耐张绝缘子等）自动变更作业策略，以提高作业的实用性。

3）适应性。根据环境和作业目标的情况，能进行作业质和量的调整。如进行带电修补导线时，能根据电压等级、电流大小、绝缘导线或裸导线等因素，按相关标准规定进行修补，提高作业的适应性。

4）通用性。带电作业机器人机械臂末端执行器要有统一的机械和动力接口，只要改变专用工具，即可另作不同用途。如携带断线工具可以断线，携带绝缘导线剥皮器即可剥除导线绝缘皮。

带电作业机器人实现了带电作业的自动指挥与控制，能按照存储在其内部的信息或根据外部环境提供的一些引导信息，规划出相应的作业策略，完成指定的带电作业工作。

2. 日本作业机器人

20 世纪 80 年代后期，日本政府人口普查结果预示未来人口将逐步老龄化，劳动力不足日趋严峻。由此，日本全国掀起了一场自动化革命的热潮。九州电力公司走在自动化革命前列，考虑原有配电带电作业方式存在高空坠落及触电风险，为使配电带电作业更加安全、更高效率，九州电力株式会社（KEPCP）与安川机器人公司于 1984 年开展合作，研究配电带电作业机器人。截至目前，日本已成为当今配电带电作业机器人最早开展、成果最为丰富、产业化应用最广泛的国家。其主要经历以下三个阶段：

第一阶段（1984～1989 年）：第一代机器人——手动操作机器人。

第二阶段（1990～1997 年）：第二代机器人——半自动机器人。

第三阶段（1997～至今）：第三代机器人——全自动机器人。

三代机器人的基本情况见表 6-10。

表 6-10　　　　　　　　日本不同阶段带电作业机器人基本情况

类别	第一代（手动模式）	第二代（半自动模式）	第三代（全自动模式）
工作环境			
作业方式	在高空绝缘斗内实现控制	在地面操作室内实现控制	全自动作业方式，无需人工操作
人员安全性	低的高空跌落风险	无风险	无风险
技能要求	中等熟练程度	一般熟练程度	无要求（最终）
人员需求	3 人	2 人	1 人

第一代机器人以手动方式进行作业，采用两个自由度机械臂设计，驱动方式主要采用电机驱动和液压驱动两种方式，如图 6-24 所示。作业人员在高空绝缘斗内进行操作，同时观察工作进展情况。该机器人参加作业工作时需至少三名工作人员，其中一人位于高空近距离控制机械手，另一人在地面通过遥控配合控制，还需配备一名安全监督员。

（a）   （b）

图 6-24　第一代机器人

（a）电动机驱动；（b）液压驱动

第二代机器人在第一代的基础上增加了视觉定位系统、工具自动更换装置、人机交互及语音识别等功能，提高了作业人员效率，因此称为半自动化的带电作业机器人，如图 6-25 所示。通过机器人本体上安装的高清摄像头将画面传到地面操作室，工作人员在地面对机器人进行远程操作，避免了直接接触高压带电设备、高空跌落等危险。另外，在人员配备方面需至少两名工作人员。一人位于地面控制室内通过主控显示器操控机械手，另一名担任安全监督员。

第三代以全自动的方式进行作业，取消了控制室，仅需配备一名安全监督员在作业现场通过手持终端进行监督即可，使作业人员完全从生产力中解放出来。第三代机器人本体结构形式虽和第二代差不多，但智能程度大幅提升。搭载三维视觉系统，自动识别工作环境并通过人工智能完成判断及操作；融合应用了数据通信技术、立体视觉定位技术、计算机控制技术与模式识别技术等，做到作业前期自主定位、作业过程自主控制完成、作业结束自主检查任务的质量并修正。

总结日本带电作业机器人的发展史，在机器人进入实用化之前，很多日本学者普遍认为，相比于人工带电作业，九州电力公司投资的作业机器人将和其他重型设备如电缆车、车载变压器、车载发电机一样，因价格昂贵且维修成本高而不告而终。但事实证明，经过多年的常规部署，通过效益分析，带电作业机器人带来的经济效益逐年提高，远超预期水平，如图6-26所示。

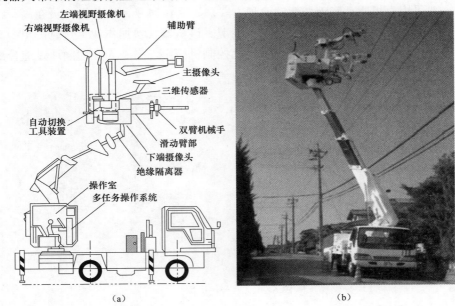

（a）

（b）

图6-25　第二代机器人

（a）整体构造；（b）实物图

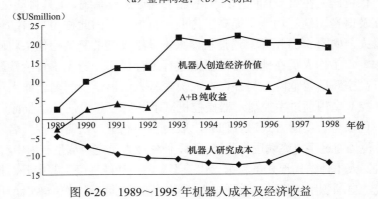

图6-26　1989～1995年机器人成本及经济收益

　　截止到21世纪初，日本本土已有93台机器人在开展带电作业，根据历史数据统计的不同年份带电作业事故数量如图6-27所示。相比于传统人工作业方式，机器人的普及，使带电作业电击事件急剧下降，一线配电工人的安全得到了相应的保障。

　　3.　中国作业机器人

　　随着国外掀起的带电机器人研究热潮，中国供电企业也认识到应用作业机

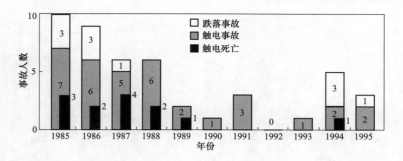

图 6-27   1985～1995 年九州及其子公司带电作业事故

器人的重要性，但受限于国外机器人成本较高且配电网电压等级有所差异。因此，立足于本国实际情况，研发适合本国实际的带电作业机器人是非常必要。受限于诸多因素，研究起步相对较晚，自 20 世纪 90 年代末才开始，短短的十几年，经历了三个阶段的研究工作：

第一阶段采用两台 MOTOMAN 机械臂进行带电作业，操作人员通过键盘简单地控制机械臂的运动，由于当时技术的限制和控制系统不对外开放等原因，不能实现主从控制，局限性较大。

第二阶段采用主从控制方式，采用自主研制的电动机驱动机械臂，操作人员通过两种方式对机械臂进行控制，一种是主手操纵杆，另一种是键盘或手持终端。能够实现两种控制方式：当机械臂与目标物体距离较远时，能够对机械臂实现主从控制；在近距离情况下实现自动控制。然而受自重限制，并不符合绝缘斗臂车所具有的硬件要求。

第三阶段采用液压驱动方式，由国家电网有限公司长治供电公司与山东鲁能技术有限公司合作研发，具有多级绝缘防护措施，该机器人真正实现了把操作人员从高空、高压、强电磁场的恶劣环境中解放出来，最大限度地保证了作业人员的安全。目前这台机器人正式上岗使用，能完成相关带电作业内容，如断线、接线、更换绝缘子等，如图 6-28 所示，这标志着中国带电作业机器人已经达到一定的实用程度。但因其机械臂无安装力反馈系统，造成操作主手无法感知从手力度，不能完成较精细复杂的作业任务，给作业内容和作业效率带来很大的局限。

2012 年，中国国家"十二五"高新技术发展规划（"863 计划"）先进制造技术领域"公共安全与救援机器人"重点项目课题，对"面向电力带电抢修作业机器人研究开发与应用"进行了立项研究，相信不久将来中国带电作业机器人必将走向大规模实用化道路。

图 6-28 中国第三代机器人

（a）作业机器人待作业准备；（b）作业机器人绝缘遮蔽；（c）作业机器人更换绝缘子；

（d）作业机器人剥皮操作

4. 其他国家的作业机器人

20 世纪 80 年代开始，许多国家也先后开展了带电作业机器人的研究，如美国、加拿大、韩国、西班牙、法国等。

美国电力研究院在 1985 年开始了 TOMCAT 的研究，其第一代产品采用操作人员在地面遥控的方式，单机械臂的主从控制机器人，仅装有液压驱动的机械臂，机械性能较差。目前，美国最新一代的 TOMCAT 在绝缘防护水平上有所突破，支持在极端恶劣的天气下进行带电作业。

加拿大 Hydro-Quebec 研究院也在 20 世纪 80 年代中期开展了高空带电作业机器人的研究。该作业机器人机械臂也是液压驱动的，作业形式与日本的第一代产品很相似，操作人员在安装于升降机构末端的绝缘斗内进行遥控操作，该机器人的绝缘等级达到 25kV。

同一时期，法国也曾开始了 2 个带电作业机器人项目的研究。一个是在 20世纪 90 年代由法国电力公司（EDF）支持进行的，但受限于技术难题和科研经费有限，最终中途搁置。直到 90 年代末期，受到日本安川电机与九州电力株式会社的支持，欧洲综合电机制造厂家 Thomson-CSF 着手开展研究，并顺利完成了机器人样机，但实用化仍停滞不前。

西班牙在参照日本第二代带电作业机器人的基础上，于 1994 年完成各项研发，并完成本国 69kV 及以下的带电作业。该机器人安装两个 6 自由度机械臂，并配备有 3 自由度的辅助臂。

总之，随着人类科技和经济的发展，带电作业机器人作为新一代的作业工具将得到越来越广泛的应用。同时，我国现阶段带电作业机器人尚没有相应的技术标准，还需研究制定其系列技术标准，以利于带电作业机器人的健康发展。

二、作业工器具

1. 电动夹持手

带电作业机器人工作任务多样，但无论进行何种作业，左臂的作用都为抓取部件，右臂任务根据不同作业内容而变化。如更换跌落式熔断器时，在任务的不同阶段，左臂的夹持对象分别为上引线、跌落式熔断器、横担、下引线等，而右臂的任务则分别为断线、拧螺母、夹持绝缘子、接线等。因此左臂末端安装一个具有一定机械自适应能力的夹持手，能抓住不同形状的物体且抓持力大、传动效率高、结构简单、自重轻。电动夹持手如图6-29 所示。

2. 绝缘线自动剥皮器

剥皮器主要由减速直流电动机、连杆、遥杆、棘爪、曲柄、刀头等六个部分构成，如图 6-30 所示。该剥皮器具有设计合理、便于机械手夹持操作、压线过程牢固可靠、能自主实现自动剥皮等功能。此外，还能实现速度可控可调，符合配电带电作业要求。

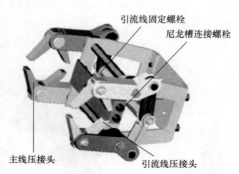

引流线固定螺栓

尼龙槽连接螺栓

主线压接头

引流线压接头

图 6-29　电动夹持手

3. 多功能分体式电动扳手

带电作业过程中机器人使用电动扳手完成紧固螺母、夹紧线夹等，其结构如图 6-31 所示，适用于 M8～M14 型号螺母，最大输出扭矩 118N·m。

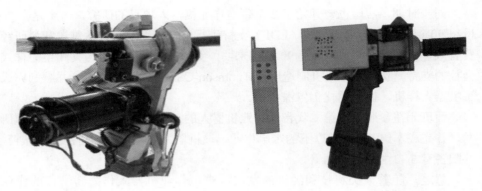

图 6-30　自动剥皮器　　　　　　　图 6-31　电动扳手

4. 破螺母工具

针对配电线路上存在已生锈或无法拆卸的螺母器件，使用破螺母工具进行剖切。其主要结构由电动机、电源开关、工作头、传动机构、外壳、手柄、电池和充电器等组成，如图 6-32 所示。使用高能量的电池作为电源，自重轻，适用配电杆塔等高空作业。工具设计紧凑、使用方便，可调节所破螺母的大小，能破切螺母对边 17～36mm，每个破碎时间仅为 10s。此外，工作头 360°可旋转，适合不同的工作角度。

5. 断线钳

电动断线钳工具的基本结构由电动机、传动机构、工作头、外壳和手柄、电源开关、电池和充电器等组成，如图 6-33 所示。机器人使用电动断线钳工具作业，便于夹持操纵。在电动断线钳工具传动部分的尾部加装控制盒，以便于远程遥控。

图 6-32　破螺母工具　　　　　　　图 6-33　断线钳

三、绝缘性能试验

绝缘性能是作业机器人最为重要的安全指标，下面介绍 10kV 电压等级的配电带电作业机器人的试验标准。

1. 绝缘机械臂试验

（1）交流耐压试验。交流耐压试验主要分为两部分：两绝缘机械臂交流耐压试验和机械臂与工作平台间的交流耐压试验，具体如图 6-34、图 6-35 所示。其中，两绝缘机械臂交流耐压试验主要方法为：在其中一个机械臂末端施加工频交流电压，另一只机械臂末端接地，施加电压值见表 6-11。

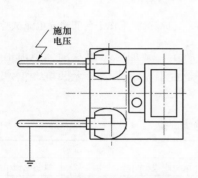
图 6-34 两机械臂交流耐压试验

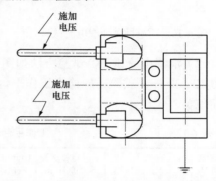
图 6-35 机械臂和工作平台间交流耐压试验

表 6-11 机 械 臂 绝 缘 试 验

额定电压 /kV	试验部位	1min 工频耐压试验 /kV	交流工频泄漏试验	
			试验电压/kV	泄漏电流/µA
10	机械臂末端与工作平台间	45	20	≤500
	两机械臂末端	45	20	≤500
20	机械臂末端与工作平台间	80	40	≤500
	两机械臂末端	80	40	≤500

（2）泄漏电流试验。与交流耐压试验一样，同样分为两部分：两绝缘机械臂泄漏电流试验和机械臂与工作平台间的泄漏电流试验，如图 6-36、图 6-37 所示。其中两部分试验电极均采用 12.7mm 的导电胶带，施加电压值及泄漏电流值见表 6-11。

2. 工作平台试验

（1）交流耐压试验。如图 6-38 所示，将锡箔纸贴在工作平台上下侧且锡箔纸与工作平台边沿距离 h 不大于 150mm，试验过程中采用 12.7mm 的导电胶带，试验参数要求见表 6-12。

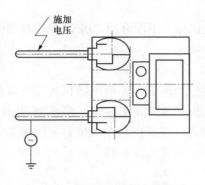

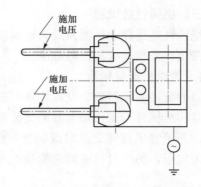

图 6-36　两机械臂泄漏电流试验　　　　图 6-37　机械臂和工作平台间泄漏电流试验

（2）泄漏电流试验。试验方法如图 6-39 所示，施加电压值及泄漏电流值见表 6-12。此外，试验前应检查工作平台表面是否平整、光洁、无凹坑、憎水及麻面现象。

表 6-12　　　　　　　　　　　　工作平台表面绝缘试验

额定电压/kV	海拔 H /m	内外电极试验沿面间距/m	1min 工频耐压试验/kV	交流泄漏试验		
				试验距离/m	试验电压/kV	泄漏电流/μA
10	H≤3000	0.4	45	0.4	20	≤200
	3000<H≤4500	0.6	45	0.6	20	≤200
20	H≤1000	0.5	80	0.5	40	≤200

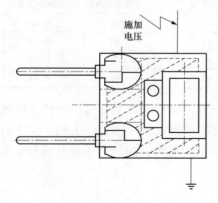

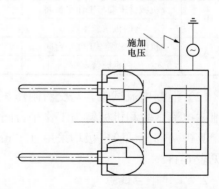

图 6-38　工作平台交流耐压试验示意图　　图 6-39　工作平台交流泄漏电流试验示意图

7 中压配电带电作业技术

本章首先介绍了中压配电带电作业的基本程序与方式，然后分别介绍中压配电带电作业中五项简单常规项目和五项复杂综合项目共十个典型项目的作业技术，指导现场带电作业操作。

7.1 作业基本程序与方式

一、作业的气象条件

1. 气温的影响

气温对带电作业安全的影响应从两个方面考虑。

（1）气温对人体素质产生影响。气温过高或过低影响人体舒适度和体能，特别是过低气温将直接影响到体力的发挥和操作的灵活性与准确性，过高的持续高温会使人中暑，也将直接影响体能。由于我国幅员辽阔，气象条件差异很大，作业人员对气温的适应程度各不相同，因此确定带电作业极限气温时要因地制宜。

（2）设计带电作业工具时也必须考虑气温对使用荷重（如导线张力）的影响，以便能根据适当的气温条件设计出安全、轻便、适用的工具。

2. 风力的影响

风力对带电作业的影响是多方面的。

（1）增加空中操作难度。过强的风力影响间接操作的准确性，使各种作业器具和绳索难以控制，过大的风力也给杆塔上下指挥信息的及时传递造成困难。

（2）会降低安全水平。过大的风力会增加工具承受的机械荷重（水平风压荷重），导线风偏增大而改变杆塔的净空距离，风向和风力会改变电弧延伸方向和延伸长度。一般情况下，风力大于 10m/s 时，不宜进行带电作业。影响风速的主要因素为气象因素和地形因素，气象因素主要包括温度、气压和湿度等，地形因素包括地貌和地表障碍等，各种因素对风速的影响是一个非线性的关系，因此，作业现场应观察地面物象、测量风速实际值进行校验。风力等级与风速对照见表 7-1。

表 7-1 风力等级与风速对照表

风级	名称	风速/（m/s）	陆地物象
0	无风	0～0.2	微烟直上
1	软风	0.3～1.5	烟示风向
2	轻风	1.6～3.3	感觉有风
3	微风	3.4～5.4	旌旗展开
4	和风	5.5～7.9	吹起尘土
5	劲风	8.0～10.7	小树摇摆
6	强风	10.8～13.8	电线有声
7	疾风	13.9～17.1	步行困难
8	大风	17.2～20.7	折毁树枝

3. 雷电的影响

作业区 20km 以外的远方雷电活动对带电作业构成的影响，在制订安全距离时已进行了充分考虑。但是，判断现场作业区附近是否发生雷电活动，仍然是保证带电作业安全的关键，因为近距离直击雷和感应雷形成的过电压幅值将远超制订安全距离时估计的数值，危险性很高。所以天气突变后，乌云密布是雷电的前奏，要有足够的预见性，凡是带电作业时可闻雷声或可见闪电，都应密切关注雷电活动的发展趋势和沿线路路径方向的情况，判断是否可能波及作业现场，并果断采取暂停作业等措施。

此外，雷电时过电压（又称为大气过电压）也是对带电作业人员安全的一大危害。无论是感应雷或是直接雷击在导线上所引起的过电压，都有使设备绝缘和带电作业工具遭受破坏的危险。所以，有雷电的天气是不准许进行带电作业的。

4. 雨、雪、雾和湿度的影响

雨水淋湿绝缘工具会增加泄漏电流并引发绝缘闪络（如绝缘杆闪络）和烧损（如尼龙绳索熔断），造成严重的人身或设备事故。所以，不仅雨天不得进行带电作业，而且还要求工作负责人对作业现场是否会突然出现降雨要有足够的预见性，以便及时采取果断措施中止带电作业。

雾的成分主要是小水珠，对绝缘工具的影响与雨水相似，只不过绝缘受潮的速度相对缓慢些，雾会导致空气湿度相当高，因此雾天禁止带电作业。

严冬降雪一般对绝缘工具的影响较小，因为一旦发现降雪是可以从容撤出绝缘工具的。但初春降下的黏雪会很快溶化为水，它与空气中的杂质搀合在一起时，降低绝缘的效果甚至比雨水还要更严重。所以，一旦作业过程中突然降黏雪，工作负责人应按降雪情况应急处理。

目前带电作业所用的绝缘工具，多用环氧树脂和聚氯乙烯等弱极性介质材料制成，表面具有较高的绝缘电阻和憎水性能。但是一旦在阴雨潮湿天气进行间接带电作业，会使长时间暴露在大气中的绝缘工具受潮、受污，由于水和污秽中的杂质多属强极性介质，将会影响绝缘工具表面，绝缘电阻显著下降，并伴随着沿面泄漏电流相应增大。如果沿面脏污受潮不匀，在外加电压作用下，还会导致绝缘工具的分布电压不均匀，从而使绝缘工具的放电电压降低。因此，保持绝缘工具表面完好清洁、干燥，是保证人身安全的重要措施。

5. 海拔高度的影响

海拔越高，空气越稀薄，放电越容易，放电电压越低，为弥补放电电压的降低，在高海拔地区带电作业的安全距离和工器具的有效绝缘长度都要加以修正。本章及第九章的作业技术，以海拔不超过 3000m 的地区的 10kV 线路为例进行介绍，超过 3000m 的地区应参照有关规定修正增加。

综上所述，带电作业一般应在良好天气下进行，在风力不超过 10m/s，气温与当地条件适宜，作业区域及其附近无雷电活动，比较干燥的天气进行为宜。如遇雷、雨、雪、雾，则不准进行带电作业，风力大于 10m/s 或相对湿度大于80%时，一般不宜进行带电作业。夜间抢修作业应有足够的照明。

如果必须在恶劣天气下进行带电抢修时，应组织带电作业人员充分讨论，采取可靠措施，并经带电作业专业工程师审核，主管生产的单位领导或总工程师批准后方可进行。

二、作业基本程序

中压配电带电作业必须严格按照相关的作业程序进行，确保安全有序。

（一）工作前准备

（1）现场勘察。了解现场线路状况和杆塔及其周围环境、地形地貌状况等，判断能否采用带电作业以及确定现场作业方案。

（2）查阅有关线路的技术资料。了解有关图纸资料、线路及设备的规格型号、性能特点、受力情况；明确系统接线的运行方式，选用作业方法及作业器具，判断是否停用馈线断路器重合闸。

（3）了解计划作业日期的气象条件。满足前面所述的气象条件方能作业。

（4）组织现场作业人员学习作业指导书，理解、掌握整个操作程序。

（二）作业前开展危险点分析

针对作业项目特点、作业方法、使用的作业工器具可能发生的异常以及天气突变等状况造成的作业危险点进行分析，并提出相应的预控措施。

（三）开工作业

1. 开工准备

（1）工器具及材料检查与备料。根据作业内容与方法准备所需的工器具和材料，进行必要的检查，确保合适、可用和足够。

（2）办理带电作业工作票。

（3）召开班前会。主要是作业人员的分工、向工作班成员布置工作任务、交待安全措施、注意事项以及工作班成员确认的过程，所有工作人员应明确领会。

（4）馈线已停用重合闸（对于需停用重合闸的作业项目），工作票得到许可人许可后方可准许开始工作。

2. 现场作业

（1）工器具及材料检查。工作负责人监督、检查作业人员是否正确佩戴个人安全防护用具。工作班人员对所使用工器具进行检查，核对工具是否齐全。工具使用前，应仔细检查其是否损坏、变形、失灵。检查绝缘工具时应戴清洁、干燥的纱手套，并应防止绝缘工具在使用中脏污和受潮。登杆作业的还应检查杆根、基础、拉线是否牢固，确认登杆工具完整、良好。

（2）地面人员对作业涉及的范围装设好安全围拦网、标志，防止车辆、行人进入。车辆和行人出入频繁的复杂地段还应设专人看护。

（3）绝缘斗臂车停放至预定位置，并试操作检查。将绝缘斗臂车可靠接地，在地面操作台操作绝缘斗臂车，将绝缘斗升到预定位置，试操作一次，确认绝缘斗臂车液压、传动、回转、升降系统正常，操作、制动装置可靠。作业人员操作绝缘斗臂车绝缘斗时动作应保持平稳，工作负责人协助监护、观察周围环境并及时提醒。两名绝缘斗臂车斗内作业人员穿戴好绝缘防护用具，携带绝缘绳索及部分小工具进入绝缘斗臂车斗内。

（4）绝缘遮蔽。作业人员相互配合使用绝缘用具（绝缘遮蔽罩、绝缘毯等）依次将不能满足安全距离的带电体、接地体遮蔽隔离。安装绝缘遮蔽时应按照由近及远、由低到高依次进行，多层遮蔽由内向外，外层应延伸重叠覆盖遮蔽，拆除时的顺序与之相反。

（5）进行项目的操作作业。

（四）完工

（1）清理现场及工具，认真检查杆（塔）、导线、设备上有无留遗物，工作负责人全面检查工作完成情况，确认无误后撤离现场，做到工完、料净、场地清。

（2）汇报许可人工作结束并终结工作票。

（3）开班后会总结当日工作，做好工作记录。

（五）相关安全措施

（1）确保作业人员的安全距离。如 10kV 线路作业时，人体、工具及材料与相邻带电体的安全距离不得小于 0.6m，人体、工具及材料与接地体的安全距离不得小于 0.4m，达不到要求时应用绝缘遮蔽用具作可靠的绝缘隔离。绝缘隔离措施的范围应比作业人员活动范围增加 0.4m 以上。

（2）作业过程要防止导线、引线摆动造成相间碰线短路。

（3）严禁不合格工器具带入现场。作业前，应仔细检查其是否损坏、变形、失灵；作业中，防止绝缘工器具脏污和受潮；组合使用不同绝缘遮蔽用具时，相互间的搭接部分长度不得小于 0.15m。

（4）现场作业人员应正确佩戴合格的安全防护用具。

（5）作业现场必须设专人监护，监护人不得兼做操作工作，监护的范围不得超过一个作业点。

（6）控制作业时间。根据人体的生理机能，原则上控制作业人员实际带电作业的连续时间，必要时可以采取两班交替作业。

（7）必要时退出馈线断路器重合闸。下列情况之一者应停用重合闸，并不得强送电。

1）配电网中性点有效接地的系统中有可能引起单相接地的作业。

2）配电网中性点非有效接地的系统中有可能引起相间短路的作业。

3）工作票签发人或工作负责人认为需要的作业，如有些配电带电作业项目因绝缘防护低于内部过电压的最大值，需要将断路器的重合闸退出，防止重合闸操作产生过电压，保证作业人员的安全。

（8）在带电作业过程中如设备突然停电，作业人员应视设备仍然带电。

三、作业指导书

为规范现场作业的标准化，确保现场作业安全和质量的全过程可控、在控，应全面推广应用带电作业指导书。通过作业指导书规范生产作业人员工作行为和工作程序，不断提高实际操作技能，减少习惯性违章，最大限度地避免人为责任事故。

配电带电作业必须根据不同的作业项目，结合现场特点编写、应用标准化作业指导书，将作业程序、组织措施、安全措施、技术措施与现场规程、操作规程等融为一体，通过学习应用，使作业人员按照工作程序操作，从而保证安全、高效地完成各项作业任务。作业指导书分编写审批和学习应用两个阶段。

1. 编写审批

依据有关规章制度和作业要求，结合作业现场实际编写现场作业指导书。编制作业指导书时应对作业现场和作业过程中的危险点进行分析，提出完整、规范的组织措施、技术措施、安全措施。作业指导书还应进行审核和审批，并实施动态管理，及时进行检查总结、补充完善。

2. 学习应用

经批准的作业指导书，组织所有作业人员学习，在开工前领会作业内容、作业要领，全面广泛地推进现场标准化作业，实施对现场作业安全、质量的全过程管理，遵照规章制度，结合作业现场实际，认真开展现场标准化作业。《配电带电作业指导书》范本详见附录 1，读者可因地制宜地结合各自特点和不同现场情况制定并应用。

四、作业的基本方式

中压架空配电线路三相导线间的距离小且中压配电设施密集，因此作业人员容易触及不同电位的电力设施。不像高压线路及变电站那样有着较标准和规范的设计，中压架空配电线路的杆型、装置、绝缘子、导线布置等形式多样，有些线路杆塔与导线一杆多回、多层布置、互相交叉，这对开展带电作业是十分不利的。但是由于中压配电电压等级相对较低，可使用绝缘遮蔽器具来组成组合绝缘以弥补安全距离的不足，从而提高作业的安全度；另一方面，中压配电线路杆塔高度较低，线路通常在交通方便的道路两旁，能充分利用绝缘斗臂车进行作业，这些对中压配电带电作业的开展十分有利。

配电带电作业的绝缘遮蔽隔离措施是在带电体、接地体上安装一层绝缘遮蔽罩或挡板，来弥补空气间隙的不足。遮蔽罩或挡板与空气组合形成了组合绝缘，延伸了气体放电路径，提高放电电压值，从而提高作业的安全度。但采取这种防护措施应注意以下三点：①它只限于中低压配电网的带电作业；②它不起主绝缘作用，但允许偶尔的短时"擦过接触"，主要还是限制人体活动范围；③遮蔽罩应与人体安全防护用具并用。

中压配电带电作业一般是采用以绝缘斗臂车绝缘斗（臂）或绝缘平台为主绝缘、作业人员戴绝缘手套直接接触带电体，穿戴绝缘防护用具为辅助绝缘的直接作业方式。也有一些项目采用以绝缘工具为主绝缘、穿戴绝缘防护用具为辅助绝缘的间接作业，即作业人员借助绝缘工具进行作业，与带电体保持足够的安全距离，而且人体各部位通过穿戴绝缘防护用具（绝缘手套、绝缘服、绝缘靴、绝缘安全帽等）与带电体、接地体保持隔离。下面根据应用主绝缘的工具来划分，介绍其作业方式及其特点。

（一）绝缘手套作业

绝缘手套作业是指作业人员借助绝缘斗臂车或其他绝缘设施（人字梯、独脚梯、绝缘平台等）与大地绝缘，并戴绝缘手套直接接触带电体进行作业的方式，是配电带电作业的常用方法。作业人员应穿戴绝缘防护用具，与周围物体保持绝缘隔离，橡胶绝缘手套外还应套上防磨、防刺的防护手套。采用绝缘手套作业时，无论作业人员与接地体、带电体的空气间隙是否满足安全的作业距离，作业前均需对作业范围内临近的带电体和接地体进行绝缘遮蔽。在作业范围窄小、配电设施密集处，为保证作业人员对相邻带电体和接地体的有效隔离，在适当位置还应装设绝缘挡板以限制作业者的活动范围。需要说明的是，此时人体电位与带电体并不是同一电位，因此不应混称为等电位作业法。

1. 绝缘平台

这种作业方式中，绝缘平台起主绝缘作用，绝缘手套、绝缘靴起辅助绝缘作用。在相与相之间，空气间隙为主绝缘，绝缘遮蔽罩起辅助绝缘隔离作用，作业人员穿着全套绝缘防护用具（手套、袖套、绝缘服、绝缘安全帽等），形成最后一道防线，以防止作业人员偶然触及两个不同电位的部件造成电击。

2. 绝缘斗臂车

这种作业方式中，绝缘斗臂车的绝缘臂起主绝缘作用，绝缘斗、绝缘手套、绝缘靴起到辅助绝缘作用。同样，在相与相之间，空气间隙起主绝缘作用，绝缘遮蔽罩起辅助绝缘隔离作用，作业人员穿着绝缘防护用具（绝缘手套、绝缘披肩、绝缘安全帽），以防止作业人员偶然触及两个不同电位的部件造成电击。

（二）绝缘杆作业

绝缘杆作业是指作业人员与带电体保持足够的安全距离，通过绝缘工具接触带电体进行作业的方式。作业人员应戴绝缘手套并穿绝缘靴，在作业范围窄小或线路多回架设的线路，同时对带电体进行绝缘遮蔽。绝缘杆作业法既可在登杆作业中采用，也可在绝缘斗臂车的绝缘斗或其他绝缘平台上采用〔需说明的是，此时人体电位与大地（杆塔）并不是同一电位，与地电位略有差别，因此不应混称为地电位作业法〕。

1. 登杆作业

作业人员通过登杆工具（升降板、脚扣等）登杆至适当位置，系好安全带，保持与带电体电压相适应的安全距离，作业人员应用端部装配有不同工具附件的绝缘杆进行作业。

（1）以绝缘工具、绝缘手套、绝缘靴组成带电体与大地之间的纵向绝缘防护，其中绝缘工具起主绝缘作用，绝缘靴、绝缘手套起辅助绝缘作用，形成后备防护。

（2）在相与相之间，空气间隙是主绝缘，绝缘遮蔽罩则起辅助绝缘作用，组成不同相之间的横向绝缘防护，避免了因人体活动的动作幅度过大而造成相间短路。现场监护人员还应重点监护人体与带电体的安全距离、绝缘工具的最小有效长度，确保满足不同相、相对横担等接地体之间的距离要求。该作业方法的特点是不受交通和地形条件的限制，在绝缘斗臂车无法到达的杆塔均可进行作业，但空中作业的活动范围不及绝缘斗臂车作业的灵活和便利。

2. 绝缘平台

绝缘平台通常以纯平台、绝缘人字梯、独脚梯等构成，绝缘平台与绝缘杆形成组合绝缘起主绝缘作用，绝缘手套、绝缘靴起辅助绝缘作用。在相与相之间，空气间隙起主绝缘作用，绝缘遮蔽罩形成相间后备防护。因作业人员与带电部件距离相对较近，作业人员应穿戴全套绝缘防护用具，以形成最后一道防线，以防止作业人员偶然触及两相两个不同电位的部件造成电击。现场监护人员还应重点监护人体与带电体的安全距离、绝缘工具的最小有效长度，确保满足不同相、相对横担等接地体之间的距离要求。

3. 绝缘斗臂车

绝缘斗和绝缘臂形成组合绝缘，其中绝缘斗臂车的绝缘臂起到主绝缘作用。在相与相之间，空气间隙起到主绝缘作用，绝缘遮蔽罩则形成相间后备防护，作业人员距各带电体部件相对距离较近，所以必须依靠绝缘手套和其他绝缘防护用具形成最后一道防线，防止作业人员偶然触及两个不同电位的部件造成电击。现场监护人员还应重点监护人体与带电体的安全距离、绝缘工具的最小有效长度，确保满足不同相、相对横担等接地体之间的距离要求。

7.2　简单常规项目的作业技术

简单常规带电作业项目有修补导线、搭接（拆除）空载引流线、更换绝缘子（耐张杆、直线杆）、更换横担、更换（加装）避雷器等。在用电量快速增长的地区，搭接空载引流线（俗称带电接火）是最常开展的、也是最有意义的项目，它满足了业扩工程不停电作业的需要。另外，外力破坏损伤导线带来的导线修补等项目也经常进行。

一、修补导线

修补导线通常采用绝缘手套作业方式进行作业，下面介绍利用绝缘斗臂车进行作业的方法。

（一）作业人员构成与分工

（1）工作负责人 1 名，制定整个作业方案、安全注意事项、人员安排以及作业过程的安全监护。

（2）绝缘斗臂车斗内作业人员 2 名。

（3）地面作业人员 1～2 名，负责传递工器具、材料和现场管理。

（二）作业工器具及材料。

带电修补导线所需工器具及材料见表 7-2。

表 7-2 带电修补导线所需工器具及材料

名称	数量	名称	数量
绝缘斗臂车	1 辆	绝缘披肩	2 件
绝缘毯	6 块	绝缘安全帽	2 个
绝缘绳	1 条	绝缘手套	2 副
导线（跳线）遮蔽罩	4 条	羊皮手套	2 副
绝缘毯夹	12 个	对讲机	2 部
预绞式护线条	数量及型号根据现场情况而定	压缩型修补管	修补材料视现场勘查情况而定

（三）作业步骤

（1）工器具及材料检查并装设好安全围拦网、标志。

（2）绝缘斗臂车停放至预定位置，并试操作检查。

（3）带电体、接地体绝缘遮蔽。

（4）修补导线。

1）绝缘斗臂车斗内作业人员相互配合理顺断股导线，清除导线表面氧化层。绝缘斗臂车斗内作业人员在操作过程中必须满足对邻相带电体距离不得小于 0.6m，对接地体距离不得小于 0.4m，同时应尽量减轻导线的晃动，防止造成相间混线短路。

2）绝缘斗臂车斗内作业人员相互配合用修补材料对导线断股处进行修补。修补导线作业如图 7-1 所示。

（5）绝缘斗臂车斗内作业人员检查修补合格，无遗留物后拆除绝缘遮蔽，返回地面。

（四）注意事项

（1）修补导线动作要轻，斗内作业人员相互配合防止引线摆动造成相间碰线短路。

图 7-1　修补导线作业

（2）作业前应对作业对象所连接设备（临近）的接点情况进行检查，以确认其接触固定良好可靠。

（3）同杆架设的多回路线路应采取绝缘遮蔽隔离措施并注意保持足够的邻相安全距离。

二、带电搭接（拆除）空载引流线

（一）带电搭接空载引流线

带电搭接空载引流线是目前开展中压配电带电作业中最为频繁、最有实际意义的作业项目，常用于业扩新装用户的接电，也称"带电接火"。通常采用绝缘手套作业，在斗臂车不能到达的地方则一般采用绝缘操作杆作业。

1. 利用绝缘斗臂车的绝缘手套作业方式如下。

（1）作业人员构成及分工。

1）工作负责人 1 名，制定整个作业方案、安全注意事项、人员安排以及作业过程的安全监护。

2）绝缘斗臂车斗内作业人员 2 名。

3）地面作业人员 1～2 名，负责传递工器具、材料和现场管理。

（2）利用绝缘斗臂车带电搭接空载引流线所需工器具及材料见表 7-3。

（3）作业步骤。

1）工器具及材料检查并装设好安全围拦网、标志。

2）绝缘斗臂车停放至预定位置，并试操作检查。

表 7-3 利用绝缘斗臂车带电搭接空载引流线所需工器具及材料

名　　称	数量	名　　称	数量
绝缘斗臂车	1 辆	锲形线夹工具	1 套
绝缘毯	6 块	手动机械式切刀	1 把
绝缘绳	1 条	绝缘杆泄漏电流检测仪	1 套
导线（跳线）遮蔽罩	3 条	绝缘测距杆	1 把
绝缘卡线钩	1 把	绝缘安全帽	2 个
绝缘手套	2 副	绝缘导线剥皮器	1 把
羊皮手套	2 副	对讲机	2 部
绝缘披肩	2 件	锲形线夹	3 只
导线	根据需要定		

3）带电体、接地体绝缘遮蔽隔离。

4）搭接空载线路引流线如图 7-2 所示。

图 7-2　利用绝缘斗臂车的带电搭接空载引流线作业图

①绝缘斗臂车斗内作业人员测量出三相引流线长度，通知地面作业人员准备好引流线。

②地面作业人员配合将三相引流线传至绝缘斗臂车斗内。

③绝缘斗臂车斗内作业人员将引流线安装在不带电的进线电缆或支线空载线路上，做好带电搭接空载引流线的准备工作。

④作业人员使用绝缘导线剥皮器，对三相绝缘导线搭接点依次进行削皮（若裸

导线则省略这一步骤）。

⑤绝缘斗臂车斗内作业人员相互配合将所需搭接的引流线移至接点安装。引流线搭接前应用绝缘夹子或绝缘卡线钩固定，防止摆动。

⑥按照先难后易的顺序逐相完成三相引流线的安装。搭接引流线应遵循先远后近、先上后下的原则，搭接引流线前应核实相序无误。

5）工作完毕，检查导线和杆上无遗留物后拆除绝缘遮蔽，返回地面。

（4）相关注意事项。

1）搭接引流线前应用绝缘卡线钩固定，防止引流线摆动，移动引流线过程中应确保其与邻相带电体、接地体保持足够的安全距离，无法满足时应对邻相带电体、接地体进行可靠的绝缘遮蔽。

2）严禁同时接触两相导线或未接通导线的两个断头，以防止人体串入电路。

3）当一相导线接通后，未接通相的导线将因感应而带电，为防止电击，应采取安全措施后才能触及。

4）新架设的线路应先经验收合格，查明线路是否确已空载、绝缘良好、确无接地缺陷后，具备带电条件方可进行带电搭接。

2. 绝缘平台（绝缘梯）上的绝缘手套作业方式

（1）作业人员构成及分工。

1）工作负责人1名，制定整个作业方案、安全注意事项、人员安排以及作业过程的安全监护。

2）安装杆上绝缘平台作业人员2名，平台上作业人员1名。

3）地面作业人员1～2名，负责传递工器具、材料和现场管理。

（2）利用绝缘平台（绝缘梯）带电搭接空载引流线所需工器具及材料见表7-4。

表7-4 利用绝缘平台（绝缘梯）带电搭接空载引流线所需工器具及材料

名称	数量	名称	数量
绝缘平台或绝缘梯	1套	锲形线夹工具	1套
绝缘毯	6块	绝缘断线器	1把
绝缘绳	1条	绝缘杆泄漏电流检测仪	1只
导线（跳线）遮蔽罩	3条	绝缘测距杆	1把
绝缘卡线钩	1把	绝缘安全帽	2个
绝缘手套	2副	绝缘导线剥皮器	1把
羊皮手套	2副	对讲机	2部
绝缘披肩	2件	绝缘滑车	2个
导线	根据需要定	锲形线夹	3只

（3）作业步骤。

1）工器具及材料检查并装设好安全围拦网、标志。登杆前对杆塔及登杆工具检查。

2）登杆安装绝缘平台。

①两名杆上作业人员穿戴好绝缘防护用具，携带绝缘绳索登杆至预定位置，系好安全带，并挂好传递绳。

②两名杆上作业人员使用操作杆配合遮蔽两边相，杆上作业人员人体、工具及材料与带电体的安全距离不得小于0.4m，达不到时应用绝缘用具进行可靠的绝缘隔离。

③地面作业人员将绝缘平台传至杆上，杆上作业人员互相配合将平台安装于杆上适当位置。绝缘平台的安装应正确、牢靠，安装的位置应便于进行搭接电源及作业后的拆除平台工作。安装完毕后应对平台进行承载冲击。

3）带电体、接地体绝缘遮蔽。在绝缘台或绝缘梯作业位置转移时，人体、工具及材料与带电体的安全距离不得小于0.4m，达不到时应用绝缘用具作可靠的绝缘隔离。

4）测量三相引流线长度。

①杆上上作业人员测量出三相引流线长度，通知地面作业人员准备好引流线。

②地面作业人员配合将三相引流线逐相传给平台上作业人员。上下传递工具、材料时应使用绝缘绳索，工具、材料应绑扎牢靠。杆上作业人员应使用工具袋，防止落物伤人。

③杆上作业人员将引流线安装在不带电的进线电缆或支线空载线路上。

5）搭接空载线路引流线如图7-3所示。

①作业人员使用绝缘导线剥皮器对三相绝缘导线依次进行剥皮（若裸导线则省略这一步骤），削皮后迅速恢复绝缘遮蔽。平台上作业人员对邻相带电体距离不得小于0.6m，对接地体距离不得小于0.4m。

②平台上作业人员依次对三相绝缘导线进行带电搭接。引流线搭接前应用绝缘夹子或绝缘卡线钩固定，防止摆动。搭接引流线应遵循先远后近、先上后下的原则。拆除引流线时与此相反。

6）拆除绝缘遮蔽返回地面。搭接引流线工作完毕，检查导线和杆上无遗留物后拆除绝缘遮蔽、绝缘平台返回地面。

（4）注意事项。

1）杆上作业人员登杆前应检查杆根、基础、拉线是否牢固，登高工具是否完整牢靠。作业人员应使用绝缘双保险安全带，安全带和保护绳应分别挂在不同的牢固构件上，并不得低挂高用。

图 7-3　利用绝缘平台搭接引流线作业图

2）绝缘平台的安装应正确、牢靠，位置应便于进行搭接电源及作业后的拆除平台工作。安装完毕后应对平台进行承载冲击，确保满足承载作业人员荷载，严禁超载。

3）平台上人员作业时不得超越平台有效绝缘长度的限位装置，要始终保持有效绝缘。

4）搭接引流线前应用绝缘夹子或绝缘卡线钩固定，防止引流线摆动碰触邻相带电体、接地体。移动引流线过程中应确保其与邻相带电体、接地体保持足够的安全距离，无法满足时应对邻相带电体、接地体进行可靠的绝缘遮蔽。

5）严禁同时接触未接通的或已断开的导线两个断头，以防止人体串入电路。

6）应查明线路是否确为空载，确无接地、绝缘良好后，线路上无人工作且相位无误后，方可进行带电搭接引流线。

3. 绝缘杆作业方式

采用绝缘杆作业有两种方式：①作业人员站在绝缘斗臂车（绝缘平台或绝缘梯上）操作，带电搭接引流线作业；②作业人员登杆至合适位置，采用绝缘操作杆进行作业。下面介绍登杆的绝缘杆作业法带电搭接空载引流线，也称为地电位作业法。

（1）作业人员构成及分工。

1）工作负责人 1 名，制定整个作业方案、安全注意事项、人员安排以及作业过程的安全监护。

2）杆上人员 2 名。

3）地面人员 1～2 名，负责传递工器具、材料和现场管理。

（2）绝缘杆作业方式带电搭接空载引流线所需工器具及材料见表 7-5。

表 7-5　　　　　　绝缘杆作业方式带电搭接空载引流线所需工器具及材料

名称	数量	名称	数量
绝缘夹钳	2 把	登杆工具	2 套
绝缘卡线钩	2 把	绝缘手套	2 副
绝缘断线器	1 把	羊皮手套	2 副
绝缘挡板	2 块	绝缘披肩	2 件
绝缘导线遮蔽罩	6 块	绝缘安全帽	2 个
绝缘毯	6 块	绝缘测距杆	1 把
绝缘毯夹	12 个	绝缘杆泄漏电流检测仪	1 只
绝缘绳	2 条	线夹	3 只
绕线器	1 把（根据需要选定）	导线	根据需要选定
专用紧固绝缘操作杆	1 把（根据需要选定）	专用并沟线夹	6 只（根据需要选定）

（3）作业步骤。

1）工器具及材料检查并装设好安全围拦网、标志。登杆前对杆塔及登杆工具进行检查。

2）登杆至预定位置。

①两名杆上作业人员穿戴好绝缘防护用具，携带绝缘绳索登杆至预定位置，系好安全带，并挂好传递绳。

②地面作业人员将绝缘工具传至杆上。上下传递工具、材料应使用绝缘绳索，工具、材料应绑扎牢靠。杆上作业人员应使用工具袋，防止落物伤人。

3）测量三相引流线的长度。

①杆上作业人员测量出三相引流线长度，通知地面作业人员准备好引流线。测量时应保证绝缘工具的有效绝缘长度不得小于 0.7m。

②地面作业人员配合将三相引流线传至杆上。

③杆上作业人员将引流线安装在不带电的进线电缆或支线空载线路上。

4）带电体、接地体绝缘遮蔽。

图7-4 利用绝缘操作杆搭接引流线

5）使用绝缘导线剥皮器对三相绝缘导线依次削皮（若裸导线则省略这一步骤），削皮后，迅速恢复绝缘遮蔽。

6）搭接空载线路引流线（见图7-4）。

①两名杆上作业人员互相配合使用绝缘夹钳将引流线搭接侧夹牢在导线上。引流线搭接前应固定牢靠，防止摆动。

②两名作业人员互相配合使用绕线器杆将引流线与主线连接牢固。使用绕线器绑扎引流线时，用力应均匀平稳，绑线应避免重叠或间隙过大，绑扎长度不得小于100mm。

③按照先难后易的原则，逐相搭接三相引流线。搭接引流线应遵循先远后近、先上后下的原则。

7）拆除绝缘遮蔽返回地面。工作完毕，检查导线和杆上无遗留物后拆除绝缘遮蔽，返回地面。

（4）注意事项。

1）杆上作业人员登杆前应检查杆根、基础、拉线是否牢固，登高工具是否完整牢靠。作业人员应使用绝缘双保险安全带，安全带和保护绳应分别挂在不同的牢固构件上，并不得低挂高用。

2）搭接引流线前用绝缘操作杆固定，防止引流线摆动，移动引流线过程中应确保其与邻相带电体、接地体保持足够的安全距离，无法满足时应对邻相带电体、接地体进行可靠的绝缘遮蔽。

3）严禁同时接触两相导线或未接通相导线的两个断头，以防止人体串入电路。

4）一相导线接通后，未接通相的导线将因感应而带电，为防止电击，应采取安全措施后才能触及。

5）应查明待接线路是否确为空载、确无接地、绝缘良好、线路上无人工作且相位无误后，方可进行带电断接引流线。

6）应保证绝缘工具的有效绝缘长度不得小于0.7m。

（二）带电拆除空载引流线

1. 利用绝缘斗臂车的绝缘手套作业方式

（1）作业人员构成及分工。

1）工作负责人1名，制订整个作业方案、安全注意事项、人员安排以及作业过程的安全监护。

2）绝缘斗臂车斗内人员 2 名。

3）地面人员 1～2 名，负责传递工器具、材料和现场管理。

（2）利用绝缘斗臂车带电拆除空载引流线所需工器具及材料见表 7-6。

表 7-6　　　　利用绝缘斗臂车带电拆除空载引流线所需工器具及材料

名称	数量	名称	数量
绝缘斗臂车	1 辆	绝缘披肩	2 件
绝缘毯	6 块	锲形线夹工具	1 套
绝缘绳	1 条	绝缘断线器	1 把
导线（跳线）遮蔽罩	3 条	绝缘杆泄漏电流检测仪	1 只
绝缘卡线钩	1 把	绝缘安全帽	2 个
绝缘手套	2 副	绝缘导线剥皮器	1 把
羊皮手套	2 副	对讲机	2 部

（3）作业步骤。

1）工器具及材料检查并装设好安全围拦网、标志。

2）绝缘斗臂车停放至预定位置，并试操作检查。

3）带电体、接地体绝缘遮蔽。

4）拆除空载线路引流线。

①绝缘斗臂车斗内作业人员使用绝缘操作杆夹牢高压侧一端的引流线，解除引流线连接。引流线拆除前应用绝缘夹子或绝缘卡线钩固定牢靠，防止摆动。

②将解除的引流线放至地面。

③按照先易后难的原则，逐相拆除三相引流线。拆除引流线应遵循先近后远、先下后上的原则。

5）拆除绝缘遮蔽返回地面。工作完毕，检查导线和杆上无遗留物后拆除绝缘遮蔽，返回地面。

（4）注意事项。

1）拆除引流线前用绝缘夹子或绝缘卡线钩固定，防止摆动，移动引流线过程中应确保其与邻相带电体、接地体保持足够的安全距离，无法满足时应对邻相带电体、接地体进行可靠的绝缘遮蔽。脱离电源后的引流线应固定牢靠并与带电体保持足够的安全距离。

2）严禁同时接触两相导线或已断开导线的两个断头，以防止人体串入电路。

3）已断开相的导线将因感应而带电，为防止电击，应采取安全措施后才能触及。

4）应查明待断开的线路确为空载、确无接地、绝缘良好、线路上无人工作且相位无误后，方可进行带电拆除引流线。

2. 利用绝缘杆作业方式

（1）作业人员构成及分工。

1）工作负责人1名，制定整个作业方案、安全注意事项、人员安排以及作业过程的安全监护。

2）杆上人员2名。

3）地面人员1~2名，负责传递工器具、材料和现场管理。

（2）绝缘杆作业方式带电拆除空载引流线所需工器具及材料见表7-7。

表7-7　　　　　　绝缘杆作业方式带电拆除空载引流线所需工器具及材料

名称	数量	名称	数量
绝缘长管钳	2把	绝缘钳	2把
绝缘卡线钩	2把	绝缘剪	1把
绝缘断线器	1把	绝缘手套	2副
绝缘隔离板	2块	羊皮手套	2副
绝缘导线遮蔽罩	6块	绝缘披肩	2件
绝缘毯	6块	绝缘安全帽	2个
绝缘毯夹	12个	软罩操作杆	1把
绝缘绳	2条	绝缘杆泄漏电流检测仪	1只

（3）作业步骤。

1）工器具及材料检查并装设好安全围拦网、标志。登杆前对杆塔及登杆工具进行检查。

2）登杆至预定位置。

①两名杆上作业人员穿戴好绝缘防护用具，携带绝缘绳索登杆至预定位置，系好安全带，并挂好传递绳。

②地面作业人员将绝缘工具传至杆上。上下传递工具、材料应使用绝缘绳索，工具、材料应绑扎牢靠。杆上作业人员应使用工具袋，防止落物伤人。

3）带电体、接地体绝缘遮蔽。

4）拆除空载线路引流线

①一名杆上作业人员使用绝缘钳将要拆除相的引流线夹牢，防止摆动。

②一名作业人员互相配合使用绝缘剪将引流线剪断，断开与主线的连接。剪断引流线时应靠近主干线，使尾线尽量短。

③一名杆上作业人员使用绝缘钳将拆除的引流线夹牢拉出至安全距离以外，另1名作业人员将引流线绑扎固定。引流线拉出时要注意控制与临近导线的距离。

④按照先易后难的原则，逐相拆除三相引流线。拆除引流线应遵循先近后远、先下后上的原则。

5）拆除绝缘遮蔽返回地面。工作完毕，检查导线和杆上无遗留物后拆除绝缘遮蔽，返回地面。

（4）注意事项。

1）登杆前应检查杆根、基础、拉线是否牢固；登高工具是否完整牢靠，应正确使用双控安全带。

2）引流线拆除后，应采取遮蔽及固定措施，防止引流线摆动。

3）上、下传递工具、材料时均应使用绝缘绳，严禁抛、扔。

4）应保证绝缘工具的有效绝缘长度不得小于 0.7m。

三、更换耐张绝缘子

更换耐张绝缘子通常利用绝缘斗臂车，采用绝缘手套作业方式来进行。

1. 作业人员构成及分工

（1）工作负责人 1 名，制订整个作业方案、安全注意事项、人员安排以及作业过程的安全监护。

（2）绝缘斗臂车斗内作业人员两名。

（3）地面作业人员 1～2 名，负责传递工器具、材料，牢靠固定后备保护绳和现场管理。

2. 更换耐张绝缘子所需工器具及材料（见表 7-8）

表 7-8 更换耐张绝缘子所需工器具及材料

名称	数量	名称	数量
绝缘斗臂车	1 辆	绝缘千斤、紧线器	2 套
紧线器	2 只	绝缘滑车	1 只
绝缘保险绳	1 条	绝缘披肩	2 件
导线（跳线）套管遮蔽罩	5 条	绝缘安全帽	2 个
绝缘毯	6 块	绝缘手套	2 副
绝缘毯夹	12 只	羊皮手套	2 副
绝缘拉板	1 根	对讲机	2 部
绝缘扳手	1 把	绝缘电阻表	1 只
绝缘绳	1 条	绝缘子	根据杆型定

3．作业步骤

（1）工器具及材料检查并装设好安全围拦网、标志。

（2）绝缘斗臂车停放至预定位置，并试操作检查。

（3）带电体、接地体绝缘遮蔽。

耐张杆如图 7-5（a）所示，两名绝缘斗臂车斗内作业人员相互配合使用绝缘用具，依次将不能满足安全距离的带电体、接地体遮蔽隔离。更换一边相，绝缘遮蔽如图 7-5（b）所示。

（4）更换耐张绝缘子。

1）绝缘斗臂车斗内作业人员将绝缘拉板一端固定在耐张横担上。绝缘拉板应固定牢靠。绝缘斗臂车斗内作业人员对邻相带电体距离不得小于 0.6m，对接地体距离不得小于 0.4m。

2）绝缘斗臂车斗内作业人员在导线上装好紧线器，如图 7-5（c）所示，把紧线器与绝缘拉板连接牢固。

3）绝缘斗臂车斗内作业人员收紧导线，使耐张绝缘子松弛。收紧导线时应注意控制弧垂弛度。

4）绝缘斗臂车斗内作业人员安装好绝缘后备保险绳，收紧固定在横担上（或通过绝缘滑车由地面作业人员收紧在预先做好的地桩上。地桩应坚实、可靠）。

5）更换绝缘子。更换绝缘子应逐相进行，一相更换完成后立即恢复绝缘遮蔽。先将耐张线夹从悬式绝缘子上拆离，牢固捆绑在导线上，如图 7-5（d）所示；再拆下旧的绝缘子，如图 7-5（e）所示；最后安装新的绝缘子，如图 7-5（f）所示。作业过程必须采取后备保护措施以防止"跑线"，在确认导线的张力已完全转移到绝缘拉板并受力后，方可卸下绝缘子。更换绝缘子动作应平稳，防止导线晃动过大造成相间短路。

6）拆除更换工具。作业过程始终保持有效的绝缘遮蔽。

（5）拆除绝缘遮蔽返回地面。工作完毕，检查导线和杆上无遗留物后拆除绝缘遮蔽，返回地面。

4．注意事项

（1）紧线时应使用合格的且与导线型号相匹配的紧线器，绝缘拉板应固定牢靠。作业时必须采用后备保护措施，确认导线的张力已完全转移到绝缘拉板且后备保护绳适当受力后，方可进行绝缘子更换。更换绝缘子动作应平稳，防止导线晃动过大造成相间短路。

（2）更换前应测量新绝缘子的绝缘电阻，确认合格。

（3）拆除绝缘子时应先拆导线端、后拆接地端，安装时顺序则与此相反。

（4）收紧导线后应注意确认悬式绝缘子松弛不受力，绝缘子与导线脱离前应做好后备保护措施，防止"跑线"。

（5）做好后备保护措施后，应确认导线的张力已完全转移到绝缘拉板并受力后，方可卸下旧绝缘子。

（6）拆除后备保护措施前，应确认悬式绝缘子与金具连接牢固。

图 7-5　更换耐张绝缘子

（a）耐张杆；（b）绝缘遮蔽；（c）安装紧线器；（d）耐张线夹固定；

（e）拆离悬式绝缘子；（f）安装悬式绝缘子

四、更换直线杆横担、绝缘子

更换直线杆横担、绝缘子通常采用绝缘手套作业方式进行。

1. 作业人员构成及分工

（1）工作负责人 1 名，制订整个作业方案、安全注意事项、人员安排以及作业过程的安全监护。

（2）绝缘斗臂车斗内人员 2 名，其中 1 人负责操作，另 1 人协助作业。

（3）地电位作业人员 2 名，负责杆上拆装横担、绝缘子。

（4）地面人员 1～2 名，负责传递工器具、材料和现场管理。

2. 更换直线杆横担、绝缘子所需工器具及材料（见表 7-9）

表 7-9　　　　　　　更换直线杆横担、绝缘子所需工器具及材料

名称	数量	名称	数量
绝缘斗臂车	2 辆	绝缘手套	2 副
绝缘毯	6 块	羊皮手套	2 副
绝缘绳	1 条	横担遮蔽罩	1 套
导线（跳线）遮蔽罩	4 条	对讲机	2 部
绝缘毯夹	12 只	绝缘摇表	1 只
绝缘扳手	2 把	横担	根据杆型定
绝缘横担	1 套	绝缘子	根据杆型定
绝缘披肩	2 件	绝缘横担	1 套
绝缘安全帽	2 个		

3. 作业步骤

（1）工器具及材料检查并装设好安全围拦网、标志。

（2）绝缘斗臂车停放至预定位置，并试操作检查。

（3）带电体、接地体绝缘遮蔽。

两名绝缘斗臂车斗内作业人员使用绝缘用具依次将不能满足安全距离的带电体、接地体遮蔽隔离，如图 7-6（a）所示。

（4）更换横担及绝缘子。

1）安装绝缘横担。绝缘斗臂车斗内作业人员分别将三相导线固定到绝缘横担上，并拴上止动阀，如图 7-6（b）所示。

2）绝缘斗臂车斗内作业人员操作吊臂卷扬机将导线提升到适当位置，如图 7-6（c）所示。作业过程中应始终保持有效的绝缘遮蔽。

3）地电位作业人员配合拆除横担及针式绝缘子，如图 7-6（d）所示。安装新横担及绝缘子并做好绝缘遮蔽，工作完成后返回地面。在装、拆横担过程中，人体、材料与带电体应保持 0.7m 及以上安全距离。

4）绝缘斗臂车斗内作业人员操作吊臂卷扬机将导线降至绝缘子上绑扎牢固。

（5）拆除绝缘遮蔽返回地面。工作完毕，检查导线和杆上无遗留物后拆除绝缘遮蔽，返回地面。

图 7-6 更换直线杆横担、绝缘子

（a）绝缘遮蔽；（b）安装绝缘横担；（c）导线提升；（d）横担拆除

189

4. 注意事项

（1）拆装横担、针式绝缘子（瓷横担）前后应使用绝缘绳索绑牢。提升导线过程中要均匀受力，固定牢靠。

（2）摇测待更换绝缘子的绝缘电阻，确认合格。

（3）提升导线前及提升过程前，应检查两侧电杆上的导线扎线是否牢靠，必要时应先重新绑扎加固后方可进行作业；升降导线过程中要缓慢进行，注意控制导线弧垂弛度，防止导线晃动，避免造成相间短路。

五、更换避雷器

更换避雷器通常采用绝缘手套作业方式进行。

1. 作业人员构成及分工

（1）工作负责人 1 名，制定整个作业方案、安全注意事项、人员安排以及作业过程的安全监护。

（2）绝缘斗臂车斗内人员 2 名。

（3）地面人员 1~2 名，负责传递工器具、材料和现场管理。

2. 更换避雷器工器具及材料（见表 7-10）

表 7-10 更换避雷器所需工器具及材料

名称	数量	名称	数量
绝缘斗臂车	1 辆	绝缘披肩	2 件
绝缘毯	6 块	绝缘安全帽	2 个
绝缘绳	1 条	绝缘手套	2 副
导线（跳线）遮蔽罩	3 条	羊皮手套	2 副
绝缘毯夹	12 只	对讲机	2 部
绝缘扳手	1 把	绝缘电阻表	1 只
绝缘夹钳	1 把	避雷器	1 组

3. 作业步骤

（1）工器具及材料检查并装设好安全围拦网、标志。

（2）绝缘斗臂车停放至预定位置，并试操作检查。

（3）带电体、接地体绝缘遮蔽。

两名绝缘斗臂车斗内作业人员使用绝缘用具依次将不能满足安全距离的带电体、接地体遮蔽隔离，如图 7-7（a）所示。

（4）更换避雷器。

1）两名绝缘斗臂车斗内作业人员相互配合拆除避雷器上桩头高压引下线。

绝缘斗臂车斗内作业人员对邻相带电体距离不得小于 0.6m，对接地体距离不得小于 0.4m。

2）牢固固定避雷器上桩头的高压引下线。避雷器上桩头的高压引下线固定后应与避雷器保持 0.7m 以上的安全距离，并用绝缘夹子固定引线，防止摆动，如图 7-7（b）所示。若受杆上设备布置的限制而不能确保安全距离时，应对高压引线进行遮蔽和隔离。

3）更换避雷器。拆除旧的避雷器，安装新的避雷器及接地引线。

4）接好避雷器上桩头高压引下线。

5）检查高压引线有无调整的必要，确认避雷器安装合格，引线符合安全距离要求、美观。

（5）拆除绝缘遮蔽，返回地面。绝缘斗臂车斗内作业人员检查设备更换合格，无遗留物后拆除绝缘遮蔽，返回地面。

4. 注意事项

（1）避雷器高压引下线搭、拆前后应用绝缘夹子固定防止引线摆动，并用绝缘毯包裹。移动引线过程中应确保其与邻相带电体、接地体保持足够的安全距离，无法满足时应对邻相带电体、接地体进行可靠的绝缘遮蔽。

（2）更换前应测量新避雷器的绝缘电阻、确认合格。

（3）牢固固定已拆除的避雷器引线，防止引线摆动。

（a）   （b）

图 7-7　更换避雷器

（a）绝缘包扎；（b）引线拆离及固定

7.3 复杂综合项目的作业技术

复杂综合带电作业项目是指综合应用简单常规带电作业的各种方法，在保证向用户不停电的情况下，对线路及其设备进行有序的带电作业，完成复杂的施工、检修等工作。复杂综合项目对人员规模、工器具和设备投入、作业任务的分解与组织的要求较高，主要有带电立（撤）杆、更换直线杆、直线杆改耐张杆、带负荷更换柱上开关、带负荷安装柱上开关等。

一、带电立杆

该作业项目主要适用于新用户接入工程、配网线路改造、抢修等需要在运行线路档柜中带电补立或更换直线杆的一种作业方式。

（一）单回线路立直线杆及立配电变压器台架

1. 作业人员构成及分工

1）工作负责人 1 名，制订整个作业方案、安全注意事项、人员安排以及作业过程的安全监护。

2）绝缘斗臂车斗内作业人员 2 名。

3）吊车司机 1 名，负责起吊电杆。

4）地面作业人员 4 名，负责传递工器具、材料和现场管理。

2. 立单回线路直线杆及立配变台架所需工器具及材料（见表 7-11）

表 7-11　　　　　立单回线路直线杆及立配变台架所需工器具及材料

名称	数量	名称	数量
绝缘斗臂车	1 辆	绝缘安全帽	2 个
起重工程车（吊车）	1 辆	绝缘披肩	2 件
绝缘撑杆	2 根	绝缘手套	2 副
电杆绝缘包毯	1 捆	羊皮手套	2 副
绝缘测距杆	1 根	绝缘千斤	2 条
绝缘毯	10 块	对讲机	4 部
绝缘毯夹	20 只	绝缘电阻表	1 只
绝缘绳	2 条	水泥杆/铁横担及托帽	根据杆型定
导线遮蔽罩	12 条	直线杆绝缘子	根据杆型定

3. 作业步骤

（1）杆坑及马道开挖。如图 7-8（a）所示，按要求位置开挖与立杆要求相应深度的杆坑，按杆坑直径（ϕ=电杆直径+20cm 左右）并沿线路方向开好"马道"，使新杆根部置于"马道"上方且靠近杆坑，至坑底高度 h 约为电杆埋深 $H/4$，坡度 α 小于 45°，使水泥杆在起吊 45°后杆根即可平稳滑入坑底；同时防止水泥杆在起吊的过程中，左右大幅摆动碰及边相导线。水泥杆在起吊一定角度后，杆根即能进入坑底，避免杆梢触及上方的中相导线。杆根及吊车均应可靠接地，垂直接地体深度不得小于 0.6m。

（2）工器具及材料检查并装设好安全围拦网、标志。

（3）绝缘斗臂车停放至预定位置，并试操作检查。

（4）带电体、接地体绝缘遮蔽。2 名绝缘斗臂车斗内作业人员使用导线遮蔽罩用具依次将三相导线遮蔽隔离，并至少有 0.4m 的裕度，如图 7-8（b）所示。遮蔽长度应作测量、计算，确保导线不被水泥杆直接碰及；作业人员在遮蔽、隔离导线时，动作幅度要小，力度要均匀；其次，还要对电杆末端进行绝缘包扎遮蔽，如图 7-8（c）所示，遮蔽长度的计算如图 7-9 所示。

（5）设置撑杆并提升中相导线。

1）绝缘斗臂车斗内作业人员使用导线绝缘撑杆将两边相导线撑开至一定距离（或由地面作业人员使用绝缘绳将两边相导线向相反方向拉开至一定距离，并将绝缘绳固定于临时地桩）。为防止带电导线脱落，设置撑杆时可用绑扎线对前后电杆导线绑扎处进行绑扎加固。

2）绝缘斗臂车斗内作业人员操作吊臂的卷扬机摇杆，将中相导线提升至合适高度，如图 7-8（d）所示。提升高度应进行测量、计算，确保导线不被水泥杆直接碰及，并至少有 0.4m 的裕度。提升导线过程中要受力均匀、固定牢固，并做好防脱线措施。

3）在吊车将杆吊离地面 1m 左右时，由地面人员配合装好新杆的横担、托帽及绝缘子等设备，使用绝缘遮蔽用具对吊点以上水泥杆、横担、托帽及绝缘子等设备进行绝缘遮蔽。新装设备应固定牢固、绝缘遮蔽用具应设置严密、规范、牢固。杆中靠上位置绑上控制幌绳，控制幌绳设置位置要合适。杆根钢筋处做接地处理，水泥杆接地应使用 8 号圆钢线材（截面 50.24mm^2）作为接地线，一头焊接于打入杆坑底部的角钢接地体（长度 0.6m），另一头焊接于水泥杆根部外露的钢筋（为确保接触良好，把圆钢线材弯曲成半圆形，与水泥杆根部外露的 8 条钢筋点焊连接），水泥杆起立后，接地线和接地体随之埋入坑底。

（6）立杆。

1）在现场负责人的统一指挥下，吊车缓缓起吊电杆，地面作业人员应利用幌绳控制杆身保持平衡，减小水泥杆左右摆动的幅度，避免碰及边相导线，并配合好吊车操作将电杆慢慢滑入杆坑。电杆起吊切入导线时应注意保持杆身稳定，如图 7-8（e）所示。

起立电杆过程应保持杆身总体平稳，注意各部分受力状况。控制幌绳设专人看护，听从工作负责人统一指挥。在起吊过程中，要始终保持吊臂与带电体 2m 及以上的安全距离。吊车操作人、挡杆根人员应穿绝缘靴和佩戴绝缘手套。同时，吊车操作人在起吊电杆的全过程不得下车，以始终保持与车体等电位。

除指挥人及指定人员外，无关人员在立杆过程中，应远离 1.2 倍杆高距离，不得在起重工作区域内行走或停留。

2）电杆立好校正后，按规定填土夯实，如图 7-8（f）、（g）所示。

（7）固定导线。

1）绝缘斗臂车斗内作业人员互相配合平稳地放下中相导线，置于新装横担的绝缘子上，把导线绑扎牢固，如图 7-8（h）所示。放落导线、拆除撑杆过程应平稳，在中相导线需绑扎牢固后，吊车吊钩方可脱离吊点。

2）绝缘斗臂车斗内作业人员互相配合拆除边相导线绝缘撑杆，分别将两边相导线置于新装横担的绝缘子上并绑扎牢固，绑扎牢固作业过程中，应始终保持有效绝缘遮蔽。绑扎导线应按照先易后难的顺序依次进行。

3）确定新立电杆牢固后，吊车撤离工作现场。

（8）拆除绝缘遮蔽，返回地面。工作完毕，检查导线和杆上无遗留物后拆除绝缘遮蔽，返回地面。

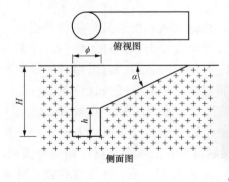

（a）

图 7-8 单回路线路立直线杆（一）

（a）"马道"开挖

（b）

（c）

（d）

图 7-8　单回路线路立直线杆（二）

（b）导线遮蔽；（c）电杆包扎；（d）边相导线撑开、中相导线提升

195

图 7-8　单回路线路立直线杆（三）

（e）电杆起吊切入导线；（f）电杆起吊垂直正立；（g）旋转电杆正位；（h）导线固定

4. 注意事项

（1）做好作业前的准备工作。

1）包括绝缘斗臂车和立杆吊车位置选定，绝缘工具的检查，现场安全措施的布置，水泥杆位置的摆放及人员的分工布置等。

2）检查作业点耐张段内导线状况。必要时应先对作业点两旁电杆的导线进行绑扎加固或采取防止导线从绝缘子脱离的其他措施。

3）立杆前必须开好马道，防止电杆起吊过程中左右倾斜，并可防止杆梢碰到带电导线。

4）水泥杆吊点位置的选择应合适，以防止水泥杆突然倾倒。起立离地面约1m并安装好横担等设备后应进行一次冲击试验，对各受力点做一次全面检查，确无问题再继续起立。

（2）利用绝缘遮蔽用具遮蔽电杆上部及横担、绝缘子的要求。安装导线撑杆并撑开两边相，采用导线绝缘套管遮蔽三相导线，如图7-11（d）所示。由近及远遮蔽三相导线，遮蔽长度应进行测量、计算，确保导线不被水泥杆直接碰及。水泥杆起吊过程与三相导线关系如图7-9所示，计算公式参考式（7-1）计算后留有0.4m裕度，这样，水泥杆在起吊过程中与带电导线之间就有了水泥杆的绝缘遮蔽以及导线的绝缘遮蔽两道绝缘隔离措施。

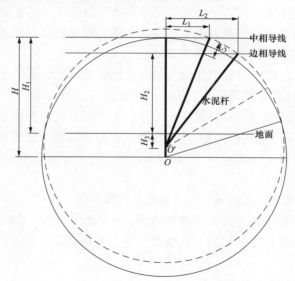

图7-9　三相导线和新电杆遮蔽长度示意图

$$L_1 = \sqrt{H_2 - (H_1 + H_3)^2}$$
$$L_2 = \sqrt{H_2 - (H_2 + H_3)^2}$$
$$L_3 = H(H_1 - H_2)/(H_2 + H_3)$$

（7-1）

式中：L_1 为水泥杆切入中相导线的长度，m；L_2 为水泥杆切入边相导线的长度，

m；L_3 为水泥杆末端距离导线切入点的最大长度，m；H 为水泥杆长度，m；H_1 为中相导线对地距离，m；H_2 为边相导线对地距离，m；H_3 为马道的深度，m。

（3）吊杆过程要防止水泥杆左右摆动。水泥杆要绑上两条绝缘绳索防止左右摆动碰及边相导线，除指挥人员和指定人员外，其他人员必须在远离杆下 1.2 倍杆高的距离以外。

（4）升吊导线过程中要受力均匀、固定牢固。

（5）左、右幌绳必须使用绝缘绳，其主要作用只是控制水泥杆左右摆动，调整水泥杆与带电导线的距离，不得较大受力，以免绷断而引起水泥杆大幅度摆动。用幌绳控制杆身保持平衡，减小水泥杆左右摆动的幅度，避免碰及边相导线。并配合好吊车操作将电杆慢慢滑入杆坑。

（6）要有防止带电导线脱落措施，必要时可用绑扎线对前后电杆导线绑扎处进行绑扎加固。提升中相导线的吊钩必须有防突然脱钩措施。

（7）电杆起立或下落的空间狭小，起吊电杆时应缓慢平稳，防止摆动幅度过大危及导线安全运行，安全距离不足时将会有短路或单相接地故障的危险。

（8）吊车操作人员资质证和车辆应有效的合格检验证，保持车况良好、符合作业要求。吊车操作人员应穿绝缘靴。

（9）起吊杆过程中，杆根作业人员应穿绝缘靴、戴绝缘手套。

（10）水泥杆起立完毕后，回填土按要求夯实。

以上是立单回线路直线杆的作业方法，如需架立配电变压器台架，则按照这个方法起立另一直线杆组成双杆式台架。台架各层设备在确保与带电部位安全距离足够的条件下安装完毕，再参照带电搭接空载引流线的方法与线路连接，接通电源。

（二）双回路线路立直线杆及立配电变压器台架

以双回线路导线为垂直全侧排列为例，介绍操作方法。如导线为上下排列方式，其立杆方式也大体相同，但横担安装、绝缘隔离及遮蔽等则要采取相应措施。

1. 作业人员构成及分工

（1）工作负责人 1 名，制定整个作业方案、安全注意事项、人员安排以及作业过程的安全监护。

（2）绝缘斗臂车斗内作业人员 2 名。

（3）吊车司机 1 名，负责起吊电杆。

（4）地面作业人员 8 名。其中左右幌绳看护人员各 2 名，负责用幌绳控制杆身保持平衡，减小水泥杆左右摆动的幅度；挡杆根人员 2 名，负责配合好吊车操作将电杆慢慢滑入杆坑；其他人员 2 名，负责传递工器具、材料和现场管理。

2. 立双回线路直线杆及立配变台架所需工器具及材料（见表 7-12）

表 7-12　　　　　立双回线路直线杆及立配变台架所需工器具及材料

名称	数量	名称	数量
绝缘斗臂车	1 辆	绝缘披肩	2 件
起重工程车（吊车）	1 辆	绝缘安全帽	2 个
绝缘撑杆	2 根	绝缘手套	2 副
电杆绝缘包毯	1 捆	羊皮手套	2 副
绝缘测距杆	1 根	绝缘千斤	2 条
绝缘毯	10 块	对讲机	4 部
绝缘毯夹	20 只	绝缘电阻表	1 只
绝缘绳	2 条	水泥杆/铁横担及托帽	根据杆型定
导线遮蔽罩	12 条	针式绝缘子或瓷横担	根据杆型定

3. 作业步骤

（1）杆坑及马道开挖。

（2）工器具及材料检查并装设好安全围拦网、标志。

（3）带电体、接地体绝缘遮蔽。

两名绝缘斗臂车斗内作业人员使用导线遮蔽罩依次将双回线路各相导线遮蔽隔离，如图 7-10（a）所示。遮蔽长度应进行测量、计算，确保导线不被水泥杆直接碰及，并至少有 0.4m 的裕度。作业人员在用绝缘套管遮蔽、隔离导线时，动作幅度要小，力度要均匀。

（4）立杆前准备。在吊车将水泥杆吊离地面 1m 左右时，由地面人员配合装好新杆的横担、托帽及绝缘子等设备，使用绝缘遮蔽用具对吊点以上水泥杆、横担、托帽及绝缘子等设备进行绝缘遮蔽。新装设备应固定牢固、绝缘遮蔽用具应设置严密、规范、牢固。并在杆中靠上位置绑上控制幌绳，控制幌绳设置位置要合适。杆根钢筋处做接地处理，水泥杆起立后，接地线和接地体随之埋入杆坑底。

（5）立杆。

1）在现场负责人的统一指挥下，吊车缓缓起吊电杆，地面作业人员应利用幌绳控制杆身保持平衡，减小水泥杆左右摆动的幅度，避免碰及边相导线，并配合好吊车操作将电杆慢慢滑入杆坑。

起立电杆应保持平稳，注意各部分受力状况。控制幌绳设专人看护，听从工作负责人统一指挥。在起吊过程中，始终保持吊车的吊臂与带电体 2m 及以上安全距离。吊车操作人、挡杆根人员应穿绝缘靴和佩戴绝缘手套。同时，吊车操作人在吊杆的全过程不得下车，以始终保持与车体等电位。

除指挥人及指定人员外，无关人员在立杆过程中，应远离 1.2 倍杆高距离，不得在起重工作区域内行走或停留。

2）电杆立好校正后，按要求填土夯实，如图 7-10（b）所示。

（6）固定导线。

1）绝缘斗臂车斗内作业人员互相配合依次将双回线路各相导线置于新装横担绝缘子上，绑扎牢固后方可脱离吊车吊钩，如图 7-10（c）所示。绑扎导线应按照先易后难的顺序依次进行。

（a）　　　　　　　　　　　（b）

（c）

图 7-10　双回路线路立直线杆

（a）绝缘遮蔽；（b）起吊及正杆；（c）导线固定

2）确定新立电杆牢固后，吊车撤离工作现场。

（7）拆除绝缘遮蔽，返回地面。工作完毕，检查导线和杆上无遗留物后拆除绝缘遮蔽，返回地面。

4. 注意事项

注意事项与立单回线路直线杆基本相同。但必须指出的是，双回线路的杆上部件更加密集、线路（相间）距离更小，因此绝缘遮蔽隔离措施应充足、完备。

以上是立双回线路直线杆的作业方法，如需架立配电变压器台架，则按照这个方法起立另一直线杆组成双杆式台架。台架各层设备在确保与带电部位安全距离足够的条件下安装完毕，再参照带电搭接空载引流线的方法与线路连接，接通电源。

二、更换直线杆

下面介绍单回路线路直线杆的更换方法。而更换转角耐张杆因受力条件等限制，目前不建议开展。

1. 作业人员构成及分工

（1）工作负责人 1 名，制定整个作业方案、安全注意事项、人员安排以及作业过程的安全监护。

（2）绝缘斗臂车斗内作业人员 2 名。

（3）吊车司机 1 名，负责起吊电杆。

（4）地面作业人员 8 名。其中左右幌绳看护人员各 2 名，负责用幌绳控制杆身保持平衡，减小水泥杆左右摆动的幅度；挡杆人员 2 名，负责配合好吊车操作立、撤杆；其他人员 2 名负责传递工器具、材料和现场管理。

2. 更换单（双）回线路直线杆所需工器具及材料（见表 7-13）

表 7-13   更换单（双）回线路直线杆所需工器具及材料

名称	数量	名称	数量
绝缘斗臂车	1 辆	绝缘毯夹	20 只
起重工程车（吊车）	1 辆	绝缘绳	2 条
绝缘撑杆	2 根	导线遮蔽罩	12 条（双回路为 24 条）
电杆绝缘包毯	1 捆	绝缘安全帽	2 个
绝缘测距杆	1 根	绝缘披肩	2 件
绝缘毯	10 块	绝缘手套	2 副

名称	数量	名称	数量
羊皮手套	2 副	绝缘电阻表	1 部
绝缘千斤	2 条	水泥杆/铁横担及托帽	根据杆型定
对讲机	4 部	柱式绝缘子或瓷横担	根据杆型定

3. 作业步骤

（1）工器具及材料检查并装设好安全围栏网、标志。

（2）绝缘斗臂车停放至预定位置，并试操作检查。

（3）带电体、接地体绝缘遮蔽。绝缘斗臂车斗内作业人员使用导线遮蔽罩、绝缘毯依次将待更换旧杆的三相导线、水泥杆、横担、绝缘子遮蔽隔离，如图7-11（a）所示。安装绝缘遮蔽时应按照由近及远、由低到高依次进行。遮蔽长度应进行测量、计算，确保导线不被水泥杆直接碰及，并至少有 0.4m 的裕度。绝缘遮蔽用具应设置严密、规范、牢固。作业人员在用绝缘套管隔离导线时，动作幅度要小，力度要均匀。

（4）吊车进入作业现场。

1）吊车进入作业现场，将吊臂升至预定位置，并绑好吊点，适当收紧缆绳，使旧杆适当受力。对起吊工具必须检查合格，其起吊能力应满足起吊物要求，吊车的吊钩必须有防突然脱钩措施。吊车应进行可靠接地。吊点钢丝绳套应绑在电杆的适当位置，以防止电杆突然倾倒。

2）在杆中靠上位置绑上左右控制幌绳。左、右幌绳必须使用绝缘绳，设置位置应合适，其主要作用只是控制水泥杆左右摆动的幅度，调整水泥杆与带电导线的距离，不得较大受力，以免突然绷断，引起水泥杆大幅度摆动。

（5）设置撑杆提升中相。

1）绝缘斗臂车斗内作业人员解开两边相导线绑线后，操作小吊臂的卷扬机摇杆，分别将两边相导线垂直下放（注意现场弧垂变化情况）。垂直下放两边相导线前，应对弧垂进行计算，并保证导线下放后，弧垂保持在规定值以内，方可垂直下放两边相导线。

2）绝缘斗臂车斗内作业人员使用导线绝缘撑杆将两边相导线撑开至一定距离，或由地面作业人员使用绝缘绳将两边相导线向相反方向拉开至一定距离，并将绝缘绳固定于临时地桩。为防止带电导线脱落，设置撑杆时可用绑扎线对前后电杆导线绑扎处进行绑扎加固。

3）绝缘斗臂车斗内作业人员解开中相导线绑线后操作小吊臂的卷扬机摇

杆，将中相导线提升至合适高度，如图 7-11（b）所示。提升高度应作测量、计算，确保导线不被水泥杆直接碰及，并至少有 0.4m 的裕度。

4）提升、下放导线过程中要受力均匀、固定牢固，做好防脱措施。

（6）在旧杆处开挖"马道"。

（7）撤杆。

1）在现场负责人的统一指挥下，吊车缓缓撤下电杆，地面作业人员应利用幌绳控制杆身保持平衡，减小水泥杆左右摆动的幅度，避免碰及边相导线，并配合好吊车操作将电杆慢慢放落至地面 1.0m 的位置。撤下电杆过程应保持平稳，注意各部分受力状况。控制幌绳设专人看护，听从工作负责人统一指挥。在下撤过程中，始终保持吊车吊臂与带电体 2m 及以上安全距离。除指挥人及指定人员外，无关人员在撤杆过程中，应远离 1.2 倍杆高距离，不得在起重工作区域内行走或停留。

2）拆除杆上绝缘遮蔽用具及横担、绝缘子。

3）将旧杆移至不妨碍立新杆的位置，新杆就位，如图 7-11（c）所示。

（8）立新杆。

1）修整杆坑及"马道"，将新杆根部置于"马道"上方且靠近杆坑，并在杆根做好可靠接地线。

2）参照带电立直线杆的步骤进行电杆绝缘包扎、起吊立杆作业。

（9）固定导线。

1）绝缘斗臂车斗内作业人员互相配合平稳地放下中相导线置于新装横担绝缘子上，绑扎牢固，如图 7-11（d）所示。放落导线、拆除撑杆过程应平稳，中相导线需绑扎牢固后，方可脱离吊车吊钩。

2）绝缘斗臂车斗内作业人员互相配合拆除边相导线绝缘撑杆，分别将两边相导线置于新装横担绝缘子上，绑扎牢固。

3）确定新立电杆牢固后，吊车撤离工作现场。

（10）拆除绝缘遮蔽返回地面。工作完毕，检查导线和杆上无遗留物后拆除绝缘遮蔽，返回地面。

4. 注意事项

注意事项与立单回线路直线杆基本相同外，还应注意以下事项：

（1）立、撤杆前必须开好"马道"，防止电杆起吊过程中左右倾斜，并可防止杆梢碰到带电导线。开好"马道"前应预先利用吊车及缆绳"扶住"电杆，防止电杆倾倒。

图 7-11　更换直线杆

（a）绝缘遮蔽及安装撑杆；（b）解开绑线并提升导线；（c）起吊撤旧杆、立新杆；（d）导线固定

　　（2）起吊、放落导线过程中要受力均匀，固定牢固。提升、下放导线前应进行弧垂校验，确认其处于规定值以内。若放下导线对地面或跨越物的安全距离不足，不能采用在原位先撤旧杆、后立新杆的方法，而应采用在顺线路方向临近处异位先立新电杆，后撤旧电杆的方法。

　　（3）使用吊车立、撤杆时，钢丝绳套应吊在电杆的适当位置，以防止电杆在撤杆过程中突然倾倒。

（4）拆除杆上导线前，应检查杆根，做好防止倒杆措施，挖坑前应将电杆固定。

（5）左、右幌绳必须使用绝缘绳，其主要作用只是控制水泥杆左右摆动，调整水泥杆与带电导线的距离，不得较大受力，以免突然绷断，引起水泥杆大幅度摆动。

（6）严格遵守起吊作业规程。对起吊工具必须检查合格，其起吊能力应满足起吊物要求。吊车的吊钩必须有防突然脱钩措施。

三、直线杆改耐张杆

直线杆改耐张杆需要将原有直线杆的导线钳断，做成耐张杆，在整个作业过程中，线路除了带电外，通常还带有负荷，为了避免带负荷断接，必须应用旁路作业法在主回路与旁路之间进行两次等电位的负荷切换作业，旁路作业法可应用绝缘引流线在直线杆两侧做旁路，简称"小旁路"；也可以采用柔性电力电缆在直线杆的前后支电杆做旁路，简称"大旁路"，这种作业方法可参考第九章相关内容。下面介绍采用绝缘引流线的"小旁路"作业方法。

1. 作业人员构成及分工

（1）工作负责人 1 名，制订整个作业方案、安全注意事项、人员安排以及作业过程的安全监护。

（2）地面人员 2 名，负责传递工器具、材料和现场管理。

（3）绝缘斗臂车斗内人员 4 名，两人负责操作，两人协助作业。

2. 直线杆开断改耐张杆所需工器具及材料（见表 7-14）

表 7-14　　　　　　　　直线杆开断改耐张杆所需工器具及材料

名称	数量	名称	数量
绝缘斗臂车	2 辆	绝缘千斤、紧线器	2 套
两头装有卡子的绝缘防护绳	1 条	绝缘卡线钩	2 根
绝缘毯	10 块	绝缘扳手	2 根
绝缘毯夹	20 只	绝缘断线钳	1 根
绝缘绳	2 条	钳形电流表	1 只
导线遮蔽罩	8 条	绝缘电阻表表	1 只
绝缘披肩	4 件	绝缘引流线	1 条
绝缘安全帽	4 个	耐张杆横担（包括金具、绝缘子、辅材）	1 套
绝缘手套	4 副		

名称	数量	名称	数量
对讲机	3 部	锲形线夹	6 套
羊皮手套	4 副	锲形线夹工具	1 套

3. 作业步骤

（1）工器具及材料检查并装设好安全围拦网、标志。

（2）工作负责人检查作业点两端导线的固定情况。必要时前后直线杆的导线、绝缘子应进行加固绑扎，或采取防止导线从绝缘子脱落的其他措施。

（3）绝缘斗臂车停放至预定位置，并试操作检查。

（4）测量三相导线电流，确认不超过绝缘引流线的额定电流，满足运行要求。

（5）带电体、接地体绝缘遮蔽。直线杆如图 7-12（a）所示，4 名绝缘斗臂车斗内作业人员使用导线遮蔽罩依次将不能满足安全距离的带电体、接地体（包括直线杆横担、绝缘子及预装边相耐张横担、绝缘子，高压隔离开关）遮蔽隔离，如图 7-12（b）所示。绝缘遮蔽、隔离措施的范围应比作业人员活动范围增加 0.4m 以上。

（6）安装耐张杆的横担及悬式绝缘子、跳线支撑绝缘子。边相采用双合横担安装在原直线横担下方，并将悬式绝缘子串安装在横担上，中相采用抱箍安装方式，跳线支撑绝缘子也同时安装，如图 7-12（c）所示。

（7）新安装的横担及绝缘子绝缘遮蔽。将横担和绝缘子用绝缘毯遮蔽，如图 7-12（d）所示。

（8）开断边相导线。

1）边相导线下放至耐张杆横担上。4 名绝缘斗臂车斗内作业人员互相配合，解开边相导线的绑扎线，并把导线平稳地放置在已进行绝缘遮蔽的新装边相耐张横担上，如图 7-5（e）所示。移动导线过程应平稳，防止晃动过大，造成相间或相对地短路。

2）安装紧线器并固定悬式绝缘子。4 名绝缘斗臂车斗内作业人员将导线保险绳安装于待开断导线两端的合适位置。导线保险绳的安装位置不能影响作业，安装后收紧，保持适当受力。导线保险绳安装前，作业人员必须与监护人共同确认两端相位无误。安装紧线器并收紧边相导线，安装耐张线夹并固定在悬式绝缘子，如图 7-12（f）所示。收紧导线时应使用绝缘紧线器，注意控制导线的弧垂达到要求。

3）安装绝缘引流线，如图 7-12（g）所示。测量导线的总电流，4 名绝缘斗臂车斗内作业人员将绝缘引流线安装于待开断导线两端的合适位置。绝缘引流线连接处的导线应先去除氧化层，再将绝缘引流线的线夹与导线固定连接。绝缘引流线的安装位置不能影响作业，上下安装点跨度不宜过大。绝缘引流线安装前，作业人员必须与监护人共同确认绝缘引流线两端相位无误，以免引起相间短路。

4）分别收紧边相导线紧线器和保险绳，如图 7-12（h）所示。

5）钳断导线并做终端头，如图 7-12（h）所示。绝缘斗臂车斗内作业人员测量绝缘引流线分流状况，使用钳形电流表在绝缘引流线节点的三侧分别测量三相电流，每相的总电流等于两个分支线的电流且每相分流应超过总电流的三分之一，验证确认连接牢固、分流有效。4 名绝缘斗臂车斗内作业人员互相配合，用绝缘断线器将边相导线钳断，并分别将边相导线余线折回绑扎做头。钳断导线时，应先在钳断处两端分别用绝缘卡线钩固定好，防止导线断头摆动。

6）安装通流跳线，如图 7-11（i）所示。连接开断后两侧导线的通流跳线，使用钳形表在绝缘引流线节点的三侧分别测量三相电流，每相的总电流等于两个分支线的电流且每相分流应超过总电流的三分之一，验证确认连接牢固、分流有效。

7）拆除绝缘引流线，恢复本相绝缘遮蔽、隔离，如图 7-12（j）所示。

8）参照 1）～7）的方法，开断另一边相导线。

（9）开断中相导线。参照开断边相导线的方法，开断中相导线。

（10）开断后绝缘遮蔽。开断后，应立即对带电导线及其新横担进行绝缘遮蔽，如图 7-12（k）所示。安装绝缘遮蔽时应按照由近及远、由低到高依次进行。

（11）拆除旧横担及绝缘子。4 名绝缘斗臂车斗内作业人员互相配合，拆除旧横担及绝缘子，如图 7-12（1）所示。先拆除绝缘子，再拆除横担。横担拆离、放落过程应平稳，防止晃动过大或撞击。

（12）拆除绝缘遮蔽返回地面。工作完毕，检查导线和杆上无遗留物后拆除绝缘遮蔽，返回地面。开断后的耐张杆如图 7-12（m）所示。

4. 注意事项

（1）绝缘引流线载流能力应满足设备运行要求。绝缘引流线安装前，作业人员必须与监护人共同确认绝缘引流线两端相位无误，以免引起相间短接短路。

（2）在每相导线开断前或安装耐张杆跳线前均应使用钳形表在绝缘引流线节点的三侧分别测量电流，总线电流等于两个分支线电流，验证确认连接牢固、分流有效。

（3）开断导线不得两相及以上同时进行。

（4）导线钳断后，两个断头必须做好绑扎、绝缘遮蔽、可靠固定，并保持足够的安全距离。

（5）确认导线张力已完全转移至耐张绝缘子串且后备保护绳适当受力后，方可钳断导线。

（6）将导线与耐张绝缘子串连接时动作应平稳。

（7）拆、搭绝缘引流线以及拆装横担过程应平稳，固定牢固。

（a）　　　　　　　　　　　　　　　（b）

（c）　　　　　　　　　　　　　　　（d）

图 7-12　直线杆开断改耐张杆（一）

（a）直线杆；（b）绝缘遮蔽；（c）安装耐张杆横担及绝缘子；（d）横担和绝缘子绝缘遮蔽；

图 7-12　直线杆开断改耐张杆（二）

（e）下放边导线至横担；（f）安装紧线器并固定悬式绝缘子；（g）安装绝缘引流线；（h）钳断边相导线
并制作终端头；（i）安装跳线；（j）拆除绝缘引流线；（k）开断后绝缘遮蔽；（l）已拆除直线杆横担图

（m）

图 7-12　直线杆开断改耐张杆（三）

（m）开断后耐张杆

四、带负荷更换柱上开关

柱上开关指的是柱上断路器（负荷开关）、隔离开关或跌落式熔断器。

带负荷更换开关，为了避免带负荷断接，必须应用旁路作业法替代运行，主要技术路线如下：先解除柱上开关引流线的电源，使开关不带电且满足停电作业的安全距离后再进行更换，更换完毕后再恢复开关引流线的电源，最后拆除旁路。在整个作业过程中，主回路与旁路之间进行两次等电位的负荷切换作业。下面介绍采用绝缘引流线的"小旁路"作业方法。

（一）更换隔离开关

更换隔离开关通常利用绝缘斗臂车进行，下面介绍更换隔离开关的作业方法。

1. 作业人员构成及分工

（1）工作负责人 1 名，制订整个作业方案、安全注意事项、人员安排以及作业过程的安全监护。

（2）绝缘斗臂车斗内人员 2 名。

（3）地面人员 1～2 名，负责传递工器具、材料和现场管理。

2. 更换隔离开关所需工器具及材料（见表 7-15）

表 7-15　　　　　　　　更换隔离开关所需工器具及材料

名称	数量	名称	数量
绝缘斗臂车	1 辆	绝缘毯夹	12 只
绝缘毯	6 块	绝缘绳	1 条

210

续表

名称	数量	名称	数量
导线套管防护罩	4 条	隔离开关	1 组
绝缘扳手	1 把	绝缘电阻表	1 只
令克棒		钳形电流表	1 只
安全围拦网	6 套	对讲机	2 部
绝缘引流线	1 条		

3. 作业步骤

（1）工器具及材料检查并装设好安全围拦网、标志。

（2）绝缘斗臂车停放至预定位置，并试操作检查。

（3）锁死同杆上与之相连的断路器跳闸机构（开关为断路器的才需要此步骤，下同）。

（4）带电体、接地体绝缘遮蔽。开关及隔离开关安装如图 7-13（a）所示。2 名绝缘斗臂车斗内作业人员使用导线套管防护罩、绝缘毯依次将不能满足安全距离的带电体遮蔽隔离，更换一边相时的绝缘遮蔽如图 7-13（b）所示。

（5）安装绝缘引流线。

1）测量导线的每相电流。绝缘引流线的载流能力应大于隔离开关的总电流。

2）2 名绝缘斗臂车斗内作业人员将绝缘引流线安装于待更换隔离开关两端上层导线的合适位置，如图 7-13（b）所示。绝缘引流线连接处的导线应先去除氧化层，再将绝缘引流线的线夹与导线固定连接。绝缘引流线的安装位置不能影响作业，上下安装点跨度不宜过大。绝缘引流线安装前，作业人员必须与监护人共同确认绝缘引流线两端相位无误，以免引起相间短路。

（6）更换隔离开关。

1）绝缘斗臂车斗内作业人员测量绝缘引流线分流状况，使用钳形电流表在绝缘引流线节点的三侧分别测量三相电流，每相的总电流等于两个分支线的电流且每相分流应超过总电流的三分之一，验证确认连接牢固、分流有效。使用令克棒拉开待更换的隔离开关。

2）解开隔离开关接线柱的上下连接线，用绝缘包毯及毯夹遮蔽隔离、固定，如图 7-13（c）所示。连接线断接前后应用夹子固定，防止摆动。

3）拆除旧的隔离开关，如图 7-13（d）所示。安装新的隔离开关，安装新的隔离开关时应确认隔离开关确在断开位置。

4）连接隔离开关接线柱的上下连接线，作业人员与监护人共同确认隔离开关两端相位无误，使用操作棒合上隔离开关。

5）测量流经隔离开关的电流，使用钳形表在绝缘引流线节点的三侧分别测量三相电流，每相的总电流等于两个分支线的电流且每相分流应超过总电流的三分之一，验证确认通流有效。

6）拆除绝缘引流线，恢复本相绝缘遮蔽、隔离。

（7）按照以上作业步骤逐相更换隔离开关。

（8）恢复断路器的跳闸机构（开关为断路器的才需要此步骤，下同）。

（9）工作完毕，检查导线和杆上无遗留物后拆除绝缘遮蔽，返回地面。

4. 注意事项

（1）隔离开关整组须更换时，不得两相及以上同时进行，应按照先难后易原则逐个更换。

（2）隔离开关上、下接线柱的连接线解开后必须可靠固定并保持足够的安全距离。

（3）安装绝缘引流线后，应进行测量电流确认分流有效后，方可断开隔离开关，防止绝缘引流线通流异常而带负荷断开隔离开关。

（4）拆除隔离开关引流线电源前，应检查确认隔离开关处于断开位置，防止带负荷断开隔离开关引流线电源的操作。

（5）合上新更换的隔离开关后、还应再次测量电流确认分流有效，方可拆除绝缘引流线的线夹，防止带负荷断开绝缘引流线线夹的操作。

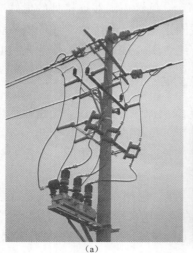 

（a）　　　　　　　　　　　　（b）

图 7-13　更换隔离开关示意图（一）

（a）更换前的杆型图；（b）绝缘遮蔽及安装绝缘引流线

（c）

（d）

图 7-13　更换隔离开关示意图（二）

（c）拆离引流线的电源；（d）拆除隔离开关

（6）与隔离开关相配套的断路器，作业前应锁死断路器的跳闸机构，作业完毕后再进行恢复，防止断路器跳闸而转变为带负荷断接绝缘引流线的电源。

（二）更换柱上断路器

单杆式柱上断路器或负荷开关通常与隔离开关结合安装，如图 7-14（a）所示。更换时通常利用绝缘斗臂车进行，下面介绍更换柱上断路器的作业方法。

1. 作业人员构成及分工

（1）工作负责人 1 名，制定整个作业方案、安全注意事项、人员安排以及作业过程的安全监护。

（2）绝缘斗臂车斗内作业人员 2 名。

（3）杆上作业人员 2 名，负责配合吊车起吊断路器工作。

（4）地面作业人员 2 名，负责传递工器具、材料和现场管理。

（5）吊车司机 1 名，负责断路器的起吊工作。

2. 带电更换柱上断路器所需工器具及材料（见表 7-16）

3. 作业步骤

（1）工器具及材料检查并装设好安全围拦网、标志。

（2）绝缘斗臂车停放至预定位置，并试操作检查。

（3）锁死断路器的跳闸机构。

（4）带电体、接地体绝缘遮蔽。

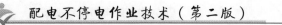

表 7-16　　　　　　　　带电更换柱上断路器所需工器具及材料

名称	数量	名称	数量
绝缘斗臂车	1 辆	绝缘披肩	2 件
起重工程车（吊车）	1 辆	绝缘安全帽	2 个
导线套管防护罩	6 条	绝缘手套	2 副
绝缘毯	6 块	羊皮手套	2 副
绝缘毯夹	12 个	绝缘靴	4 双
绝缘绳	2 条	对讲机	4 部
绝缘扳手	4 把	柱上断路器	根据设计需要定
钳形电流表	1 只	绝缘导线	根据设计需要定
绝缘引流线	3 条	设备线夹	根据设计需要定

　　2 名绝缘斗臂车斗内作业人员配合使用导线套管防护罩、绝缘毯依次将不能满足安全距离的带电体、接地体遮蔽隔离，如图 7-14（b）所示。

　　（5）安装绝缘引流线。

　　1）测量三相导线电流，确认不超过绝缘引流线的额定电流，满足运行要求。

　　2）2 名绝缘斗臂车斗内作业人员将三条绝缘引流线分别安装于待更换断路器上层导线的合适位置，如图 7-14（b）所示。绝缘引流线连接处的导线应先去除氧化层，再将绝缘引流线的线夹与导线固定连接。绝缘引流线的安装位置不能影响作业，上下安装点跨度不宜过大。绝缘引流线安装前，作业人员必须与监护人共同确认绝缘引流线两端相位无误，以免引起相间短路。

　　3）使用钳形电流表在绝缘引流线节点的三侧分别测量三相电流，每相的总电流等于两个分支线的电流且每相分流应超过总电流的三分之一，验证确认连接牢固、分流有效。

　　（6）拆除开关、隔离开关的引流线。绝缘斗臂车斗内作业人员配合分别拆除断路器、隔离开关两侧的引流线。拆除引流线应遵循先近后远、先下后上的原则，如图 7-14（c）所示。拆除的引流线应用绝缘毯进行绝缘遮蔽，弯回后用绝缘绳索系牢，固定在支撑绝缘子下端。绝缘斗臂车斗内作业人员对邻相带电体的安全距离不得小于 0.6m，对接地体距离不得小于 0.4m。如图 7-14（d）所示，柱上断路器、隔离开关的引流线支撑绝缘子以下部位达到全部不带电，在确保与带电体安全距离足够的条件下，即完成不需停电的拆、卸、吊、装断路器作业。

（7）拆、装断路器。

1）吊车吊臂升至预定位置，杆上作业人员登杆至预定位置：起吊开关过程中，吊车吊臂应保持与带电部分至少 2.0m 以上的安全距离。不能满足要求者，应采取绝缘遮蔽隔离等安全措施。

2）杆上作业人员配合做好拆除断路器的准备工作。在利用吊车起吊断路器上下时，应先进行吊点受力情况检验，确认牢固后方可起吊作业。

3）吊车起吊，吊下旧的断路器，吊上新的断路器。起吊断路器过程中保持平稳，两侧受力均匀，速度要尽量保持同步，吊点绑扎要牢固。

4）杆上作业人员安装好断路器。在拆、装断路器过程中，杆上作业人员人体、材料与带电体应保持 0.7m 及以上安全距离。

5）杆上作业人员返回地面，吊车吊臂回收。

（8）搭接断路器、隔离开关引流线的电源。如图 7-14（e）所示，检查断路器、隔离开关确在断开位置，逐相将断路器、隔离开关的引流线搭接至带电的三相导线上。搭接引流线应遵循先远后近、先上后下的原则。

（9）拆除绝缘引流线。合上隔离开关和断路器，并锁死断路器的跳闸机构，使用钳形电流表在绝缘引流线节点的三侧分别测量三相电流，每相的总电流等于两个分支线的电流且每相分流应超过总电流的三分之一，验证确认连接牢固、分流有效，绝缘斗臂车斗内作业人员拆除三相绝缘引流线和绝缘遮蔽。

（10）恢复断路器的跳闸机构。

4. 注意事项

1）吊车作业过程中应确保与带电体有足够的安全距离，若不能满足要求者，应采取可靠的措施将带电体进行绝缘遮蔽。

2）起吊断路器过程中两侧受力均匀，速度要尽量保持同步，吊点绑扎要牢固。

3）使用合格的起重工器具，严格遵守起重作业规程。利用吊车起吊断路器前，应先挂相同物件质量的物品进行吊点受力情况检验，确认牢固后方可起吊作业。

4）起吊工作应由有经验的人员统一指挥，指挥信号应简明、统一、畅通，分工明确。

5）作业前应锁死断路器的跳闸机构，作业完毕后再进行恢复，防止断路器跳闸而变成带负荷断接绝缘引流线的电源。

6）安装绝缘引流线后，应进行测量电流确认分流有效后，方可断开断路器，防止绝缘引流线通流异常而影响旁路正常替代供电。

　　7）拆除断路器引流线电源前，应检查确认断路器处于分的位置，高压隔离开关处于断开位置，防止带负荷断开断路器引流线电源的操作。

　　8）合上新更换的断路器后、还应再次测量电流确认分流有效，方可拆除绝缘引流线的线夹，防止带负荷断开绝缘引流线线夹的操作。

图 7-14　更换柱上断路器

（a）柱上断路器；（b）绝缘遮蔽及安装绝缘引流线；（c）拆离引流线；

（d）拆除全部引流线；（e）搭接引流线电源

五、带负荷安装柱上断路器

　　该项目是一种较为复杂的作业项目，主要适用于配电线路带电带负荷安装柱上开关，下面以耐张杆为例介绍柱上断路器的安装。若杆塔不是耐张杆，可先参考直线杆改耐张杆的作业方法，将直线杆开断改为耐张杆。

带负荷安装柱上断路器需要将耐张杆的通流跳线钳断，改成经柱上断路器的电气回路通流，在整个作业过程中，线路除了带电外，通常还带有负荷，为了避免带负荷断接，必须应用旁路作业法在主回路与旁路之间进行两次等电位的负荷切换作业。下面介绍采用绝缘引流线的"小旁路"作业方法。

1. 作业人员构成及分工

（1）工作负责人 1 名，制订整个作业方案、安全注意事项、人员安排以及作业过程的安全监护。

（2）绝缘斗臂车斗内作业人员 4 名。

（3）地面作业人员 2 名，负责传递工器具、材料和现场管理。

（4）吊车司机 1 名，负责起吊开关工作。

2. 带负荷安装柱上断路器所需工器具及材料（见表 7-17）

表 7-17　　　　　　　带负荷安装柱上断路器所需工器具及材料

名称	数量	名称	数量
绝缘斗臂车	2 辆	绝缘披肩	2 件
起重工程车（吊车）	1 辆	绝缘安全帽	2 个
导线套管防护罩	6 条	绝缘手套	2 副
绝缘毯	6 块	羊皮手套	2 副
绝缘毯夹	12 个	绝缘靴	4 双
绝缘绳	2 条	对讲机	4 部
绝缘扳手	4 把	柱上断路器	根据设计需要定
钳形电流表	1 只	绝缘导线	根据设计需要定
绝缘引流线	3 条	设备线夹	根据设计需要定
绝缘断线器	1 把	避雷器	1 组（联络开关 2 组）
绝缘遮蔽罩（导线、横担、绝缘子遮蔽罩等）	若干		

3. 作业步骤

（1）工器具及材料检查并装设好安全围拦网、标志。

（2）绝缘斗臂车停放至预定位置，并进行操作检查。

（3）在确保与带电体安全距离足够的条件下，完成不需停电的前期安装工作，如图 7-15（a）所示。

1）安装断路器和隔离开关支架。

2）起吊断路器和隔离开关并进行固定安装。

3）安装断路器的避雷器及其接地引下线，与断路器上引流线连接。

4）连接隔离开关和断路器之间引流线。引流线的上端应绑牢固定在支撑绝缘子上，防止尾线晃动。

（4）测量三相导线电流，确认不超过绝缘引流线的额定电流，满足运行要求。

（5）带电体、接地体绝缘遮蔽。如图 7-15（b）所示，对可能触及范围内的带电部件需进行绝缘遮蔽。

（6）逐相安装好绝缘引流线，如图 7-15（b）所示。

1）将绝缘引流线安装于合适位置，绝缘引流线连接处的导线应先去除氧化层，再将绝缘引流线的线夹与导线固定连接。绝缘引流线的安装位置不能影响作业，上下安装点跨度不宜过大。绝缘引流线安装前，作业人员必须与监护人共同确认绝缘引流线两端相位无误，以免引起相间短路。

2）绝缘引流线的牢固连接并通流顺畅至关重要，使用钳形电流表在绝缘引流线节点的三侧分别测量三相电流，每相的总电流等于两个分支线的电流且每相分流应超过总电流的三分之一，验证确认连接牢固、分流有效。

（7）拆除耐张杆的跳线，如图 7-15（c）所示。安装好具有良好绝缘性能和足够机械性能的导线保险绳。确认绝缘引流线通流正常后，绝缘斗臂车斗内 1 名作业人员用绝缘卡线钩将跳线固定好，防止跳线松脱、摆动，另 1 名作业人员将跳线从导线中拆除，拆除过程应平稳，防止晃动过大，造成相间或相对地短路。

（8）断路器和隔离开关引流线的绝缘遮蔽，如图 7-15（d）所示。对断路器引流线的绝缘子支撑点以上进行绝缘遮蔽。

（9）搭接断路器、隔离开关三相引流线的电源，如图 7-15（e）所示。检查断路器、隔离开关确在断开位置，逐相断路器关、隔离开关的引流线搭接至带电的三相导线上。

（10）拆除三相绝缘引流线和绝缘遮蔽，如图 7-15（f）所示。

1）合上隔离开关和断路器，并锁死断路器的跳闸机构。

2）用钳形电流表测量主线、断路器支线、绝缘引流线支线的三相电流，每相的总电流等于两个分支线的电流且每相分流应超过总电流的三分之一，验证确认连接牢固、分流有效。

3）绝缘斗臂车斗内作业人员拆除三相绝缘引流线和绝缘遮蔽。

（11）恢复断路器跳闸机构。

4．注意事项

（1）吊车作业过程中应确保与带电体有足够的安全距离，若不能满足要求者，应采取可靠措施将带电体进行绝缘遮蔽。

（2）起吊断路器过程中两侧受力均匀，速度要尽量保持同步，绑点绑扎要牢固。

（3）使用合格的起重工器具，严格遵守起重作业规程。利用吊车起吊断路器前，应先挂相同物件质量的物品进行吊点受力情况检验，确认牢固后方可起吊作业。

（4）起吊工作应由有经验的人员统一指挥，指挥信号应简明、统一、畅通，分工明确。

（5）断路器和隔离开关支架安装、固定等前期工作应确保与带电体有足够的安全距离，若不能满足要求者，应采取可靠的措施将带电体进行绝缘遮蔽。

（6）安装绝缘引流线作业过程应平稳，防止晃动过大；绝缘引流线的通流能力满足输送负荷的要求，并通流正常。

（7）拆除耐张杆的跳线时应逐相进行，一相全部完成后再进行下一相。

（8）作业前应锁死断路器的跳闸机构，作业完毕后再进行恢复，防止断路器跳闸而变成带负荷断接绝缘引流线的电源。

（9）安装绝缘引流线后，应进行测量电流确认分流有效后，方可拆除耐张杆的跳线，防止绝缘引流线通流异常而影响旁路正常替代供电。

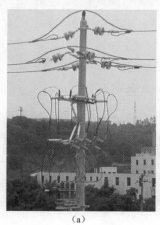 

（a）　　　　　　　　　　　（b）

图 7-15　带负荷安装柱上断路器（一）

（a）柱上断路器及隔离开关、附属件安装；（b）绝缘遮蔽及安装旁绝缘引流线

图 7-15　带负荷安装柱上断路器（二）

（c）拆除耐张杆跳线；（d）引流线绝缘遮蔽；（e）搭接引流线的电源；
（f）拆除绝缘引流线及绝缘遮蔽

（10）拆除绝缘引流线线夹前，还应再次测量电流确认分流有效，检查确认断路器处于合闸位置，方可拆除绝缘引流线的线夹，防止带负荷断开绝缘引流线的操作。

低压配电带电作业技术

本章介绍低压配电带电作业的技术要点、安全防护及三大类 13 项常见低压带电作业项目的作业技术。

8.1 作业技术要点

低压配电线路的电压较低，绝缘要求也较低，相间距离较小、杆型、绝缘子、导线布置等形式多样，配电箱（柜）内设备元件紧凑。在城市里通常是中低压同杆（塔），一杆多回，多层布置，互相交叉。与中压配电线路相比，低压配电网相间距离更小，而且一般是三相四线制，因此作业人员和作业工器具容易触及不同电位的电力设备及其构件，造成人身触电、电弧灼伤、设备烧坏。但也由于电压低，容易采取绝缘防护，只要做好安全、技术和组织的三大措施，低压配电线路的带电作业就可以安全、方便地开展。

一、作业安全措施

（1）执行工作票（或低压工作任务单）制度、工作许可制度、监护制度和交底制度。工作至少应由两人进行，其中一人为工作监护人。带电作业人员应经专门技能培训、有作业上岗证，作业过程必须精神集中且宜关闭手机，不做与作业无关的事情。监护人应由有带电作业经验的人员担任。

（2）施工前工作负责人必须察看现场，确定施工方案，向全体工作班成员布置工作任务和交代安全措施。对临近工作地点的带电设备部位，应特别交待清楚。

（3）履行工作任务单（或工作票）工作许可手续。工作负责人发出许可工作的命令，作业人员方可开始作业；工作负责人接到作业人员工作结束的报告后，检查质量符合送电的条件，安全措施和现场作业人员已全部撤离，方可宣告工作结束。使用工作票的，需与设备管理部门办理许可与终结手续。

（4）开展低压带电作业的班组应配置带电作业工具箱，配齐专用绝缘工具。

绝缘工具的绝缘性能必须完好，绝缘螺丝刀和验电笔金属裸露长度应小于5mm，严禁使用锉刀、金属尺和带有金属物的毛刷等工具。

（5）作业人员按照要求着装，佩戴防护用具。要佩戴绝缘手套和安全帽，穿全棉长袖紧口工作服；根据工作性质和内容，宜戴防电弧面罩的安全帽和护目镜，防止灼伤。

（6）高处作业必须使用安全带。安全带应挂在牢固的构件上，并不得低挂高用，禁止系挂在移动或不牢固的物件上。使用绝缘梯子高处作业的，梯子应有防滑装置，距离梯顶 1m 处设限高标志，作业人员的双手不得高出梯子最上层横杠 20cm 以上，专人负责扶持梯子，并密切监护作业人员行为，严禁使用非绝缘梯子。

（7）带电作业前应先断开断路器（隔离开关），切断负荷，严禁带负荷断、接导线。

（8）作业范围中有下列情况之一者严禁进行带电作业。

1）雨天。

2）损坏严重或有接地引下线的水泥杆（如配电变压器杆塔）。

3）负荷侧断路器（隔离开关）未在断开位置时。

4）杆上已有多对接户线且破损严重。

5）配电箱（柜）接线端子、电能表接线柱锈蚀或进出表线严重破损。

6）操作空间不足的配电箱（柜）或集装表箱。

二、作业技术措施

（1）作业人员应站在干燥的绝缘物上进行，使用绝缘工具，防止相间短路或触电。

（2）上杆前应检查杆基是否牢固。带电导线未采取绝缘措施前，作业人员不得穿越，上杆后选好合适工作位置，确保安全帽不触及或超越架空线路。

（3）作业前站好工作位置，确保身体任何部位不会触及带电部位，并与地面、墙壁、电杆等地电位物体或导线有效隔离。

（4）分清中性线（零线）、相线（火线），采用验电器或低压试电笔进行测试验证，必要时可用电压表进行测量。逐相依次进行作业，搭接顺序应遵循"先搭零线、后搭相线"的原则，断开导线时，顺序与此相反。禁止两相同时作业或人体同时接触两根线头。在接触某一导线的过程中，不得与其他导线和接地部分（含地电位物体）相碰触。

（5）分清高、低压带电线路，维持足够的安全作业距离。高低压同杆架设，在低压带电线路上工作时，应先检查与高压线路的距离是否满足带电作业的安全距离，同时采取防止误碰高压带电设备的措施。禁止使用低压验电器、低压绝缘工器具在高压带电线路及设备上进行验电或作业。

（6）低压相间距离小，作业时应采取防止相间短路和单相接地的绝缘隔离措施。在配电箱（柜）内带电作业时，可采取用绝缘毯和绝缘夹子进行相间和相对地的绝缘隔离措施。

（7）被断开的线头应用绝缘胶布临时包扎，逐相套上有相色标志的绝缘套，保证原有相序不变，防止相间短路以及触碰箱（柜）体外壳造成对地短路。

（8）接触金属配电箱（柜）体前，必须先对箱（柜）体进行验电，验明箱（柜）体对地确无电位差（电压）后再接触箱（柜）体。验电或打开箱（柜）门时，应使用右手，打开过程要面朝箱（柜）门背侧并随同打开幅度同步移动，防止人体直接面对箱（柜）本体时遭受可能的异常短路电弧伤害。

三、与中压配电网不停电作业的不同之处

1. 装置类型不同

中压配电线路采用三相三线制（A、B、C）10kV 或 20kV 供电，低压采用三相四线制（A、B、C、N）400V 或单相两线制 220V 供电为主，其中必须有一根中性线。在不停电作业前，需要通过电杆上的标识牌分清 A、B、C 三相和中性线。在地面辨别相、中性线时，一般根据一些标志和排列方向、照明设备接线等进行辨认。初步确定相、中性线后，作业人员在工作前用验电器或低压试电笔进行测试，必要时可用电压表进行测量。

低压配电线路相间距离更小，因此作业空间也是需要作业人员注意的问题。不停电作业时由于空间狭小，带电体之间、带电体与地之间绝缘距离小，或由于作业人员的错误动作，引起人身触电或相间短路事故的风险也加剧。因此，不停电作业时，必须有专人监护；监护人应始终在工作现场，并对作业人员进行认真监护，随时纠正不正确的动作，发现作业人员有可能触及邻相带电体或接地体时，可及时提醒。作业人员在作业时也要格外注意作业位置，减小动作幅度，避免相间短路或接地事故的发生。

2. 作业环境不同

低压配电线路电杆较中压配电线路电杆低，有的还与中压配电线路同杆架设，布设在下层。在城市配电网中，低压配电线路经常会受到各类通信线路、路灯、指示牌、树木等影响，作业空间狭小，作业环境相较于中压不停电作业更加复杂。因此，在低压配电不停电作业中，采用绝缘斗臂车作为工作平台时，要格外注意绝缘斗臂车的停放位置，保证工作斗能避开各类障碍物。

3. 安全防护不同

不同的电压等级，在不停电作业中，使用的各类工器具和防护用具应与电压等级相匹配。在绝缘手套作业法中，10kV（20kV）绝缘手套层间绝缘强度不足抵御系统过电压，作业过程中，绝缘手套只能作为辅助绝缘，与绝缘鞋、绝缘披肩、绝缘安全帽、绝缘斗、绝缘臂共同构成多重绝缘组合，而且必须有绝缘臂作为主绝缘。在人身安全方面，人体不得同时接触两个不同电位的带电体或接地体，这个技术原理在不同电压等级是一致的。低压配电不停电作业中，低压配电带电作业可使用中压配电带电用的各类绝缘遮蔽罩，遮蔽严密，无裸露金属体，都当作为主绝缘；绝缘良好的低压绝缘电缆，其导体端部套上绝缘套头，也都视为主绝缘。

8.2 低压配电带电作业的安全防护

低压配电线路及设施分布广泛，装置标准也不够统一，运行状况良莠不齐，可能存在先天缺陷。电压水平低，人员思想容易麻痹，日常实际作业中保证低压带电安全的技术措施往往被忽视或执行不够严格、规范，从而也增加了带电作业的安全隐患，因此低压带电作业应统一绝缘工器具的装备和作业标准，加强人员的教育培训、持证上岗作业，严格落实保证人身安全的各项防护措施。下面介绍低压带电作业的主要风险以及安全防护措施。

一、人身安全的主要风险点

1. 触电

在低压带电作业中，对人体的伤害主要是触电伤害，即人体的不同部位同时接触了有电位差（如相与相之间或相对地之间）的电源回路时所产生的电流危害。人体的不同部位是广义的，比如不同手指、手与手、手与脚、手与胳膊、头部与手、头部与脚等，都足以构成导电回路；而配电装置在相与相之间或相对地之间均有电位差，这里的地也是广义的，具体包括铁横担、水泥杆、建筑墙体等。一旦与带电体形成电源回路，人体这个导电回路串接于电源回路即产生触电，人体就会流过电流，从而产生电击。

电击对人体的伤害程度与人体接触的部位有直接关系，人体接触电源回路的部位不同决定了电流通过人体的途径，电流如果沿着人的脊柱通过（如从手到脚），或流过有关生命的重要器官，尤其是经过心脏，则是最危险的，而同一只手的不同手指则危险程度较低。其次，电击对人体的伤害程度与电流通过人体的时间也密切相关，电流作用于人体的时间长短，直接关系到人体各器官的损害程度。此外，电击对人体的伤害程度与触电者的健康状况也有关系，不同人的身体状况不同，其触电程度是不同的，如心脏病、肺结核病、精神病和内分泌器官病患者，触电尤其危险。

低压配电线路及其装置结构紧凑，相与相、相与地不同电位之间的间距很小，作业人员容易触碰带电体造成触电；其次，随着分布式电源接入低压配电网，在电网主力电源中断后，局部低压配电网可能会与大电网解列后由微网孤岛运行继续供电，导致某些线路还带电运行，因此低压配电网有源化打破了"停电即无电压"的传统定式模式，也给停电检修作业方式带来新的危险点。

2. 电弧灼伤

低压配电网正常的闭合供电回路在接通或断开的瞬间，断口在极短的时间内发光、发热的现象产生，就是产生了电弧。电弧的强光会刺激眼睛，出现接近人员短时失明现象，电弧的热及其所带来的冲击力会伤害人体的肌肉，所以在低压带电作业中，应禁止带负荷断接电源。当相与相之间或相对地之间发生短路时，都会产生电弧，电弧能量的大小与短路容量成正比，当电压水平相同时则与短路电流的大小成正比，因此金属性短路的电弧能量最大，这也是低压带电作业中常见的危险点，尤其在配电箱（柜）的接线端子或端子排、电能表的接线柱因相互间距很小，措施不当稍有疏忽，极易发生短路，因此低压带电作业除了要防止作业工器具触碰引发的相间短路外，还禁止同时剪断不同相与相或相与地的导线。

3. 高处坠落

高处作业过程中，人体失去防护或防护不好、作业不当都可能发生人员坠落事故。此外，若作业人员一旦发生触电或电弧灼伤，人体的本能反应以及心理突变恐慌，如果没有可靠的防坠落措施，都容易伴随着发生高处坠落。

二、安全防护措施

开展低压带电作业，必须掌握其基本原理和作业技术，辨识低压带电作业人身安全的危险点及其产生的原因，从而制订采取相应的安全防护措施，加强作业人员技能培训和安全教育，严格落实安全措施，规范作业。凡是停电作业方式就应严格按照停电、验电、装设接地线的安全技术措施执行；而采用不停电作业方式，无论线路是否有电，均应当作有电并按照带电作业的方法进行操作，这两种作业方式的安全措施不能混用或交叉使用，做好防触电、防电弧灼伤、防高处坠落的各项措施。

1. 防触电

（1）做好绝缘防护。作业人员必须穿棉质长袖紧口衣服、戴手套、安全帽，穿绝缘鞋，这些绝缘防护用品都要求是干燥的，才能起到绝缘防护作用。棉质衣服不仅能起到一定的绝缘防护作用，而且还能防护意外的电弧直接伤及体表。在低压带电作业中，薄的橡胶绝缘手套能起到非常好的绝缘防护效果，作业时轻便，又有效防止手掌直接接触带电部位。

（2）采用绝缘的作业工具。绝缘作业工具大多数是成品，有的是经过热缩管封装改造而成，不管哪种形式的工具，除了端口部位裸露外，其余均应有绝缘手柄和绝缘防护，这样不仅能防触电，而且还可以防止作业工具引起相间短路而产生电弧。

（3）作业人员应站在干燥的绝缘物上进行，如塑料或木头制作的板凳、绝缘梯等，并且保持干燥。对低压带电作业而言，绝缘台（梯、垫）用具本身的绝缘足以抵御工作电压，但当操作人不慎触电时．可减轻危险，作为辅助绝缘安全用具。

（4）防止人体的不同部位同时触及有电位差（如相与相之间或相对地之间）的电源回路。如人员站立位置应合适，不要倚靠墙体或其他非绝缘的构件，作业过程转身、双手摆动、作业时幅度要控制好，不得同时接触两个不同电位的部件（如相与相、相对地等均有电位差）。梯子应绝缘良好。

（5）采取必要的绝缘遮蔽隔离措施。临近有电位差的不同部位应采用绝缘毯或绝缘挡板进行绝缘遮蔽隔离，在配电箱（柜）内进行带电作业，空间狭窄、人员操作活动范围较难控制，绝缘遮蔽隔离是至关重要的。

（6）雷雨、潮湿天气禁止进行户外带电作业。

带有绝缘柄的工具、绝缘手套本身的绝缘足以抵御工作电压，是低压带电作业中必须使用基本绝缘安全用具。低压带电作业常用的绝缘作业工具如图 8-1 所示。

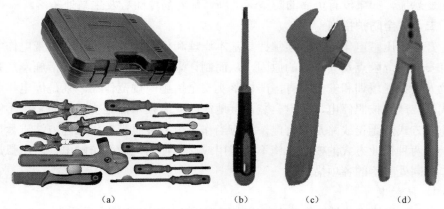

图 8-1　低压带电作业常用的绝缘作业工具

(a) 工具箱；(b) 绝缘螺丝刀；(c) 绝缘扳手；(d) 绝缘钳

绝缘螺丝刀用来紧固或拆卸带有沟槽螺钉的专用工具，对应沟槽的形状一般分为一字形和十字形两种。螺丝刀除了手持部分应采用绝缘柄之外，其外裸的导电部位除刀口端部外应采取绝缘措施，加封绝缘套管，减少工具金属部分外露的面积。使用时，螺丝刀规格应根据相匹配螺钉的沟槽大小进行选用。

绝缘扳手用于紧固和松开外缘为六角形、正方形螺母的一种专用工具，活动扳手主要由活扳唇、呆扳唇、扳口、蜗轮、轴销等构成。固定扳手（简称呆扳手）的扳口为固定口径，不能调整，但使用时不易打滑。

绝缘钳用来夹持片状物体或低压导线的线头，便于进行安装和拆卸工作。

此外，低压带电作业工具常用钳子包括钢丝钳、尖嘴钳、斜口钳、剥线钳，如图8-2所示，钳头为裸露的金属，钳柄套有耐压500V或1000V的塑料绝缘套管。

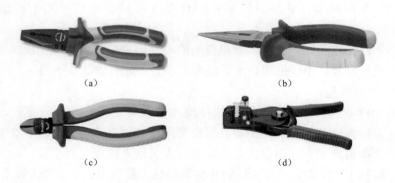

图8-2　常用钳子

（a）钢丝钳；（b）尖嘴钳；（c）斜口钳；（d）剥线钳

钢丝钳（俗称老虎钳）是常用的电工工具，由钳头和钳柄组成，柄部套有耐压500V的塑料绝缘套管，钳口用于弯折、绞绕、剪切导线，刀口用于剪切导线、拔绝缘皮、掀拔铁钉。使用时，钳柄绝缘如有损伤，不得带电操作；剪切带电导线时，不得同时剪切相线和中性线或两根及以上相线，以免发生短路故障。

尖嘴钳的头部"尖细"，用法与钢丝钳相似，其特点是适用于在狭小的工作空间操作，主要用于剪切细小的导线，夹持较小的螺钉、垫圈、导线等。尖嘴钳能将单股导线弯成接线端子（线鼻子），有刀口的尖嘴钳还可剪断导线、剥削绝缘层。

斜口钳的头部"扁斜"，因此又叫扁嘴钳或剪线钳，是剪断较粗的金属丝、线材及导线、电缆的常用工具，绝缘柄耐压为 1000V。

剥线钳用来剥落导线截面 6mm^2 以下的塑料或橡胶绝缘层的专用工具，其柄部是绝缘可耐受 500V 电压，因而可以用于低压带电作业，使用快捷方便，绝缘层切口整齐，不易损伤导线。它的钳口部分设有几个刃口，用以剥落不同线径的导线绝缘层。

2. 防电弧灼伤

（1）穿棉质长袖衣服、戴护目镜，防止意外的电弧直接伤及皮肤，根据工作性质和内容，戴防电弧面罩的安全帽和护目镜效果更佳。

（2）禁止带负荷断、接电源。剪切带电导线时不得同时剪切相线和中性线或两根及以上相线，以免发生短路故障。作业前应检查负荷侧的负载未接通，断路器或隔离开关确已断开。

（3）采用绝缘作业工具，防止因作业工具触碰电位差的不同部位造成短路。

（4）在配电箱间隔狭窄，有电位差的不同部位应采用绝缘毯或绝缘挡板进行绝缘遮蔽隔离，不仅能防止人员触电，而且还能有效防止短路。

3. 防高处坠落

高处作业人员应每年进行一次体检，无妨碍工作病症，应穿软底绝缘鞋（靴），防止脚底打滑。登高工器具每次使用前必须对其外观、基本性能等进行检查，登高前应检查登高设施是否牢靠，人员站立位置是否平稳，站立在不牢固的构筑物上作业前，应先做好防止构筑物或人员失去稳定、滑落等安全措施。高处作业应佩戴安全带并正确使用，转位时也不得失去防护。

登杆前应检查杆根、基础和拉线是否牢固，登杆工具是否完好，登杆后应系好安全带。使用梯子应有专人扶持。

梯子是常用的登高工具之一。低压带电作业应使用绝缘梯，严禁使用非绝缘梯子。绝缘梯采用高温聚合拉挤制造工艺，材质选用环氧树脂结合销棒技术，按照使用功能分为绝缘单梯、绝缘人字梯和绝缘伸缩梯，如图 8-3 所示，梯子踏板上下间距以 300mm 为宜，不能有缺档。

使用绝缘梯子高处作业的，梯子应有防滑装置，距离梯顶 1m 处设限高标志，作业人员的双手不得高出梯子最上层横杠 20cm 以上，专人负责扶持梯子，并密切监护作业人员行为。

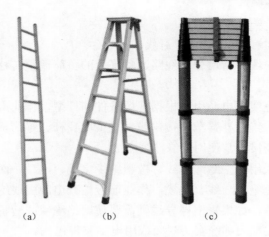

图 8-3 绝缘梯

（a）绝缘单梯；（b）绝缘人字梯；（c）绝缘伸缩梯

8.3 作业项目和方法

根据低压配电网的结构和工作需要，低压配电不停电常见的项目分为以下三大类：

（1）架空线路作业。架空线路作业是指在低压架空线路不停电的情况下进行不停电作业，包括接户线及线路断接电源引线操作、低压线路设备安装更换等。常见作业项目有：带电断、接架空线路电源引线，带电更换直线杆绝缘子及横担，带电更换直线杆。

（2）配电箱（柜）作业。配电箱（柜）内采用橡塑绝缘电线或电缆进出线的，可采用带电作业断接低压配电箱（柜）进出线电源以及配电箱有关设备安装更换等。配电箱（柜）内进出线采用铜排硬连接，不宜进行带电作业。常见的作业项目有：带电断接配电箱（柜）出线电源、带电更换配电箱（柜）、带电更换低压开关。

（3）低压计量表计作业。低压计量表计作业是针对低压用户临时取电和电表更换需求，安装、更换直接式或带互感器电能表等。常见的作业项目有：带电更换三相四线电能表、带电隔离故障的电能表。

一、架空线路作业

架空线路作业包括断接电源引线、更换直线杆横担及绝缘子、更换直线杆。

（一）带电搭接架空线路电源引线

新增低压接户线、新增分支线路、耐张段的负荷调整转移三种情况都需要搭接电源引线。

带电搭接架空线路电源引线根据现场条件和杆型，作业人员工作位置可采用登杆、绝缘梯、绝缘斗臂车，接户线一般采用登杆、绝缘梯作业，耐张杆或分支杆上的电源搭接通常使用绝缘斗臂车。

低压接户线采用架空绝缘导线、橡塑绝缘电线、电缆，而分支杆的支线路导线一般采用架空绝缘导线、电缆，作业前应检查电源引线绝缘层的外观，无破皮，导体无外露，如果采用裸导线则需要使用绝缘毯或套管防护罩对其进行绝缘包扎。导线端部用绝缘套头封闭或用电工胶带包扎。

1. 带电搭接低压接户线

带电搭接低压接户线，作业人员可采用登杆或使用绝缘梯进行带电作业，作业工位受限的可采用绝缘斗臂车进行作业，下面以登杆作业为例介绍。

（1）作业前办理相关工作任务单（或工作票），开工前检查工器具及材料。

（2）现场勘察是否具备带电作业条件，确定相应的措施。现场进行工作任务分工及安全交待。

（3）根据工作任务单核对用户的计量装置（电能表）资产编号。

（4）登杆至合适位置，系好安全带，以安全帽不触及或超过架空导线，手能灵活方便地操作为佳。用验电笔检查横担对地确无电位差（电压）后，把绳索拴在主构件上；利用专用绳索传递接户线，解开绳索，使接户线位于接户横担相应的蝶式绝缘子（俗称"茶台"）上，用绑线固定，如图8-4（a）所示，绑扎长度视导线截面而定，并留有足够长度用做引线（与架空导线连接部分）。

（5）把引线固定在架空导线上的合适位置，引线在架空导线上方应顺幅度向下弯曲，做好防渗水措施，以防止雨水从连接处顺着线芯到达电能表，造成电能表短路而烧表。

（6）用专用绝缘电工刀去掉引线与架空导线连接部分的绝缘皮层（裸导线则省略此步骤），再利用多股引线线芯中的任意一根卷成环状，暂将引线与架空导线固定在一起，而后用绑线加以绑扎，如图8-4（b）所示，其长度视接户线截面而定。搭接顺序应遵循"先搭零线、后搭相线"的原则。搭接工作完毕，检查导线和杆上无遗留物后，返回地面，如图8-4（c）所示。

(a)

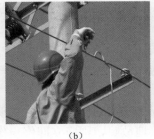
(b)

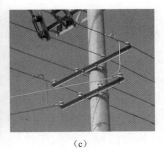
(c)

图 8-4 带电搭接低压接户线

（a）接户线固定；（b）接户线搭接；（c）搭接后单相接户线

2. 带电搭接分支路或耐张杆电源

带电搭接分支路或耐张杆电源如图 8-5 所示，杆上线路结构较为复杂，作业人员通常采用绝缘斗臂车进行作业，分支路如果为架空电缆时也可采用登杆作业。下面以采用绝缘斗臂车作业为例介绍。

（1）作业前办理相关工作票。

（2）工器具及材料检查并装设好安全围拦网、标志。

（3）检查确认搭接点负荷侧的断路器、隔离开关已断开，处于空载。

（4）绝缘斗臂车停放至预定位置，并试操作检查。

（5）绝缘斗臂车斗内作业人员使用低压验电器对电源线路的横担及导线逐相验电，确认绝缘良好无漏电情况，分清三相相线和中性线，并对中性线采用记号笔做标识。

（6）绝缘斗臂车斗内作业人员低压验电器对待搭接线路的三相导线以及中性线验电，确认无电压。

（7）带电体、接地体绝缘遮蔽。绝缘斗臂车斗内作业人员使用绝缘遮蔽用具依次将不能满足安全距离的带电体、接地体遮蔽隔离。

（8）搭接电源引线。按照"由远至近"的顺序，依次搭接中性线和三相相线的引线。当一相引线搭接后，应及时恢复导线及引线金属裸露部分的外绝缘同时进行绝缘遮蔽。

（9）拆除绝缘遮蔽返回地面。工作完毕，检查导线和杆上无遗留物后拆除绝缘遮蔽，返回地面。

（10）注意事项。

1）作业全过程中，动作应轻缓，身体各部位应与其他带电设备、接地体保持有不小于 0.1m 足够的安全距离，防止同时接触两个不同电位的物体。

231

2）待搭接线路验电时，三相相线和中性线都应验电，检查确认待接线路负荷侧断路器、隔离开关处于断开状态，方可开始搭接引线作业。

3）安装绝缘遮蔽时，按照从近到远、从下到上、从带电体到接地体的原则，从离身体最近的带电体依次布置，拆除绝缘遮蔽时与之相反。使用绝缘毯时应用绝缘夹夹紧，防止脱落。

4）搭接过程中如果有出现异常弧光或声响，说明是带负荷搭接电源引线或待搭接线路有相间短路或接地故障，则应立即停止作业，进行线路巡视排除异常故障，再次检查确认未断开的负荷，断开后测量无电流通过后方可继续作业。

（a）　　　　　　　　　　　　　（b）

（c）　　　　　　　　　　　　　（d）

图 8-5　带电搭接分支路或耐张杆电源

（a）电缆分支路；（b）架空分支路；（c）耐张杆；（d）转角杆

（二）带电拆除架空线路电源引线

低压接户线停役、分支线路停役、耐张段的负荷调整转移三种情况都需要拆除电源引线，带电处理断落接户线也需要拆除电源引线。作业人员可采用登杆或使用绝缘梯进行带电作业，作业工位受限的可采用绝缘斗臂车进行作业。

1. 带电拆除断落接户线

带电处理断落接户线通常指在接户线故障时所采取的紧急处理。其关键作业内容是带电拆除电源引线。

（1）作业前办理应急抢修单或工作任务单，开工前检查工器具及材料。

（2）现场勘察是否具备带电作业条件，确定相应的措施。现场进行工作任务分工及安全交待。

（3）断开断路器（隔离开关），切除断落接户线的所有用电负荷。

（4）判断断落接户线的中性线、相线相别，确定中性线、相线相别后按以下两种情况分别选择相应的作业方式。

1）断落接户线为相线时，应先从故障点靠负荷侧方向的位置搭接好后，后续作业参照带电搭接低压接户线的方法进行。

2）断落接户线为中性线时，应先从故障点靠电源侧方向位置搭接好后，再将接户线拉至最近的负荷侧设备接点进行搭接作业（主要是避免负荷侧方向突然来电可能）。

（5）在接户线故障点处理完成好后，方可恢复用户侧的断路器（隔离开关），恢复正常供电。

2. 带电拆除分支路或耐张杆电源

带电拆除分支路或耐张杆电源，杆上线路较为复杂，作业人员通常采用绝缘斗臂车进行作业，分支路如果为架空电缆时也可采用登杆作业。下面以采用绝缘斗臂车作业为例介绍。

（1）作业前办理相关工作票。

（2）工器具及材料检查并装设好安全围拦网、标志。

（3）检查确认断接点负荷侧的断路器、隔离开关已断开，处于空载状态。

（4）绝缘斗臂车停放至预定位置，并试操作检查。

（5）绝缘斗臂车斗内作业人员使用低压验电器对横担及导线逐相验电，确认绝缘良好无漏电情况。

（6）绝缘斗臂车斗内作业人员使用钳形电流表测量负荷侧线路的三相导线以及中性线的电流，线路无电流通过处于空载状态。

（7）带电体、接地体绝缘遮蔽。

绝缘斗臂车斗内作业人员使用绝缘遮蔽用具依次将不能满足安全距离的带电体、接地体遮蔽隔离。

（8）拆除电源引线。按照"由近至远"的顺序，依次拆除三相相线和中性线的引线。当一相引线断开后，应及时恢复导线及引线金属裸露部分的外绝缘同时进行绝缘遮蔽。

（9）拆除绝缘遮蔽返回地面。工作完毕，检查导线和杆上无遗留物后拆除绝缘遮蔽，返回地面。

（10）注意事项。

1）作业全过程中，动作应轻缓，身体各部位应与其他带电设备、接地体保持有不小于 0.1m 足够的安全距离，防止同时接触两个不同电位的物体。

2）安装绝缘遮蔽时，按照从近到远、从下到上、从带电体到接地体的原则，从离身体最近的带电体依次布置，拆除绝缘遮蔽时与之相反。使用绝缘毯时应用绝缘夹夹紧，防止脱落。

3）测量电流时，不仅要测量三相相线有无电流，同时中性线也应进行测量，待确认所有相线都无电流后方可开始断引线作业。

4）拆除电源引线时，应按照"由近至远"的顺序，依次断开分支线路三相相线和中性线的引线，拆除电源的导线末端应用绝缘套头封闭。

（三）带电更换直线杆绝缘子及横担

老旧直线杆绝缘子及横担的检修更换，可采用绝缘手套作业方式进行，其作业方法与中压配电线路直线杆绝缘子及横担基本相同。

（1）作业前办理相关工作票。

（2）工器具及材料检查并装设好安全围拦网、标志。

（3）绝缘斗臂车停放至预定位置，并试操作检查。

（4）带电体、接地体绝缘遮蔽。

绝缘斗臂车斗内作业人员使用绝缘遮蔽用具依次将不能满足安全距离的带电体、接地体遮蔽隔离。

（5）更换横担及绝缘子。

1）安装绝缘抱杆及绝缘横担。绝缘斗臂车斗内作业人员在低压横担下方适当位置安装绝缘抱杆及绝缘横担，分别将四条导线嵌入绝缘横担的导线槽。

2）绝缘斗臂车斗内作业人员打开绝缘子绝缘遮蔽，逐相解除导线绑扎线。

3）绝缘斗臂车斗内作业人员操作吊臂卷扬机将导线提升到适当位置。作业过程中应始终保持有效的绝缘遮蔽。

4）地电位作业人员配合拆除横担及绝缘子。安装新横担及绝缘子并做好绝缘遮蔽，工作完成后返回地面。在装、拆横担过程中，人体、材料与带电体应保持 0.1m 及以上安全距离。

5）绝缘斗臂车斗内作业人员操作吊臂卷扬机将导线降至绝缘子上，并绑扎牢固。

6）绝缘斗臂车斗内作业人员拆除绝缘抱杆及绝缘横担。

（6）拆除绝缘遮蔽返回地面。工作完毕，检查导线和杆上无遗留物后拆除绝缘遮蔽，返回地面。

（7）注意事项。

1）安装绝缘遮蔽时，按照从近到远、从下到上、从带电体到接地体的原则，从离身体最近的带电体依次布置，拆除绝缘遮蔽时与之相反。使用绝缘毯时应用绝缘夹夹紧，防止脱落。

2）拆装横担、绝缘子（瓷横担）前后应使用绝缘绳索绑牢。提升导线过程中要均匀受力、固定牢靠。

3）新的绝缘子安装前应测量绝缘电阻，确认合格。

4）提升导线前及提升过程前，应检查两侧电杆上的导线扎线是否牢靠，必要时应先重新绑扎加固后方可进行作业；升降导线过程中要缓慢进行，注意控制导线弧垂弛度，防止导线晃动，避免造成相间短路。

5）导线嵌入绝缘横担的导线槽后，应立即关上保险盖，防止导线脱落。四条导线全部绑扎完毕后，才可将绝缘抱杆的导线槽保险打开。

6）解扎导线时，应将扎线卷成圈，扎线展放长度不得大于 10cm。每解扎一相后应及时恢复导线上的绝缘遮蔽隔离措施。

（四）带电更换直线杆

带电更换直线杆的作业方法与中压配电线路直线杆绝缘子及横担基本相同，作业过程包括带电立杆或撤杆两个关键作业任务。

（1）作业前办理相关工作票。

（2）工器具及材料检查并装设好安全围拦网、标志。

（3）绝缘斗臂车停放至预定位置，并试操作检查。

（4）带电体、接地体绝缘遮蔽。绝缘斗臂车斗内作业人员使用导线遮蔽罩、绝缘毯依次将待更换旧杆的四条导线、水泥杆、横担、绝缘子遮蔽隔离。安装绝缘遮蔽时应按照由近及远、由低到高依次进行。遮蔽长度应进行测量、计算，确保导线不被水泥杆直接碰及，并至少有 0.1m 的裕度。绝缘遮蔽用具应设置严密、规范、牢固。作业人员在用绝缘套管隔离导线时，动作幅度要小，力度要均匀。

（5）绝缘斗臂车斗内作业人员在电杆两侧导线绝缘遮蔽区外围安装绝缘间隔棒，再由远至近依次解开绝缘子上的绑扎线，拆除横担及绝缘子，再对电杆末端用绝缘遮蔽用具对电杆进行绝缘包扎。

（6）吊车进入作业现场。

1）吊车进入作业现场，将吊臂升至预定位置，并绑好吊点，适当收紧缆绳，使旧杆适当受力，吊车扶住电杆。对起吊工具必须检查合格，其起吊能力应满足起吊物要求，吊车的吊钩必须有防突然脱钩措施。吊车应进行可靠接地。吊点钢丝绳套应绑在电杆的适当位置，以防止电杆突然倾倒。

2）在杆中靠上位置绑上左右控制幌绳。左、右幌绳必须使用绝缘绳，设置位置应合适，其主要作用只是控制水泥杆左右摆动的幅度，调整水泥杆与带电导线的距离，不得较大受力，以免突然绷断，引起水泥杆大幅度摆动。

（7）在旧杆处开挖"马道"及刨松电杆周围填充物。

（8）撤杆。

1）在现场负责人的统一指挥下，吊车缓缓撤下电杆，地面作业人员应利用幌绳控制杆身保持平衡，减小水泥杆左右摆动的幅度，避免碰及内侧导线。并配合好吊车操作将电杆慢慢放落至地面。撤下电杆过程应保持平稳，注意各部分受力状况。控制幌绳设专人看护，听从工作负责人统一指挥。在下撤过程中，始终保持吊车吊臂与带电体 2m 及以上安全距离。除指挥人及指定人员外，无关人员在撤杆过程中，应远离 1.2 倍杆高距离，不得在起重工作区域内行走或停留。

2）拆除杆上绝缘遮蔽用具及横担、绝缘子。

3）将旧杆移至不妨碍立新杆的位置，新杆就位。

（9）立新杆。

1）将新杆根部置于"马道"上方且靠近杆坑，并在杆根做好可靠接地线。

2）检查带电体、接地体绝缘遮蔽。检查确认四条导线绝缘遮蔽符合要求，并至少有 0.1m 的裕度。遮蔽长度应进行测量、计算，确保导线不被水泥杆直接碰及；作业人员在遮蔽、隔离导线时，动作幅度要小，力度要均匀，遮蔽长度的计算如图 7-9 所示。

3）电杆末端进行绝缘包扎遮蔽。吊车将杆吊离地面 1m 左右，使用绝缘遮蔽用具对吊点以上水泥杆进行绝缘遮蔽。

4）杆中靠上位置绑上控制幌绳，控制幌绳设置位置要合适。杆根钢筋处做接地处理，水泥杆接地应使用 8 号圆钢线材（截面 50.24mm^2）作为接地线，一头焊接于打入杆坑底部的角钢接地体（长度 0.6m），另一头焊接于水泥杆根部外露的钢筋（为确保接触良好，把圆钢线材弯曲成半圆形，与水泥杆根部外露的 8 条钢筋点焊连接），水泥杆起立后，接地线和接地体随之埋入坑底。

5）在现场负责人的统一指挥下，吊车缓缓起吊电杆，地面作业人员应利用幌绳控制杆身保持平衡，减小水泥杆左右摆动的幅度，避免碰及内侧导线，并配合好吊车操作将电杆慢慢滑入杆坑。电杆起吊切入导线时应注意保持杆身稳定。

起立电杆过程应保持杆身总体平稳，注意各部分受力状况。控制幌绳设专人看护，听从工作负责人统一指挥。在起吊过程中，要始终保持吊臂与带电体 2m 及以上的安全距离。吊车操作人、挡杆根人员应穿绝缘靴和佩戴绝缘手套。同时，吊车操作人在起吊电杆的全过程不得下车，以始终保持与车体等电位。

除指挥人及指定人员外，无关人员在立杆过程中，应远离 1.2 倍杆高距离，不得在起重工作区域内行走或停留。

电杆立好校正后，按规定填土夯实。

（10）安装横担及绝缘子。

1）安装前，绝缘斗臂车斗内作业人员利用小吊臂和绝缘绳将绝缘间隔棒带动导线提升至横担安装位置。

2）另一辆绝缘斗臂车的斗内作业人员安装横担及绝缘子，绝缘安装完毕后应立即做好绝缘遮蔽。

（11）绝缘斗臂车斗内作业人员拆除两侧绝缘间隔棒。

（12）固定导线。绝缘斗臂车斗内作业人员将四条导线依次置于新装横担的绝缘子上，把导线绑扎牢固。导线需绑扎牢固后，吊车吊钩方可脱离吊点。确定新立电杆牢固后，吊车撤离工作现场。

（13）拆除绝缘遮蔽，返回地面。工作完毕，检查导线和杆上无遗留物后拆除绝缘遮蔽，返回地面。

（14）注意事项

1）开挖"马道"有效降低电杆提升高度并增加起吊电杆的稳定性，立杆作业前线路施工班组应事先开挖"马道"。立、撤杆前必须开好"马道"，防止电杆起吊过程中左右倾斜，并可防止杆梢碰到带电导线。开好"马道"前应预先利用吊车及缆绳"扶住"电杆，防止电杆倾倒。

2）安装绝缘遮蔽时，按照从近到远、从下到上、从带电体到接地体的原则，从离身体最近的带电体依次布置，拆除绝缘遮蔽时与之相反。使用绝缘毯时应用绝缘夹夹紧，防止脱落。

3）解扎导线时，应将扎线卷成圈，扎线展放长度不得大于 10cm。每解扎一相时及时恢复导线上的绝缘遮蔽隔离措施。

4）绝缘间隔棒与导线连接应严密、牢固。

5）起吊、放落导线过程中要受力均匀，固定牢固。提升、下放导线前应进行弧垂校验，确认其处于规定值以内。

6）使用吊车立、撤杆时，钢丝绳套应吊在电杆的适当位置，以防止电杆在撤杆过程中突然倾倒。

7）拆除杆上导线前，应检查杆根，做好防止倒杆措施，挖坑前应将电杆固定。

8）左、右幌绳必须使用绝缘绳，其主要作用只是控制水泥杆左右摆动，调整水泥杆与带电导线的距离，不得较大受力，以免突然绷断，引起水泥杆大幅度摆动。

9）严格遵守起吊作业规程。对起吊工具必须检查合格，其起吊能力应满足起吊物要求。吊车的吊钩必须有防突然脱钩措施。

10）低压架空配电线路内侧两条导线的间距比中压配电线路更小，起吊电杆过程应缓慢平稳，避免碰压导线引起摆动造成相间碰触。

11）在条件允许的场所，如新旧杆适当顺线路方向位移、前后间距满足作业条件，应采用先立新杆后拆除旧杆，增加作业时导线的平稳度和弧垂点不会过低。

12）由于低压架空配电线路四条导线呈水平排列，导线间距比中压小，单绝缘防护可以作为主绝缘，所以新立杆的横担及绝缘子可以采用在起吊前预先安装，也可采用电杆立正后在进行安装。起吊前预先安装横担及绝缘子前，应测量导线高度和杆坑深度来确定横担安装位置，确保高度适宜。

二、配电箱（柜）作业

配电箱（柜）的进出线采用橡塑绝缘电线或电缆，可方便开展带电作业。

（一）带电搭接配电箱（柜）出线电源

配电箱（柜）需要增加的出线回路可采用带电作业进行搭接电源。带电搭接配电箱（柜）的进线回路电源，从用户停电的角度出发，与搭接该回路上一级电源点的出线回路是等效，即在上一级的出线回路处搭接电源。

配电箱（柜）内有低压隔离开关或断路器，应先检查确已断开对出线侧停电，再搭接出线回路的电源。配电箱（柜）柜内仅有汇流母排而且没有低压隔离开关或断路器，则应先遮蔽后搭接的原则依次逐相进行。

（1）作业前办理相关工作任务单（或工作票），开工前检查工器具及材料。

（2）现场勘察是否具备带电作业条件，确定相应的措施。现场进行工作任务分工及安全交待。

（3）根据工作任务单核对欲搭接用户的计量装置（电能表）资产编号。

（4）用验电笔验明箱体对地确无电位差（电压）后再接触表箱，断开负荷侧隔离开关，核对欲搭接导线的相序。搭接前低压配电箱如图 8-6（a）所示。

（5）搭接前亦应对用户的上一级电源配电箱外壳进行验电，验明对地确无电位差（电压）后再接触配电箱。核对配电箱内电源的相序，根据目测，确定进入箱内导线的长度并做好线头压接。

（6）导线进入配电箱内和搭接过程中，必须使用绝缘毯和绝缘夹进行相间隔离，如图 8-6（b）所示，安装绝缘遮蔽时应按照搭接相序的顺序依次对其他相（含零线）进行遮蔽。例如：当搭接零线时，应把 A、B、C 相用绝缘毯遮蔽，零线铜排与靠近箱边隔离；特别指出，中性线与箱体的隔离主要是要防止由于三相不平衡造成中心点飘移，使中性线对地间有电位差。

（7）搭接顺序：按 N（中性线）→A 相→B 相→C 相的顺序逐相搭接，如图 8-6（c）所示，拧紧螺栓时必须使用绝缘扳手。

（8）搭接后，确认电源已连接到用户开关电源侧，检查确认安装接线无误，电能表是否潜动，带负载试验，检查电能表运行情况。箱内其他物体应清理干净，用防火泥封堵配电箱的孔洞，拆除绝缘遮蔽，并立即关好配电箱门，方可收拾工具等。

  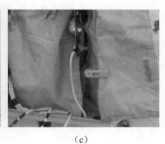

（a）　　　　　　　　　　（b）　　　　　　　　　　（c）

图 8-6　低压配电箱搭接出线电源

（a）搭接前低压配电箱；（b）低压配电箱相间绝缘隔离；（c）低压配电箱搭接出线

有关注意事项如下：

（1）应检查负荷侧开关已断开，确认待搭接线路处于空载状态。

（2）作业时应逐相依次进行，每相作业前应对非作业的相线、中性线、配电箱（柜）的外壳进行绝缘遮蔽，作业完成后立即恢复该相的绝缘遮蔽。

（3）应核对相序和中性线，确保接线正确无误。

（二）带电拆除配电箱（柜）出线电源

配电箱（柜）需要停役的出线回路可采用带电作业进行拆除电源。带电拆除配电箱（柜）的进线回路电源，从用户停电的角度出发，与拆除该回路上一

239

级电源点的出线回路是等效，即在上一级的出线回路处拆除电源。

配电箱（柜）柜内有低压隔离开关或断路器，应先检查确已断开对出线侧停电，再拆除出线回路的电源。配电箱（柜）柜内仅有汇流母排而且没有低压隔离开关或断路器，则应先遮蔽后拆除的原则依次逐相进行。

（1）作业前办理相关工作任务单（或工作票），开工前检查工器具及材料。

（2）现场勘察是否具备带电作业条件，确定相应的措施。现场进行工作任务分工及安全交待。

（3）根据工作任务单核对欲拆除用户的计量装置（电能表）资产编号。

（4）用验电笔验明箱体对地确无电位差（电压）后再接触表箱，断开负荷侧隔离开关。

（5）拆除前亦应对用户的上一级电源配电箱外壳进行验电，验明对地确无电位差（电压）后再接触配电箱，核对确认需要拆除的出线，清除配电箱孔洞的防火泥。

（6）使用绝缘毯和绝缘夹进行相间隔离，如图 8-7（a）所示，安装绝缘遮蔽时应按照搭接相序的顺序依次对其他相（含中性线）进行遮蔽。例如：当搭接中性线时，应把 A、B、C 相用绝缘毯遮蔽，中性线铜排与靠近箱边隔离；特别指出，中性线与箱体的隔离主要是防止由于三相不平衡造成中心点飘移，使中性线对地间有电位差。

（7）拆除顺序：按 A 相→B 相→C 相→N（中性线）的顺序逐相拆除，如图 8-7（b）所示，拆除的线头拔出配电箱，松开螺栓时必须使用绝缘扳手。

（8）确认出线电源的相线和中性线已拆离。箱内其他物体应清理干净，拆除绝缘遮蔽，用防火泥封堵配电箱的孔洞，并立即关好配电箱门，方可收拾工具等。

（a）　　　　　　　　　　　　　　　　（b）

图 8-7　低压配电箱拆除出线电源

（a）低压配电箱相间绝缘隔离；（b）低压配电箱拆除一相

有关注意事项如下：

（1）应检查负荷侧开关已断开，确认待断线路处于空载状态。

（2）作业时应逐相依次进行，每相作业前应对非作业的相线、中性线、配电箱（柜）的外壳进行绝缘遮蔽，作业完成后立即恢复该相的绝缘遮蔽。

（三）带电更换低压配电箱

老旧的低压配电箱可采用带电作业进行更换，作业环节包括带电断接进出线电源和箱体更换。

（1）作业前办理相关工作任务单（或工作票），开工前检查工器具及材料。

（2）现场勘察是否具备带电作业条件，确定相应的措施。现场进行工作任务分工及安全交待。

（3）用验电笔验明箱体对地确无电位差（电压）后再接触配电箱，断开负荷侧隔离开关，确认配电箱（柜）处于空载状态。

（4）参照带电拆除配电箱（柜）出线电源的方法逐相拆除出线电源，并将导线拔出，导线端部套上绝缘套头并做好相序标志。

（5）参照带电拆除配电箱（柜）出线电源的方法逐相拆除进线电源，并将导线拔出，导线端部套上绝缘套头并做好相序标志。

（6）拆除旧的配电箱。

（7）安装新的配电箱。安装新的配电箱内部电气设备、电能表计，并检查接线正确、符合要求。

（8）参照带电搭接配电箱（柜）出线电源的方法逐相搭接进线电源，将进线的导线连接至进线接线端子上，搭接时注意保持原有相序不变。

（9）参照带电搭接配电箱（柜）出线电源的方法逐相搭接出线电源，将出线的导线连接至出线接线端子上，搭接时注意保持原有相序不变。

（10）搭接后，确认进出线电源已正常运行。箱内其他物体应清理干净，用防火泥封堵配电箱的孔洞，拆除绝缘遮蔽，并立即关好配电箱门，方可收拾工具等。

有关注意事项如下：

（1）应检查负荷侧开关已断开，确认线路处于空载状态。

（2）作业时应逐相依次进行，每相作业前应对非作业的相线、中性线、配电箱（柜）的外壳进行绝缘遮蔽，作业完成后立即恢复该相的绝缘遮蔽。

（3）拆除每相电源后应在导线端部套上绝缘套头并做好相序标志。

（4）搭接每相电源前应核对相序和中性线，确保接线正确无误。

（四）带电更换小型低压开关

闸刀开关、熔断器式隔离开关、微型断路器等小型低压开关常固定安装在配电箱内或墙壁上，因运行老化或规格不符合要求，需要进行更换，开关进出线接线端子都有相应的接线槽和端子，按照逐相依次作业的原则便于开展带电更换作业。

（1）作业前办理相关工作任务单（或工作票），开工前检查工器具及材料。

（2）现场勘察是否具备带电作业条件，确定相应的措施。现场进行工作任务分工及安全交待。

（3）用验电笔验明箱体对地确无电位差（电压）后再接触配电箱，断开需要更换的刀开关（熔断器式隔离开关、微型断路器），在出线侧验电确认无电压，即处于空载状态。

（4）参照带电拆除配电箱（柜）出线电源的方法逐相拆除出线电源，导线端部套上绝缘套头并做好相序标志。

（5）参照带电拆除配电箱（柜）出线电源的方法逐相拆除进线电源，导线端部套上绝缘套头并做好相序标志。

（6）拆除旧的闸刀开关（熔断器式隔离开关、微型断路器）。

（7）安装新的闸刀开关（熔断器式隔离开关、微型断路器）。

（8）参照带电搭接配电箱（柜）出线电源的方法逐相搭接进线电源，将进线的导线连接至进线接线端子上，搭接时注意保持原有相序不变。

（9）参照带电搭接配电箱（柜）出线电源的方法逐相搭接出线电源，将出线的导线连接至出线接线端子上，搭接时注意保持原有相序不变。

（10）搭接完成后，合上闸刀开关（熔断器式隔离开关、微型断路器），确认进出线电源已正常运行。箱内其他物体应清理干净，拆除绝缘遮蔽，并立即关好配电箱门，方可收拾工具等。

有关注意事项如下：

（1）应检查开关已断开，确认线路处于空载状态。

（2）作业时应逐相依次进行，每相作业前应对非作业的相线、中性线、配电箱（柜）的外壳进行绝缘遮蔽，作业完成后立即恢复该相的绝缘遮蔽。

（3）拆除每相电源后应在导线端部套上绝缘套头并做好相序标志。

（4）搭接每相电源前应核对相序和中性线，确保接线正确无误。

三、低压计量表计作业

计量表计作业包括带电更换不带互感器的三相四线电能表、更换带互感器的三相四线电能表、带电隔离故障的电能表。

（一）更换不带互感器的三相四线电能表

（1）作业前办理相关工作任务单（或工作票），开工前检查工器具及材料。

（2）现场勘察是否具备带电作业条件，确定相应的措施。现场进行工作任务分工及安全交待。

（3）根据工作任务单核对用户运行中的计量装置（电能表）资产编号。

（4）对箱体进行验电，用验电笔验明箱体对地确无电位差（电压）后再接触表箱，断开出线断路器或隔离开关。

（5）打开箱门检查，判别是否具备带电作业条件，计量装置是否运行正常，电能表封印是否完好（含检定封印）。

（6）在电能表接线盒检测相序后，先按 A 相→B 相→C 相→N（中性线）的顺序逐相拆除电能表电源进线，后按 A 相→B 相→C 相的顺序拆除电能表出线，最后再拆除原有电能表。拆除电能表进出线的过程中，应逐相套上有相色标志的绝缘套，保证原有相序不变。

（7）根据工作任务单核对用户新装出电能表资产编号，更换新电能表并安装牢固，先按 C 相→B 相→A 相的顺序逐相把电能表出线接入电能表相应接线柱，后按 N（中性线）→C 相→B 相→A 相的顺序逐相把电源进线接入电能表相应接线柱，导线接头金属部分不得外露。

（8）安装完成后，检查确认安装接线无误、电能表是否潜动、带负载试验，检查电能表运行情况。把接线盒盖装上封印，外门封印。填写换回电能表的电度并经用户核对签字确认。

更换单相二线电能表可参照上述步骤进行。

（二）更换带互感器的三相四线电能表

（1）作业前办理相关工作任务单（或工作票），开工前检查工器具及材料。

（2）现场勘察是否具备带电作业条件，确定相应的措施。现场进行工作任务分工及安全交待。

（3）根据工作任务单核对用户运行中的计量装置（电能表）资产编号。

（4）对箱体进行验电，用验电笔验明箱体对地确无电位差（电压）后再接触表箱，断开出线断路器或隔离开关。

（5）打开箱门检查。判别是否具备带电作业条件，计量装置接线是否正确，根据工作任务单核对电流互感器变比与现场的匝数是否相符，电流互感器是否烧坏、断裂，检查计量装置是否运行正常，检查电能表封印是否完好（含检定封印）。

（6）在电能表接线盒检测相序，先拆除公共线与 N（中性线）柱的连接线，再按 A 相→B 相→C 相→N 相的顺序拆除电压回路，后按 A 相 K1→B 相 K1→C 相 K1→K2 公共线（是指电流回路采用四线制）的顺序拆除电流互感器与电能表的连接线，最后再拆除原有电能表。拆除（电流回路）过程中，应逐相套上有相色标志的绝缘套。K2 公共线可不套。

（7）根据工作任务单核对用户新装出电能表资产编号，更换新电能表并安装牢固，先按 K2 公共线→C 相 K1→B 相 K1→A 相 K1 的顺序逐相把电流互感器与电能表的连接线接入电能表中相应的接线柱（电流回路），后按 N（中性线）→C 相→B 相→A 相的顺序逐相把电压线接入电能表中相应的接线柱（电压回路），最后把公共线与零线柱进行连接，防止电压线接入误碰电流回路造成短路。导线排列整齐，与接线柱连接必须牢固，导线接头金属部分不得外露。

（8）安装完成后，检查确认安装接线无误、电能表是否潜动、带负载试验，检查电能表运行情况。把接线盒盖装上加封，外门加封。填写换回电能表的电度并经用户核对签字确认。

（三）带电隔离故障电能表

（1）检查表计是否已烧毁，用户负荷是否可断开等情况，判断能否采用带电作业。

（2）发现单相烧表或三相烧表时，必须先检查用户内部断路器确已断开。

（3）登高至合适的位置，作业人员方可对故障进行排除，排除故障点。在排除故障时，必须先断开相线后断开中性线，严禁把中性线、相线同时剪断，防止相间短路。在分线箱拆除用户电源后，确认到用户断路器电源侧已无电、箱内无其他物体，应先拆除绝缘遮蔽，并立即关好箱门，方可收拾工具等。

旁路和移动电源作业技术

9

配电网的检修工作比较复杂，很多工作，如配电变压器的更换（增容）、迁移杆线、更换导线等项目无法直接采用带电作业来实现。但是，如果采用把需检修的线路、设备从电网中分离出来，采用旁路线路替代运行，或利用移动电源形成独立网对用户连续供电的方式，即实现了对用户不停电的作业。本章首先介绍旁路作业的基本概念与方法，重点阐述了电缆不停电作业技术，最后介绍移动发电车、储能式应急电源车、移动箱式变压器替代供电的作业技术。

9.1　旁路作业的基本方法

旁路作业法是指应用旁路电缆（线路）、旁路开关等临时载流的旁路设备，将需要检修作业的运行设备（如线路、断路器、变压器等）暂由旁路设备替代运行，对需要检修作业的线路或设备隔离后进行停电检修、更换，作业完成后再恢复正常接线方式供电，最后拆除旁路设备，实现整个检修过程对用户不停电的作业。

旁路作业法给常规带电作业注入了新的理念，它是将若干个常规带电作业项目有机综合起来，实现"不停电作业"。这样，只要将"旁路作业"和常规"带电作业"灵活地组合起来，可以彻底改变以往配电以停电作业为主、带电作业为辅的局面。同时，"旁路作业法"的开展，也弥补了常规"带电作业"项目的一些空白。

旁路作业法常运用于中压配电网带负荷迁移线路，该项目属较为复杂、工作量较大的作业项目。具体的方法是将需要迁移的线路段利用柔性电力电缆旁路运行，也可利用新架设的架空线路段旁路运行，而后将该段线路隔离退出运行并进行迁移，最后再将迁移好的线路接入配电网并退出柔性电力电缆（或旁路架空线路）旁路，实现对用户的不间断供电。

根据旁路设备替代方法的不同，在旁路作业法中有着不同的应用，如第七章所介绍柱上断路器的安装与更换、直线杆改耐张杆等，也是一种采用绝缘引流线作为旁路的作业方法，但相对简单，简称"小旁路作业法"。下面将介绍整段配电线路旁路替代作业的主要方法和步骤，也称"大旁路作业法"。

一、旁路电缆法

旁路电缆根据现场需要，可采用同芯的常规电力电缆，也可采用单芯的柔性电力电缆。这种方法常用于带电迁移杆线或者更换导线的作业，也可用于架空线路改电缆的作业，此时的旁路电缆应按照最终的方案设计和施工，采用常规的电力电缆，无需架设新架空线路作为旁路来替代旧线路。柔性电力电缆及其附属设备在 9.2 节中详细介绍，下面介绍应用柔性电力电缆作为旁路的作业技术。

（一）迁移杆线

1. 作业人员构成及分工

作业项目所需的作业人员有：工作负责人（监护人）1 人，绝缘斗臂车斗内作业工 2 人，杆上线路若干人，地面作业人员若干人。

2. 作业器具及材料

旁路电缆法所需工器具及材料见表 9-1。若需将直线杆开断改为耐张杆，还应按照第七章"直线杆开断改耐张杆"的作业方法增加所需的工器具。

表 9-1　　　　　　　　旁路电缆法所需工器具及材料

名　　称	数　量	名　　称	数　量
绝缘斗臂车	1 辆	绝缘披肩	2 件
绝缘断线器	1 把	绝缘安全帽	2 个
绝缘遮蔽罩（导线、横担）	若干	绝缘手套	2 副
绝缘毯（垫）	若干	绝缘夹	若干
绝缘滑车及支架	2 套	羊皮手套	2 副
旁路开关	2 台	对讲机	2 部
柔性电力电缆	长度视现场情况决定	钳形电流表	1 只
绝缘绳	2 条	2500V 绝缘电阻表	1 只

3. 作业步骤

（1）作业前的准备工作。

1）现场实地勘测，制订施工方案，选定绝缘斗臂车位置，安排人员的分工等。

2）两台柱上旁路开关的安装和旁路电缆的敷设。旁路开关安装前应经交接试验合格；旁路电缆敷设完毕后应使用 2500V 绝缘电阻表测试电缆的绝缘电阻，判断电缆无缺陷，核对电缆终端头两侧同芯相并做标志，布置现场安全措施。

（2）带电搭接旁路开关的引流线。绝缘斗臂车斗内的作业人员按照由远至近的顺序安装好线路两端旁路开关的引线，引线分别安装在被迁移线路外侧段的导线上。每安装好一相，就要对引线和导线的连接处恢复绝缘遮蔽，完成旁路设备的安装。

（3）旁路电缆并列运行。核对相位无误后合上两侧旁路开关，如图 9-1（a）所示。用钳形电流表测量引线上的电流，检查通流是否正常。

（4）旁路电缆替代运行。确认负荷已转移到旁路电缆上后，绝缘斗臂车斗内作业人员按照由近至远的顺序分别钳断被迁移线路的引线，钳断时应采取措施防止引线断头搭接到别的带电部件或接地构件上，钳断后应迅速对带电部分进行绝缘遮蔽，如图 9-1（b）所示。

（5）地面作业人员进行不带电线路的迁移施工。

（6）新线路并列运行。迁移好的线路两端分别与原带电的线路进行连接，并检查确认连接完好、通流正常。

（7）旁路退出运行。分别断开两侧旁路开关，解开旁路开关与旁路电缆的连接，收回旁路电缆。

旁路电缆法作业过程的接线变换如图 9-1 所示。

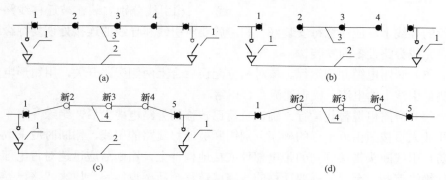

图 9-1　旁路电缆法接线变换示意图

（a）旁路并列运行；（b）旁路替代；（c）新线路并列运行；（d）旁路退出

1—旁路开关；2—旁路电缆；3—原有线路；4—迁移后新线路

4. 涉及的带电作业项目

（1）带电立杆。作为线路耐张终端杆引接旁路电缆，最后拆除该耐张段的空载线路。有的线路结构已经是耐张终端杆，就不需此步骤。

（2）带电搭接空载引流线。两个环节需要使用该方法。

1）第一个环节是带电搭接旁路开关的引流线，完成后再利用两侧的旁路开关进行倒闸操作，并列运行。

2）另一个环节是新线路的"带电接火"，使新线路投入并列运行。

（3）带电拆除空载引流线。两个环节需要使用该方法。

1）第一个环节是拆除需要停电检修线段两侧的引流线，由旁路电缆替代。

2）另一个环节是带电拆除旁路开关的引流线，以便拆除旁路电缆。

以上的分解项目可参考第七章所介绍的作业方法进行。

（二）更换导线

旁路电缆法还可用于更换导线的作业。如图9-2所示，对1～5号杆的导线进行更换，其作业主要步骤如下。

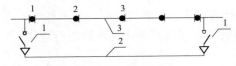

图9-2 旁路电缆法更换导线示意图

1—旁路开关；2—旁路电缆；

3—拟更换导线的线路

（1）两侧旁路开关的安装和旁路电缆的敷设、试验，核对两侧相位并做标志，布置现场安全措施。

（2）带电搭接旁路开关的引流线。绝缘斗臂车斗内的作业人员按照由远至近的顺序安装好线路两侧旁路开关的引线，三相引线分别安装在被迁移线路外侧段的导线上。应注意每安装好一相，就要对引线和导线的连接处恢复绝缘遮蔽，完成旁路设备的安装。

（3）旁路电缆并列运行。核对相位无误后合上两侧旁路开关，用钳形电流表测量引线上的电流，检查通流是否正常。

（4）旁路电缆替代运行。确认负荷已转移到旁路电缆上后，绝缘斗臂车斗内作业人员按照由近至远的顺序分别钳断被迁移线路的引线，钳断时应采取措施防止引线断头搭接到别的带电部件或接地构件上，钳断后应迅速对带电部分进行绝缘遮蔽。至此，需要迁移的线路已转移至新架设线路，原来线路已经被隔离不带电。

（5）对不带电的线路进行更换改造。

（6）改造后的新线路并列运行。迁移好的线路两端分别与原带电的线路进行连接，并检查确认连接完好、通流正常。

（7）旁路退出运行。分别断开两侧旁路开关，解开旁路开关与旁路电缆的连接，收回旁路电缆。

（三）注意事项

（1）装设旁路电缆的旁路开关。作为旁路电缆投运操作使用，装设完毕后先保持在断开位置。

（2）旁路电缆与旁路开关连接，注意保持相位一致性连接，务必完成相位核对工作，确认相位不能错误。

（3）旁路电缆投运。先合上旁路电缆一侧的旁路开关，在另一侧进行核相，相位正确后合上该旁路开关，旁路电缆并列运行。

（4）不是采用带电作业的作业内容，应在满足足够安全距离的条件下进行，否则，应采取绝缘隔离措施或者停电进行作业。

（5）作业步骤应严格按照作业规程和工艺要求执行。

二、旁路架空线路法

这种方法常用于带电迁杆移线的作业，优点是以先架设迁移后的新线路作为旁路，而不需要敷设旁路电缆。

1. 作业人员构成及分工

作业项目所需的作业人员有：工作负责人（安全监护人）1 人，绝缘斗臂车斗内作业工 2 人，杆上线路若干人，地面作业人员若干人。

2. 作业器具及材料

旁路架空线路法所需工器具及材料见表 9-2。若需将直线杆开断改耐张杆，还应按照第七章"直线杆开断改耐张杆"作业方法增加所需的工器具。

表 9-2　　　　　　　　　旁路架空线路法所需工器具及材料

名　称	数　量	名　称	数　量
绝缘斗臂车	1 辆	绝缘披肩	2 件
绝缘断线器	1 把	绝缘安全帽	2 个
绝缘遮蔽罩（导线、横担）	若干	绝缘手套	2 副
绝缘毯（垫）	若干	绝缘夹	若干
绝缘滑车及支架	2 套	羊皮手套	2 副
旁路开关	1 台	对讲机	2 部
旁路架空线路	按照要求预先架设	钳形电流表	1 只
绝缘绳	2 条	2500V 绝缘电阻表	1 只

3. 主要作业步骤

（1）作业前的准备工作。

1）现场实地勘测，制订施工方案，选定绝缘斗臂车位置，安排人员的分工等。

2）架设旁路架空线路及安装旁路开关，核对两侧相序并做标志，现场安全措施的布置。

（2）带电搭接旁路开关（及线路）的引流线。绝缘斗臂车斗内作业人员按照由远至近的顺序安装好线路电源侧旁路开关（及线路）的三相引线，三相引线分别安装在被迁移线路外侧段的导线上。应注意每安装好一相，就要对引线和导线的连接处恢复绝缘遮蔽，完成旁路设备的安装。

（3）旁路线路并列运行。核对相位无误后合上旁路开关，用钳形电流表测量三相引线上的电流，检查通流是否正常，如图 9-3（a）所示。

（4）旁路线路替代运行。确认负荷已转移到旁路线路上后，绝缘斗臂车斗内作业人员按照由近至远的顺序分别钳断被迁移线路的引线，钳断时应采取措施防止引线断头搭接到别的带电部件或接地构件上，钳断后应迅速对带电部分进行绝缘遮蔽。至此，需要迁移的线路已转移至新架设线路替代供电，原来线路被隔离已经不带电，如图 9-3（b）所示。

（5）拆除原来的旧线路。旁路架空线路法整个作业过程的接线变换如图 9-3所示。

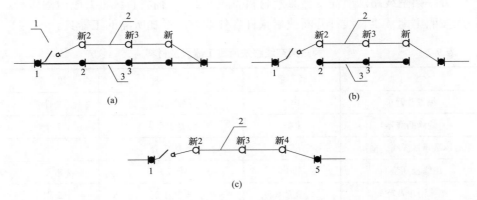

图 9-3　旁路作业法接线变换示意图

（a）旁路线路并列运行；（b）旁路线路替代运行；（c）拆除旧线路

1—旁路开关；2—旁路线路（新线路）；3—原有线路（需拆除线路）

4. 涉及的带电作业项目

（1）带电立杆。作为线路耐张终端杆引接新线路，有的线路结构已经是耐张终端杆，就不需此步骤。

（2）带电搭接空载引流线。两个环节需要使用该方法。

1）第一个环节是带电搭接旁路开关的引流线，完成后再利用已装好的旁路开关进行倒闸操作，并列运行。

2）另一个环节是新线路的"带电接火"，使新线路投入并列运行。

（3）带电拆除空载引流线。拆除需要停电检修线段两侧的引流线，由旁路线路替代。

以上的分解项目可参考第七章所介绍的作业方法进行。

5. 注意事项

（1）装设旁路线路的旁路开关。作为旁路线路投运操作使用，装设完毕后先保持在断开位置。

（2）旁路线路与旁路开关连接，注意保持相位一致性连接，务必完成相位核对工作，相位不能错误。

（3）旁路线路投运。相位正确后合上旁路开关，旁路线路并列运行。

（4）不是采用带电作业的作业内容，应满足足够的安全距离，在不能满足的条件下或者无法进行带电作业的，应采取绝缘隔离措施或者停电进行作业。

（5）作业步骤应严格按照作业规程和工艺要求执行。

三、旁路作业法的安全措施

（1）应使用带电作业工作票。要求停用线路的重合闸。

（2）应设专责总指挥（总负责人），施工现场应使用安全围拦网进行封闭，以防止行人、车辆进入。

（3）旁路作业法如分若干小组持有分工作票的，工作（总）负责人应根据作业步骤分别向分票负责人许可，严格执行工作票（分票）所列安全措施。作业步骤和操作票编号经工作（总）负责人许可后才能执行，各分票（小组）负责人每次操作完毕后即向工作（总）负责人汇报，工作全部结束后，由工作（总）负责人向调度汇报。

（4）严格按照作业指导书步骤进行。在倒闸操作时，应使用操作票。

（5）施工前应检测运行线路的负载（电流），以便校验旁路线路（电缆）荷载。

（6）旁路电缆架空展放时，距地面不低于 4m，跨越道路应不低于 6m；若采用地面临时敷设的，应有防止电缆受外力伤害的保护措施。接头两侧电缆应采用绝缘绳加固，防止由于电缆受力而移动甚至脱落。电缆屏蔽层、旁路开关和移动箱式变压器的外壳应可靠接地。

（7）旁路线路（电缆和开关）等设备在投运前，必须按有关规定进行电气试验，并符合规定的要求。旁路开关安装前应经交接试验合格，旁路电缆敷设完毕后应使用 2500V 绝缘电阻表测试电缆的绝缘电阻，判断电缆无缺陷，核对电缆终端头两侧同芯相并做标志，旁路线路（电缆）在并入线路运行前应核对相位正确。

（8）更换导线的耐张杆在松导线前应打好临时拉线并加强监护，以保持与有电线路的安全距离及防止触及有电导线。线盘圈和牵引导线设备都应设置可靠接地。

（9）旁路电缆拆除前应进行放电、接地，以防止残留电荷伤人。

9.2　电缆不停电作业技术

利用旁路开关和柔性电力电缆以及快速插拔式电缆连接附件，在现场构建临时旁路电缆线路，跨接作业线路段（故障或待检修、技改的线路及其设备）；将电源引向临时旁路电缆供电系统，然后再断开作业线路段电源，使作业线路段进入停电检修作业方式，检修完毕后再恢复由原有作业线路段供电，拆除旁路电缆供电系统，从而保持对用户不间断供电。电缆不停电作业技术是一项以旁路作业法为基本技术路线及综合应用的新型不停电作业技术，随着电缆快速连接设备的研制推广，在现场得到广泛应用。

一、旁路电缆供电系统

随着电缆线路的快速发展，电力电缆线路安全运行是保障供电可靠性的关键。电缆线路运行中突发故障的故障处理或检修、技改工作，需要在原有电缆线路完全停电的状况下进行，停电时间长。采用旁路电缆供电系统，能够在很短的时间内向沿线用户保持不间断临时供电，而作业线路段及其设备即可在停电状态下进行施工检修作业。

应用旁路法实现不停电作业，最早应用于架空线路的迁移或检修，而旁路电缆供电系统采用积木式组件，在很短时间内完成替代原有作业线路段的供电，安全、可靠且安装简单、方便，在电缆线路不停电作业技术中的广泛应用。

旁路电缆线路主要由柔性电力电缆、自锁定快速插拔式终端、自锁定快速插拔式中间接头、自锁定快速插拔式 T 形中间接头、绝缘引流线夹、消弧开关和旁路开关等组成。由旁路电缆线路以及旁路设备构建旁路供电系统，其电源可从架空线路引接取电，也可从开关站、环网单元的开关间隔取电，替代原有作业线路段的供电系统而保持对用户的不间断供电。

如图 9-4 所示，若 1 号环网单元 914 断路器至 2 号环网单元 921 断路器之间的电缆需要检修或更换，可由 1 号环网单元备用间隔 913 断路器至 2 号环网单元备用 922 断路器之间敷设旁路电缆，通过倒闸操作由旁路电缆替代运行后，即可将原有电缆退役进行检修或更换，待电缆检修或更换完毕后，再切换退出旁路电缆，从而保持了电缆检修过程中有关的用户的不间断供电。若电缆需要更换，且 1、2 号环网单元无备用间隔时，可待旁路电缆敷设完毕后再进行短时停电拆、接电缆终端头，仅对用户产生短时停电，避免了更换过程长时间的停电。

如图 9-5 所示，若 2 号环网单元需要检修或更换，可由 1 号环网单元 913 断路器敷设旁路电缆以及 3 号环网单元（或环网单元车等移动厢式设备）连接至 1、2 号变压器的高压侧，通过倒闸操作由旁路电缆供电系统替代

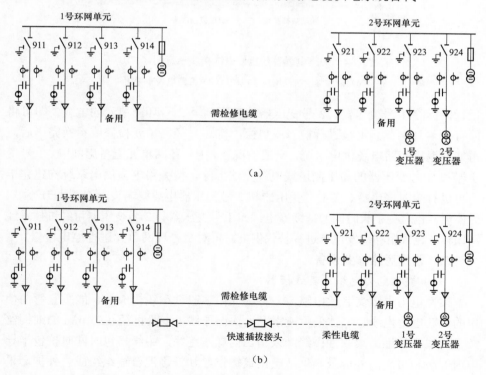

（a）

（b）

图 9-4　旁路电缆替代检修电缆接线示意图（一）

（a）需检修电缆停电前接线图；（b）旁路电缆并列运行接线图

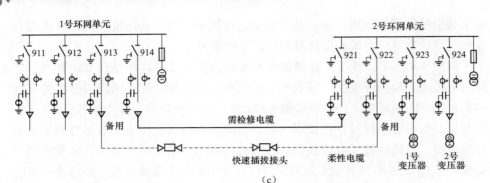

（c）

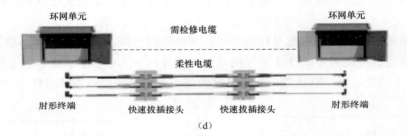

（d）

图 9-4　旁路电缆替代检修电缆接线示意图（二）
（c）需检修电缆停用后接线图；（d）旁路电缆布置图

运行，拆除 1 号变压器、2 号变压器的高压侧至 2 号环网单元的电缆，即可将原有 2 号环网单元退役进行检修或更换，待 2 号环网单元检修或更换完毕后，再切换退出旁路电缆供电系统，一般情况下，1 号环网单元无备用间隔、1 号变压器和 2 号变压器的高压侧进线电缆无法拆除，待旁路电缆供电系统构建完毕后再进行短时停电拆、接 1 号变压器和 2 号变压器电缆终端头，仅对用户产生短时停电，也避免了长时间的持续停电。如 1 号变压器和 2 号变压器可经过技术经济比较，也采用移动发电车进行替代供电，再对 2 号环网单元进行停电检修。

二、常用旁路作业设备

（一）柔性电力电缆及其连接器

柔性电力电缆又名软电缆，一种导体由多股软铜线构成的、能重复弯曲使用的单芯电力电缆。导体采用镀锡退火软铜导体，多股直径 0.30 mm 的细铜丝绞合而成，保证高柔软性；绝缘采用乙丙橡胶绝缘，绝缘挤包时同时挤包半导电内屏蔽和可剥离外屏蔽，屏蔽层由镀锡铜丝和纤维混合编织组成。外护套采用耐候性好的氯丁橡胶。

柔性电力电缆特殊制造工艺，它比普通电力电缆具有更好的柔软性、可以

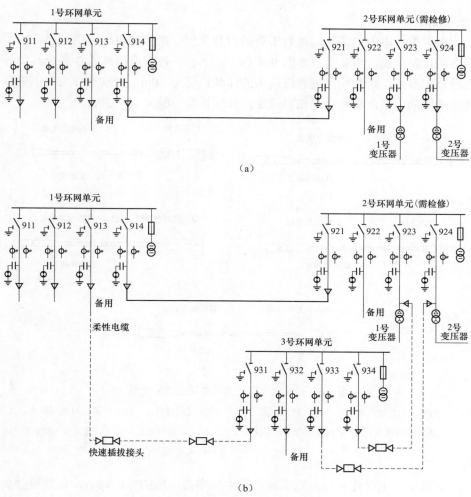

图 9-5　旁路供电系统替代检修环网单元接线图

（a）需检修环网单元停电前接线图；（b）需检修环网单元停用后接线图

重复多次敷设、收回使用，是电缆不停电作业的主要材料，广泛应用于临时性供电的旁路电缆。柔性电力电缆多为单芯，从操作的方便性考虑，目前旁路电缆的截面均在 50mm² 及以下，其适用范围主要用于负荷电流在 200A 及以下的配电系统；长度每段 50m，电缆终端头出厂已预制完毕，柔性电力电缆之间的连接采用快速插拔接头进行连接，可快速灵活连接组成不同长度需要。为便于柔性电力电缆与设备之间的连接，定制两侧终端头不同组合的电缆，长度每段

10～20m。

根据柔性电力电缆不同组合需要的组装类型，两侧的电缆终端头已在出厂时成品预制完成，组装类型如图 9-6（a）～（e），每组电缆都是 3 条分红黄绿三种辨识颜色，两侧均为直通终端头的标准长度为 50m，而其他作为与主设备连接的辅助电缆，长度也是相对固定，标准长度一般为 10～20m。

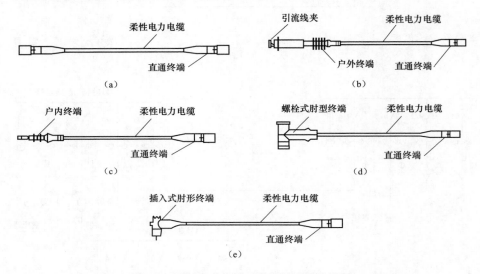

图 9-6　柔性电力电缆及其终端头组装类型

（a）两侧均为直通终端头；（b）一侧为引流线夹、一侧为直通终端头；（c）一侧为户内终端头、一侧为直通终端头（d）一侧为螺栓式肘形终端头、一侧为直通终端头；（e）一侧为插入式肘形终端头、一侧为直通终端头

柔性电力电缆连接器是连续和持续柔性电力电缆的专用设备，包括可分离电缆终端和自锁定快速插拔接头。

可分离电缆终端按照电气连接方式分螺栓式和插入式两种。螺栓式包括户内终端头、户外终端头和肘形终端头。插入式包括肘形终端头和直通终端头，插入式肘形终端头又分可带电插拔终端和快速插拔终端。柔性电力电缆常用可分离终端如图 9-7 所示。

自锁定快速插拔接头有直通接头和 T 形接头两种（见图 9-8），主要用于各段柔性电力电缆之间的连接，并保持全绝缘的设备，具备体积小、自重轻、连接快速、电气性能优异、防水性能好等特点，具有特殊自锁定连接结构，安装简单、快捷、安全，是旁路电缆供电系统中的关键连接设备。自锁定快速拔插终端和直通接头连接可延长临时旁路供电电缆线路的长度，而减短柔性电力电缆每段的长度，以跨接不同长度的作业线路段。自锁定快速插拔终端和自锁定快速插拔 T 形接头连接用于旁路电缆支路，以保证各支路用户的电源接入。

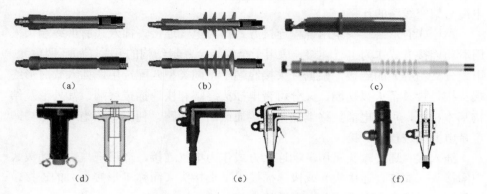

图 9-7　柔性电力电缆常用可分离终端

（a）户内终端头；（b）户外终端头；（c）带引流夹的户外终端头；（d）螺栓式肘形终端头；

（e）插入式肘形终端头；（f）插入式直通终端头

图 9-8　常用柔性电力电缆连接器

（a）快速插拔式中间接头（直通接头）；（b）快速插拔式 T 形接头（T 形接头）

柔性电力电缆连接器的电场控制采用应力锥结构设计、选用性能优良的乙丙橡胶作为主要绝缘材料，全不锈钢外屏蔽，使产品具有优良的机械性能和电气性能；优异的材料性能，合理的过盈结构设计，特殊界面偶联技术，保证产品密封防水；特殊的表带型触子结构设计，使产品通流能力强、温升低；机械锁止可方便地进行对接，对接以后具有自锁功能，防止在对接以后自动分离。在分离状态，配备专用绝缘帽、防尘装置；接头的外表金属应耐腐蚀、高强度。固定与滑动的金属具有增加摩擦系数的表面处理。

户内终端头采用螺栓紧固的连接方式，适用于户内配电装置裸露端子的连接。

户外终端头采用螺栓紧固的连接方式适用于与架空线路的连接，与绝缘引流线、消弧开关配合使用，将电缆接入带电架空线路上，实现带电断、接空载电缆电源的作业。绝缘引流线夹具有绝缘橡胶外护套，可手持带电操作，用于电缆与架空线路的连接。

螺栓式肘形终端头采用螺栓连接方式作为电气连接，插入式肘形终端头采用滑动连接方式作为电气连接，适用于全绝缘全密封结构的开关（如环网单元、电缆分支箱等）的连接，根据开关接线端子不同类型匹配选用。插入式肘形终端头按是否具备灭弧功能，又分可带电插拔终端和快速插拔终端，其外形及结构基本相似，可带电插拔终端能带电接通或断开回路，使用专业绝缘操作棒即可带电插拔进行断、接。

插入式直通终端头采用滑动连接方式作为电气连接，适用于与快速插拔式中间接头（简称直通接头）或快速插拔式 T 形接头（简称 T 形接头）的连接，以便延长柔性电力电缆或分支电缆的 T 接。

（二）旁路开关与消弧开关

在配电带电作业过程中，当断、接的空载电缆或架空线路，电容电流不小于 0.1A 时，应使用旁路开关或消弧开关进行操作。

旁路开关是一种全绝缘可用于户内或户外可移动的三相负荷开关，具有分闸、合闸两种状态，用于旁路作业中负荷电流的切换以及相序核对。开关内部充灌六氟化硫（SF_6）绝缘气体，与普通开关基本相同，具有分闸、合闸两种状态，可实现地面遥控操作。开关两侧均装设三只套管底座采用快速插拔式接头，与柔性电力电缆直通型终端匹配，适合快速插拔接续，作为旁路电缆线路的合闸和分断，如图 9-9 所示，可放置于地上使用，也安装于电杆上使用。旁路开关具备闭锁及解锁的装置，无论采用何种方式进行操作合闸，操作完毕后必须闭锁（或加挂锁），防止施工、运行时在不经操作和不加任何措施情况下出现误动的可能；具有自动核相功能，核相器具有明显的同相与异相指示信号、警报信号；开关两侧设有便于运输和上下吊装的提手，配备有方便与电杆连接的安装支架。

带电作业用消弧开关如图 9-10 所示，具有开合空载架空或电缆线路电容电流功能和一定灭弧能力的开关。消弧开关基本结构包括触头、灭弧室、操动机构等部件。消弧开关应采用透明的灭弧室，应可直接观察到开关触头的开合状态；操作机构宜采用人力手动储能操动机构，以实现开关快速的开断或关合。带有绝缘操作杆，或带有方便绝缘杆操作的挂杆、挂环等部件。用于带电断空载电缆引线作业的消弧开关，采用快速开断式操动机构；用于带电接空载电缆引线作业的消弧开关，采用快速关合式操动机构。带有操作杆的操作机构，操作杆主体应采用满足《GB 13398 带电作业用空心绝缘管、泡沫填充绝缘管和实心绝缘棒》的绝缘材料制成；不带有绝缘杆的操作结构，应带有方便绝缘杆操作的挂杆、挂环等部件。在将消弧开关与线路连接之前，应确认消弧开关处于断开状态。在带电进行消弧开关的操作时，作业人员应带好护目镜，并采用绝缘操作杆操作。

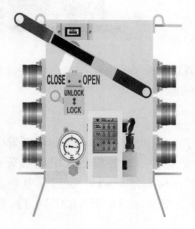

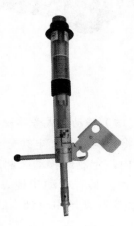

图 9-9　旁路开关　　　　　　　　　　图 9-10　消弧开关

（三）旁路布缆车

柔性电力电缆的运输和敷设时可采用特制的放缆盘或旁路布缆车的电缆收放装置。传统的电缆敷设是利用大量的钢索及牵引装置，配合大量的人力、机具，达到电缆敷设的目的。旁路电缆作业需要大量的旁路电缆和设备，如果没有专业车辆进行施工，现场旁路电缆敷设需要大量的时间和人员。而旁路布缆车专门为了这种需要而定制，如图 9-11（a）所示，主要由汽车底盘、专用车厢、电缆收放装置、柔性电力电缆及其附件、电液控制系统等组成。将柔性电力电缆以及敷设的电缆收放装置集装在车厢内，如图 9-11（b）所示，可放置 18 组电缆，每组 50m，足以构建 300m 左右半径范围内的旁路电缆供电系统。车厢的前部布置设备工具柜，可将旁路电缆不停电作业工器具和设备放在里面；车厢的后部装有集液压及电控技术为一体的电缆收放装置，能够实现 3 盘电缆同时自动换位移动、收放线功能。设有 3 盘为一组的同轴电缆线轴位置移动限位锁止功能，也可实现单轴施放、锁止的功能。配有手动放线轮，可实现在较窄的空间进行人工放线。

（a）

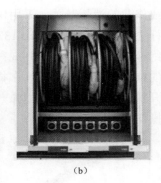

（b）

图 9-11　旁路布缆车

（a）外观图；（b）电缆收放装置

（四）移动厢式旁路设备

将环网单元、电缆分支箱、旁路开关、箱式变压器、移动电源等安装在车厢内，定制成移动式厢式旁路设备，是一种新型的车载式供电负荷转移应急设备，具有行动快捷、使用安全、工作可靠等优点，受到供电企业的青睐，在实际现场中得到广泛使用。旁路开关车和环网单元车如图 9-12、图 9-13 所示。

图 9-12　旁路开关车

图 9-13　环网单元车

（五）旁路作业设备使用的注意事项

（1）柔性电力电缆及连接器、旁路开关应存放于通风良好、清洁干燥的专用工具库房内，室内的相对湿度和温度应满足《带电作业用工具库房》的规定和要求。

（2）移动厢式旁路设备如长期存放，应停放在防潮、通风和具有消防设施的专用场地，并将所有门窗、抽屉等活动部件处于稳固关闭状态。

260

（3）柔性电力电缆连接器在回收时，应保持清洁并做好防潮和防腐蚀处理，并采用专用的包装袋罩住，以免被其他物体磕碰或划伤，宜使用专用支架或工具箱保存。

（4）运输时应采取防潮措施，使用专用工具袋、工具箱或工具车。

（5）绝缘部件应使用不起毛的布擦拭，或使用清洁纸进行清洁，不得使用带有毛刺或具有研磨作用的擦拭物擦拭。

（6）定期进行预防性试验。每 6 个月应对旁路电缆和连接器进行一次交流耐压试验，试验电压为 $2U_0$（U_0 为电缆设计用的导体对地或金属屏蔽之间的额定工频电压，即相电压），耐压时间为 5min，应不闪络、不击穿。预防性试验前，应对旁路电缆连接器进行外观检查，确认绝缘部件光滑，无气泡、皱纹、开裂。

（7）雨雪天气严禁组装旁路作业设备，组装完成的连接器允许在降雨（雪）条件下运行，但应确保旁路设备连接部位有可靠的防雨（雪）措施。

三、主要作业技术

（一）柔性电力电缆的敷设与对接

1. 制订旁路电缆供电系统的方案

根据配电网接线现状以及旁路电缆供电的目的，制订旁路电缆供电方案。搜集配电网现状资料，分析需求、负荷计算、距离测算，经技术、经济、工程量测算比较后，提出旁路供电系统接线方式、路径，确定所需设备、材料的规格及数量、施工改接方案。柔性电力电缆及其中间接头载流量不宜超过 200A，因此，旁路电缆供电系统的输送负荷应不宜超过此值，避免超载发热而容易烧坏。所有旁路供电系统及其接入电源应遵循就地、就近、经济、简单的原则，如距离较远和分散的末端负荷，有时采用移动发电车进行替代供电，更为简便、实用。

2. 现场勘察与测量定位

现场勘察选定路径，绘制电缆走向以及设备定置的平面图，测量定位，测量所需柔性电力电缆长度，确定中间接头、电缆保护槽的设置地点及数量，柔性电力电缆余线的留置方案。

确定旁路电缆供电系统与原有供电系统的替代方式，接入点和断开点的部位及其作业方式采用停电或带电进行断、接等。

绘制旁路电缆供电系统的有关接线图，包括平面布置图、电气接线图，改接前、改接后的异动接线图，对旁路电缆供电系统有关设备进行命名和编号，供施工、投运和调度使用。

3. 编制施工方案

施工方案包括：旁路电缆供电系统构建所需的设备、材料、工器具、人员组织、作业时间计划，接入替代的前期工作内容、接入工作、替代运行倒闸操作任务、拆除工作等，替代运行采用并列或解列操作进行不停电切换，是否需要采用短时停电与原有供电系统进行断、接。

4. 柔性电力电缆的敷设

柔性电力电缆的敷设路径应尽量避开人员密集场所和行车通道，满足最小弯曲半径的要求，电缆路径应做好警示标志，中间接头处和旁路设备处应设置围栏和警示标志，经过行车通道时应安装保护槽，避免挤压电缆致使受损。每段电缆和连接接头应在现场进行绝缘电阻测试，绝缘电阻不得小于 500MΩ。柔性电力电缆的敷设和收回传统的方法采用电缆放线盘，逐相人力拖拉到位，花费人员数量、体力、时间较多。放缆盘如图 9-14，与普通电缆放缆盘相同，三角支撑架与电缆绕线圆盘共轴，绕线圆盘着地时可拉着三脚架使绕线圆盘在地面滚动前进进行展放或者收回电缆；三脚架着地不动时可转动绕线盘进行展放或收回电缆。在车辆可以到达的场所，旁路布缆车为柔性电力电缆敷设和收回提供了省时、省力的便捷方式。

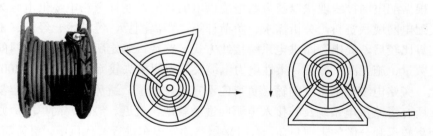

图 9-14　放缆盘

由于旁路电缆属于临时供电设施，敷设时选择较少或无行人和车辆经过的路径，为了保障安全运行，减少行人和车辆挤压而受损，地面可预先敷设电缆槽（盒），然后将电缆依次安放在电缆槽（盒）里面。电缆槽盒分普通电缆槽（盒）和高强度抗压电缆槽（盒），如图 9-15 所示。高强度抗压电缆槽（盒）是当电缆线路需要过街时防止汽车碾压时使用。

电缆敷设的作业步骤如下：

（1）沿柔性电力电缆敷设路径敷设好毡布或保护线槽，防止电缆拖放过程中与地面直接接触摩擦，防止磨损电缆外皮。

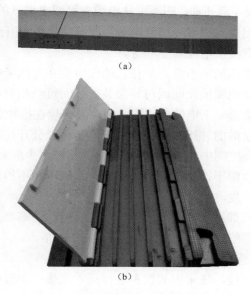

(a)

(b)

图 9-15 电缆保护槽（盒）

（a）普通保护槽（盒）；（b）高强度抗压电缆槽（盒）

（2）将电缆从线盘上幅拉出，并穿过线盘前电缆支架的固定送出轮。三相电缆通过送出轮支架后，送入承力绳端部下的滑轮中，并用牵引工具（牵头用）将的电缆固定，三相电缆始端成三角形状，做好牵引准备工作。

（3）在架放好承力绳的另一端尽头杆根处附近，选择合适位置安装好电缆牵引机，并沿着承力绳加放牵引绳 1 根。

（4）在承力绳上加装滑轮，滑轮之间用连接绳进行连接，并打开滑轮侧门，将三相电缆安放在滑轮内，关上滑轮侧门，确认侧门锁扣锁好。

（5）准备工作做好后，在工作负责人的指挥下。缓慢匀速牵引电缆，电缆在牵引过程中，不能与地面或其他硬物发生碰触。

（6）电缆牵引到位后，准备与辅助电缆连接，并做好电缆的固定工作以及电缆余线的处理。由于柔性电力电缆按照出厂标准长度定制，现场难免会有余线，应进行处理。杆上在离地 4m 左右处，选择合适位置安装余缆支架，并将电缆有序地盘在余缆支架上。地面敷设选择合适无行人和车辆经过的地方环绕留置。

柔性电力电缆收回的顺序大体与敷设相反。

柔性电力电缆不同于普通电缆，敷设中应注意以下事项：

（1）电缆的敷设不能扭曲，即不可从电缆卷筒或电缆盘的某一端解开电缆，而应先旋转卷筒或电缆盘将电缆展开，必要时可将电缆展开或悬挂起来。用于该场合的电缆只能直接从电缆卷上取得。

（2）必须注意电缆的最小弯曲半径。确保电缆在弯曲半径内完全移动，即不可强迫移动。这样电缆彼此间或与导向装置这间可经相对移动。经过一段时间的操作后，最好检查一下电缆的位置。该检查必须在推拉移动后进行。

（3）电缆必须松散的并排敷设在拖链中，尽可能分开排列，用隔片分开或穿入支架空挡的分离空洞中，在拖链中电缆间的空隙至少应为电缆直径的10%。

（4）拖链中的电缆不得相互接触或困在一起。电缆不得与地面直接接触摩擦，防止磨损电缆外皮。

（5）电缆的两点都必须固定，或至少在拖链的运动端必须固定。一般电缆的移动点离拖链端部的距离应为电缆直径的20～30倍。

5. 柔性电力电缆的连接

电缆与电缆的连接，使用中间接头进行插入连接：①取下中间接头和电缆终端头的保护封盖，检查电缆终端头和插拔中间接头的连接处有无异物，绝缘部件表面清洁、干燥无绝缘缺陷；②应用清洁纸（布）仔细清洁，并在绝缘表面上均匀涂上硅脂；③插入连接，当听到"咔嚓"声音，向外拉无松动，确认接头处卡簧复位弹出，然后将接口处外壳旋转90°闭锁锁扣，最后用电缆带绑扎电缆接头；④锁定装置自动锁定后转到限位滑套，利用限位栓固定限位滑套，以防接头盒终端松脱。

连接件的清洁与润滑方法如下：

（1）打开快装插头封帽或保护盖，检查确认连接插头绝缘部分表面无损伤。

（2）用不起毛的清洁纸或清洁布、无水酒精或其他电缆清洁剂清洁；先清洁连接件的绝缘表面，再清洁其他部分。

（3）确认绝缘表面无污物、灰尘、水分、损伤。

（4）在插拔界面非导电部位均匀涂润滑硅酯。硅脂不仅在不同连接件的绝缘部位之间起润滑作用，而且还能充分填充其空气间隙。

（5）电缆连接应保证相位正确，对接牢固、锁口可靠，防止在对接以后自动脱落，并做好防止牵引受力的措施。

（6）电缆投运前必须经过电气证明性试验，交流耐压和绝缘电阻测试，合格后方可接电投运。试验完毕后应使用绝缘放电杆对电缆逐相充分放电。

（二）电缆终端头相序复原技术

为了确保电缆接入相序的正确运行，应做好施工检修过程有关相序记录及复原，并在带电后进行相序相位检验。主要技术步骤如下：

（1）拆离前做标记。未拆离原电缆终端头前，应在连接设备、电缆终端头分别做相序标记，以便重新恢复或更换电缆时能按照原有网络的相位正确接入，标记如图 9-16 所示。

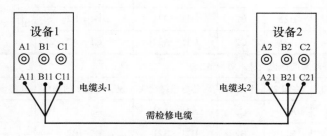

图 9-16　检修电缆拆除前的相序标记

（2）核对原电缆同芯相。核对原电缆的同芯相并做好记录。案例中假设标记的 A 与 C 项正好相反，记录见表 9-3。

（3）新电缆核对同芯相并做标记。在电缆的一端短接相芯与屏蔽层或相芯与相芯，在另一端采用脉冲信号法、电阻测试法通路测定同芯电缆并做上标记。

（4）按照原有供电系统的相位，将电缆终端头与设备对应连接，若恢复原有电缆则按照表 9-3 对应接入，如图 9-16 所示；新电缆接入标志对应见表 9-3，如图 9-17 所示。

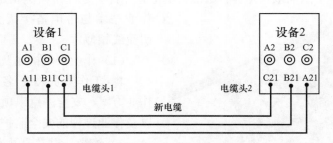

图 9-17　新电缆的标记及相序接入

（5）带电后相位的实测。环网供电系统可在电缆一侧断路器合上、另一侧断路器断开的状态下核对相位是否一致正确，辐射型供电系统在恢复送电后检查低压三相动力设备是否保持原有转向工作。若相位错误应进行调相工作，直至正确一致。

表 9-3   电缆终端头的标记及连接对应表

（一）原电缆终端头的标记及连接对应情况

设备1	终端1	终端2	设备2	同芯电缆终端头	设备1和2的同相	同芯电缆终端头情况
A1	A11	C21	A2	A11—C21	A1—C2	原电缆两端 A、C 相标记与实际相反
B1	B11	B21	B2	B11—B21	B1—B2	
C1	C11	A21	C2	C11—A21	C1—A2	

（二）新电缆终端头的标记及接入对应情况

设备1	终端1	终端2	设备2	同芯电缆终端头	设备1和2的同相	同芯电缆终端头情况
A1	A11	A21	C2	A11—A21	A1—C2	新电缆两端标记与实际相同
B1	B11	B21	B2	B11—B21	B1—B2	
C1	C11	C21	A2	C11—C21	C1—A2	

（三）旁路电缆的断、接技术

在不需要停电或带电作业的条件下，完成旁路电缆供电系统安装等前期工作，旁路电缆供电设备有关的柔性电力电缆及其连接、旁路开关、环网单元、电缆分支箱、移动电源车等安装到位，有关电气试验合格，具备带电、带负荷运行条件，留下与原有供电系统各端的断、接在后续环节进行。

1. 带电断、接空载电缆与架空线路连接

带电搭接空载电缆与架空线路的连接，是旁路电缆供电系统从架空线路接电的作业项目，从而取得电源，通常利用绝缘斗臂车进行作业，如图 9-18 所示，作业技术与带电搭接架空线路空载引流线相似。

（1）作业人员构成及分工。

1）工作负责人 1 名。制订整个作业方案、安全注意事项、人员安排以及作业过程的安全监护。

2）绝缘斗臂车斗内作业人员 2 名。负责断、接作业。

3）地面作业人员 1～2 名。负责传递工器具、材料和现场管理。

（2）利用绝缘斗臂车带电断、接空载电缆与架空线路连接所需工器

图 9-18　利用绝缘斗臂车断、
接空载电缆与架空线路连接

具及材料见表9-4。

表 9-4 利用绝缘斗臂车带电断、接空载电缆与架空线路
连接所需工器具及材料

名　　称	数　量	名　　称	数　量
柔性电力电缆（两侧均为直通头）	若干组（依据长度确定）	绝缘导线剥皮器	1 套
		绝缘毯	6 块
柔性电力电缆（一侧为直通头，一侧为带引流线夹的户外终端头）	1 组	绝缘毯夹	12 个
快速拔插式直通接头	若干组	电缆抱箍	2 副
消弧开关或旁路开关	1 台（根据需要定）	绝缘绳	1 条
引流线夹绝缘遮蔽罩	3 只	导线遮蔽罩	3 条
对讲机	2 部	绝缘手套	2 副
绝缘斗臂车	1 辆	羊皮手套	2 副
绝缘电阻表（2500MΩ）	1 只	绝缘披肩	2 件
绝缘导线剥皮器	1 套	绝缘安全帽	2 个
绝缘导线持续金具	3 只	绝缘杆泄漏电流检测仪	1 套
绝缘放电杆及接地线	1 套	绝缘操作杆	1 根

由于旁路电缆为容性负载，当空载旁路电缆线路接入带电的架空线路时，将会产生电容电流且电缆越长，电容电流越大。旁路电缆电容电流可以用式（9-1）估算

$$I_c = \frac{95 + 1.44S}{2200 + 0.23S} U_n L \tag{9-1}$$

式中：I_c 为电缆电容电流，A；U_n 为线路额定电压，kV；S 为电缆截面积，mm^2；L 为电缆长度，km。

有关实验表明，带电搭接空载电缆时的电容电流小于 0.1A，不足以产生危及人身的电弧，当大于 0.1A 则需要使用串接消弧开关或旁路开关配合接通和断开操作，这也是作为带电断、接空载电缆与架空线路的连接是否需要安装旁路开关或消弧开关的依据。假设旁路电缆截面为 $95mm^2$，线路额定电压为 10kV，当电容电流为 0.1A 时，根据式（9-1）推算出电缆长度为 95m，也就是说，空载电缆不超过 95m 才能保证电容电流小于 0.1A。

（3）带电搭接架空线路与空载电缆连接的作业步骤。

1）工器具及材料检查并装设好安全围拦网、标志。

2）绝缘斗臂车停放至预定位置，并试操作检查。

3）带电体、接地体绝缘遮蔽隔离。

4）电缆接电前试验完毕后应使用绝缘放电杆对电缆逐相充分放电。检查确认电缆确为空载，即与电缆一侧连接的旁路开关处于分闸状态或电缆的另一侧的开关处于分闸状态。

5）搭接空载电缆与架空线路的连接。

①绝缘斗臂车斗内作业人员使用绝缘绳索将带引流线夹的柔性电力电缆提升至绝缘斗臂车斗内，而后使用绝缘短千斤用绳索将电缆终端固定在对应搭接相的导线上，防止作业中电缆因重力坠落。

②绝缘斗臂车斗内作业人员相互配合，一人握住柔性电力电缆，另一人将所需搭接的引流线夹移至接点安装，旋转引流线夹的活动手柄将夹口夹牢固定在带电的导线上。采用消弧开关的步骤如下：

a）确认消弧开关处于断开状态。

b）分别将消弧开关两端连接至架空线路及电缆线路，旋转消弧开关的活动手柄将夹口夹牢固定在带电的导线上，旋转引流线夹的活动手柄将夹口夹牢固定在消弧开关的下端，并确认连接良好。

c）合上消弧开关。

d）带电连接架空线路与电缆线路连接，此时消弧开关与电缆的另一引流回路并列运行。

e）断开消弧开关。

f）带电拆除消弧开关。

③如是绝缘导线，应在搭接处使用绝缘导线持续金具或将导线绝缘层剥除，搭接完毕后应用引流线夹绝缘遮蔽罩将引流线夹的裸露部分遮蔽。

④按照先难后易的顺序逐相完成三相引流线夹的安装。搭接引线应遵循先远后近、先上后下的原则，搭接引线前应核实相序接入方案。

6）工作完毕，检查导线和杆上无遗留物后拆除绝缘遮蔽，返回地面。

（4）带电断开架空线路与空载电缆连接的作业步骤。

1）工器具及材料检查并装设好安全围拦网、标志。

2）绝缘斗臂车停放至预定位置，并试操作检查。

3）带电体、接地体绝缘遮蔽隔离。

4）检查确认电缆确为空载，即与电缆一侧连接的旁路开关处于分闸状态或电缆的另一侧的开关处于分闸状态。

5）断开空载电缆与架空线路的连接。

①绝缘斗臂车斗内作业人员相互配合，1 人握住柔性电力电缆，另一人旋转引流线夹的活动手柄将夹口松开后脱离导线。采用消弧开关的步骤如下：

a）确认消弧开关处于断开状态。

b）分别将消弧开关两端连接至架空线路及电缆线路，旋转消弧开关的活动手柄将夹口夹牢固定在带电的导线上，旋转引流线夹的活动手柄将夹口夹牢固定在消弧开关的下端，并确认连接良好。

c）合上消弧开关，此时消弧开关与电缆的另一引流回路并列运行。

d）带电断开架空线路与电缆线路的连接。

e）断开消弧开关。

f）带电拆除消弧开关。

②用绝缘绳将柔性电力电缆放至地面。

③如是绝缘导线，应在线绝缘层剥除处裸露部分装上导线遮蔽罩。

④按照先难后易的顺序逐相完成三相引流线的拆离。拆离引流线应遵循先近后远、先下后上的原则。拆离完毕后应使用绝缘放电杆对电缆逐相充分放电。

6）工作完毕，检查导线和杆上无遗留物后拆除绝缘遮蔽，返回地面。

（5）相关注意事项。

1）应按带电作业工作票内容与当值调度员联系。

2）工作前检查搭接的电缆处于空载状态，即与之连接的负荷侧开关在断开位置，架空线路的开关重合闸停用。

3）搭接工作前检查被搭接电缆符合送电条件，确认电缆线路试验合格，对侧电缆终端连接完好，接地线已拆除（电缆侧接地开关已断开）。

4）断开或搭接中相电缆时，应对边相导线进行绝缘遮蔽。作业线路下层有低压线路时，如妨碍作业，应对相关低压线路进行绝缘遮蔽。

5）带电断开、搭接架空线路与空载电缆连接，应估算空载电缆的电容电流，超过 0.1A 时应采用消弧开关配合进行，防止电弧伤害。

6）在作业时，严禁人体同时接触两个不同的电位。应有防止柔性电力电缆摆动的措施，下端应采用抱箍固定。

2. 断、接可带电插拔电缆终端

电缆与户内开关或环网单元的搭接和拆除，选择与设备接线端子匹配的柔性电力电缆终端组合类型，搭接和拆除应将开关转为检修的状态下进行。与常规的电缆终端作业技术相同，这里不做详细介绍。

图 9-19　可带电插拔电缆分支箱

断、接可带电插拔电缆终端作业目前仅适用于在可带电插拔电缆分支箱（见图 9-19）等设备上进行的临时接引电源的作业方式，并且使用配套有效绝缘长度不小于 0.7m 的专用绝缘操作杆，如图 9-20 所示，绝缘操作杆可在带电的状态下对肘形电缆终端头等附件进行插拔，是断、接可带电插拔电缆终端不可缺少的专用绝缘工具。

（1）作业人员构成及分工。

1）工作负责人 1 名。制订整个作业方案、安全注意事项、人员安排以及作业过程的安全监护。

图 9-20　带电插拔电缆终端专用绝缘操作杆

2）作业人员 2 名。负责断、接作业。

（2）利用绝缘操作杆带电断、接可带电插拔电缆终端所需工器具及材料见表 9-5。

表 9-5　利用绝缘操作杆带电断、接可带电插拔电缆终端所需工器具及材料

名　　称	数　量	名　　称	数　量
柔性电力电缆（一侧均为直通头）	若干组（依据长度确定）	绝缘手套	2 副
柔性电力电缆（一侧为直通头，一侧为可带电插拔电缆终端头）	1 组	绝缘安全帽	2 个
快速拔插式接头	若干组	专用绝缘操作杆	1 根（与终端头配套）
绝缘电阻表（2500MΩ）	1 只	润滑硅脂	1 件
对讲机	2 部	清洁纸	1 盒

（3）接入可带电插拔电缆终端的作业步骤。接入可带电插拔电缆终端，应逐相进行，进行其中一相时，另两相的带电体不得裸露，并遵循以下步骤：

1）检查可带电插拔电缆终端的带电插拔次数在规定的范围内。

2）将绝缘操作杆前端锁紧装置套入终端的操作环中，并锁紧。

3）将终端推入套管的导向台阶处（第一个机械阻力处），操作者应站在最佳操作距离，用绝缘操作杆进行操作，若在操作过程中出现任何问题，应立即切断电源。

用绝缘操作杆钩住肘形电缆终端头的操作孔，并对准套管口，向前推，直到肘头前端已超过套管上的黄色标志带（肘头内的卡环跟套管的卡环锁紧），表明已安装到位。

操作应准确、迅速、果断有力。保持终端及套管在一条轴线上，沿轴线迅速将终端推入到位。

4）取下绝缘操作杆。

（4）断开可带电插拔电缆终端的作业步骤。断开可带电插拔电缆终端，应逐相进行，进行其中一相时，另两相的带电体不得裸露，并遵循以下步骤：

1）将绝缘操作杆前端锁紧装置套入终端的操作环中，并锁紧。

2）旋转扭动终端，破坏密封结构。左右转动绝缘操作杆以减少套管表面与肘形插头间的摩擦力。

3）保持终端及套管在一条轴线上，沿轴线迅速将终端拉离套管。应准确、迅速、果断有力地拔出肘形终端头。

4）将拔出的肘形终端头插入终端绝缘子接头上。注意不要将导体碰到附近的接地线。

5）取下绝缘操作杆。

（5）相关注意事项。

1）可带电插拔电缆终端必须与带灭弧装置的套管配套使用。

2）可带电插拔电缆终端的带电插拔次数应在规定范围之内。

3）断、接可带电插拔电缆终端时，旁路开关与待接入设备之间的连接电缆长度应不大于50m，连接电缆应空载并且不宜有中间接头。

4）断、接可带电插拔电缆终端应采用前端带锁紧装置的专用绝缘操作杆进行操作，操作杆的最小有效绝缘长度应不小于0.7m。

5）应保证有足够的操作距离，注意不要将导体碰到附近的接地线。

6）拔出的肘形终端头插入终端绝缘子接头上。

7）肘形终端头不能用来关合短路故障，若合到故障上，套管与肘形终端头均应更换掉。

（四）不停电检修电缆线路

如图9-4所示，若1号环网单元914断路器至2号环网单元921断路器之间的电缆需要检修或更换，可由 1 号环网单元备用间隔 913 断路器至 2 号环网单元备用 922 断路器之间敷设旁路电缆，通过倒闸操作由旁路电缆替代运行，即可将原有电缆退役进行检修或更换，待电缆检修或更换完毕后，再切换退出旁路电缆，保持了用户的不间断供电。

（1）作业人员构成及分工。

1）工作负责人 1 名。制订整个作业方案、安全注意事项、人员安排以及作业过程的安全监护。

2）地面作业人员若干名。负责旁路电缆的敷设、连接、收回工作。

3）倒闸操作人员 2 名。负责旁路电缆与原有系统的并列、解列的倒闸操作。

（2）不停电检修电缆线路所需工器具及材料见表 9-6。

表 9-6 不停电检修电缆线路所需工器具及材料

名　称	数　量	名　称	数　量
两端均为直通终端的柔性电力电缆	若干组（依据长度确定）	绝缘放电杆及接地线	1 套
一侧直通终端一侧为户内终端头的柔性电力电缆	1 组（户内终端头与接入端子各匹配）	旁路布缆车	1 辆
		绝缘手套	2 副
棉纱手套	若干	绝缘安全帽	2 个
绝缘电阻表（2500MΩ）	1 只	对讲机	2 部
核相器	1 套	电缆防护毡布及保护盒	若干

（3）作业步骤。以图 9-4 的接线为例，假设 1 号环网单元 914 断路器至 2 号环网单元 921 断路器之间的电缆需要检修，作业步骤如下。

1）旁路电缆接电前的施工。完成旁路电缆的敷设以及中间接头的连接，进行绝缘电阻检测合格，具备带电运行条件。试验完毕后应使用绝缘放电杆对电缆逐相充分放电。

2）搭接旁路电缆。确认两侧备用间隔 913、922 断路器的线路侧接地开关已合上，将旁路电缆终端与备用间隔 913、922 断路器进行连接。

3）旁路电缆带电的倒闸操作。先断开两侧备用间隔 913、922 断路器的线路侧接地开关，并检查 913、922 断路器确已在分闸状态，再合上旁路电缆的电源侧 913 断路器，旁路电缆即带电。

4）核对旁路电缆相位。旁路电缆的另一侧断路器（922）保持分闸状态并在该断路器处进行核对相位，相位不一致时应断开两侧 913、922 断路器并合上线路侧接地开关，进行调相。调相结束后再进行旁路电缆带电的倒闸操作以及相位核对工作，直至相位一致。

5）并列、解列倒闸操作将检修电缆停役。将旁路电缆的一侧处于断开状态的断路器922合上，旁路电缆即为并列运行；再断开检修电缆两侧914、921断路器，将检修电缆解列运行，最后合上检修电缆两侧914、921断路器的线路侧接地开关。检修电缆即处于停电检修状态。

6）完成检修电缆的检修或更换以及有关电气试验工作，试验完毕后应使用绝缘放电杆对电缆逐相充分放电，再进行重新接入工作。

7）检修电缆修后带电的倒闸操作。先断开检修电缆两侧914、921断路器的线路侧接地开关，再合上检修电缆的一侧断路器914，检修电缆即带电。

8）核对检修电缆相位。检修电缆的另一侧断路器921保持分闸状态并在该断路器处进行核对相位，相位不一致时应断开两侧914、921断路器并合上线路侧接地开关，进行调相。调相结束后再进行检修电缆带电的倒闸操作以及相位核对工作，直至相位一致。

9）并列、解列倒闸操作将旁路电缆停役。将检修电缆的一侧处于断开状态的921断路器合上，检修电缆即为并列运行；再断开旁路电缆两侧的913、922断路器，将旁路电缆解列运行，最后合上旁路电缆两侧913、922断路器的线路侧接地开关。旁路电缆即处于停电检修状态。

10）拆除旁路电缆终端与备用间隔913、922断路器的连接，旁路电缆退出，收回旁路电缆和设备。

（4）相关注意事项。

1）整个过程虽未对用户造成任何停电，但是旁路电缆或检修电缆的搭接和拆离都必须在两侧开关检修状态下进行。

2）旁路电缆和检修电缆接入前应进行有关电气试验，合格具备条件后方可接入运行。

3）旁路电缆和检修电缆带电前，应先将两侧开关由检修状态转为冷备用状态，防止带接地开关送电（电缆的一侧接地开关合上，对电缆的另一侧合闸送电）的恶性误操作。

4）旁路电缆和检修电缆并列运行前应核对相位一致。

（五）短时停电法检修电缆线路

如图9-4所示，若电缆需要更换，且1、2号环网单元无备用间隔时，可待旁路电缆敷设完毕后再进行停电拆接电缆终端头，仅对用户产生短时停电，避免了更换过程长时间的停电。

（1）作业人员构成及分工。

1）工作负责人 1 名。制订整个作业方案、安全注意事项、人员安排以及作业过程的安全监护。

2）地面作业人员若干名。负责旁路电缆的敷设、连接、收回工作。

3）倒闸操作人员 2 名。负责停送电的倒闸操作。

（2）不停电检修电缆线路所需工器具及材料见表 9-7。

表 9-7　　　　　　　　短时停电法检修电缆线路所需工器具及材料

名　　称	数　量	名　　称	数　量
两端均为直通终端的柔性电力电缆	若干组（依据长度确定）	绝缘放电杆及接地线	1 套
一侧直通终端一侧为户内终端头的柔性电力电缆	1 组（户内终端头与接入端子备匹配）	旁路布缆车	1 辆
		绝缘手套	2 副
棉纱手套	若干	绝缘安全帽	2 个
绝缘电阻表（2500MΩ）	1 只	对讲机	2 部
核相器	1 套	防护毡布及保护盒	若干

（3）作业步骤。

1）旁路电缆接电前的施工。完成旁路电缆的敷设以及中间接头的连接，进行绝缘电阻检测合格，具备带电运行条件。试验完毕后应使用绝缘放电杆对电缆逐相充分放电。

2）检修电缆停电倒闸操作。先断开检修电缆两侧 914、921 断路器，再合上 914、921 断路器的线路侧接地开关，检修电缆即处于停电检修状态。

3）完成检修电缆与连接设备的相序标记以及电缆同芯相的核对。

4）拆离检修电缆、搭接旁路电缆。确认 914、921 断路器已处于断开状态且线路侧接地开关确已在合闸状态，拆离检修电缆两侧的终端头，搭接旁路电缆两侧终端头。此时要按照相位核对结果以及复原技术将电缆与设备进行连接，确保原有的相位不变。

5）旁路电缆供电的倒闸操作。先断开 914、921 断路器的线路侧接地开关，再合上旁路电缆的电源侧 914 断路器，旁路电缆即带电，再合上旁路电缆的另一侧断路器 921，旁路电缆即带上负荷进行供电。

6）核对旁路电缆相位。环网供电系统可在 921 断路器合闸前进行核对相位，辐射性供电系统则需待 921 断路器合闸送电后检验 2 号环网单元送出的三相动力负荷相序是否正转，若发现相序反转则应停电进行调相。

7）旁路电缆停电倒闸操作。先断开旁路电缆两侧 914、921 断路器，再合上 914、921 断路器的线路侧接地开关，旁路电缆即处于停电检修状态。

8）拆离旁路电缆、搭接检修电缆。确认 914、921 断路器已处于断开状态且线路侧接地开关确已在合闸状态，拆离旁路电缆两侧的终端头，搭接检修电缆两侧终端头。此时要按照相位核对结果以及复原技术将电缆与设备进行连接，确保原有的相位不变。

检修电缆试验完毕后应使用绝缘放电杆对电缆逐相充分放电。

9）检修电缆恢复供电的倒闸操作。先断开检修电缆两侧 914、921 断路器的线路侧接地开关，再合上检修电缆的电源侧断路器 914，检修电缆即带电，再将检修电缆的另一侧 921 断路器合上，检修电缆即带上负荷恢复供电。

10）核对检修电缆相位。环网供电系统可在 921 断路器合闸前进行核对相位，辐射性供电系统则需待 921 断路器合闸送电后检验 2 号环网单元送出的三相动力负荷相序是否正转，若发现相序反转则应停电进行调相。

11）使用绝缘放电杆对旁路电缆逐相充分放电。收回旁路电缆和设备。

上述在检修电缆和旁路电缆接入和拆离的作业过程，用户仅经历了两次短时停电，尤其对于检修电缆需要更换重新敷设的长时间停电，具有减少停电时长的意义。

（4）相关注意事项。

1）整个过程先后经历了两次短时停电，主要是旁路电缆或检修电缆的搭接和拆离都必须在两侧断路器检修状态下进行。

2）旁路电缆和检修电缆接入前应进行有关电气试验，合格具备条件后方可接入运行。

3）旁路电缆和检修电缆带电前，应先将两侧断路器由检修状态转为冷备用状态，防止带接地开关送电（电缆的一侧接地开关合上，对电缆的另一侧合闸送电）的恶性误操作。

4）旁路电缆和检修电缆并列运行前应核对相位一致。电缆终端头相序复原技术在这种作业中的应用至关重要，可以有力确保相位的正确性。

（六）短时停电法检修环网单元

如图 9-5 所示，若 2 号环网单元需要检修或更换，可由 1 号环网单元 913 断路器敷设旁路电缆以及 3 号环网单元（或移动环网单元、移动电缆分支箱）连接至 1、2 号变压器的高压侧，通过倒闸操作由旁路电缆供电系统替代运行，拆除 1、2 号变压器的高压侧至 2 号环网单元的电缆，即可将原有 2 号环网单元退役进行检修或更换，待 2 号环网单元检修或更换完毕后，再切换退出旁路电缆供电系统，一般情况下，1 号环网单元无备用间隔、1 号变压器和 2 号变压器的高压侧进线电缆无法拆除，待旁路电缆供电系统构建完毕后再进行停电拆接 1 号变压器和 2 号变压器电缆终端头，仅对用户产生短时停电，也避免了长时间的停电。

（1）作业人员构成及分工。

1）工作负责人 1 名。制订整个作业方案、安全注意事项、人员安排以及作业过程的安全监护。

2）地面作业人员若干名。负责旁路电缆供电系统的施工、电缆接入、收回工作。

3）倒闸操作人员 2 名。负责停送电的倒闸操作。

（2）不停电检修电缆线路所需工器具及材料见表 9-8。

表 9-8 短时停电法检修环网单元所需工器具及材料

名　　称	数　量	名　　称	数　量
两端均为直通终端的柔性电力电缆	若干组（依据长度确定）	绝缘放电杆及接地线	1 套
一侧直通终端一侧为户内终端头的柔性电力电缆	1 组（户内终端头与接入端子备匹配）	旁路布缆车	1 辆
		绝缘手套	2 副
棉纱手套	若干	绝缘安全帽	2 个
绝缘电阻表（2500MΩ）	1 只	对讲机	2 部
移动环网单元车	1 部	电缆防护毡布及保护盒	若干

（3）作业步骤。以图 9-5 的接线为例，作业步骤如下。

1）旁路电缆供电系统接电前的施工。完成旁路电缆的敷设以及中间接头的连接，移动环网单元车（3 号环网单元）安装及接入进出线，进行绝缘电阻检测合格，具备带电运行条件。使用绝缘放电杆对电缆逐相充分放电。

2）旁路电缆供电系统电源的搭接。根据取电设备特点，参照旁路电缆的断、接技术进行。搭接后不得带电运行。

3）检修环网单元的停电倒闸操作。先断开 2 号环网单元进出线电缆各端的断路器 921、922、923、924，再断开 2 号环网单元电源侧 1 号环网单元 914 断路器，再合上电缆各端 921、922、923、924、914 断路器的线路侧接地开关，此时，将 2 号环网单元及其进出线电缆处于停电检修状态。检查 3 号环网单元 931、932、933、934 断路器的线路侧接地开关确已合上。

4）拆离环网单元的进出线电缆，将供出负荷的电缆搭接至 3 号环网单元。拆离前应对环网单元各路断路器及其电缆终端头做相序标记后，以便检修后按照原有相序复原。

5）旁路电缆供电系统的送电倒闸操作。先断开旁路电缆供电系统的各端断路器 931、932、933、934、913 的线路侧接地开关，再从电源侧 913 断路器依次合上逐级送电。

6）送电后的负荷检查相序是否正确，不正确的支路应停电进行调相，直至相序正确。

7）检修环网单元进出线电缆终端头拆离后，即可开展环网单元的检修或更换工作，检修环网单元工作完成、试验合格、具备带电条件。

8）旁路电缆供电系统停电倒闸操作。先断开旁路电缆供电系统的各端断路器 931、932、933、934、913，再合上将 931、932、933、934、913 断路器的线路侧接地开关，此时，将 3 号环网单元及其进出线电缆处于停电检修状态。检查 921、922、923、924、914 断路器的线路侧接地开关确已合上。

9）拆离旁路电缆供电系统各端的电缆。确认两侧备用间隔断路器已转检修状态，拆离旁路电缆供电系统各端的终端头，并恢复检修环网单元进出线电缆终端头的搭接。此时要按照相位核对结果以及复原技术将电缆与设备进行连接，确保原有的相位不变。

10）检修环网单元恢复供电的倒闸操作。先断开检修环网单元进出线电缆各端的 921、922、923、924、914 断路器的线路侧接地开关，再从电源侧 914 断路器依次合上逐级送电。

11）收回旁路电缆供电系统的有关设备。

上述在环网单元和旁路电缆供电系统接入和拆离的作业过程，用户先后仅经历了两次短时停电，尤其对于环网单元更换且有基础土建的改建等长时间停电，具有减少停电时长的意义。1 号环网单元备用间隔 913 的有无，仅影响了旁路电缆供电系统 3 号环网单元及其进线的安装及带电进度，可以起到缩短短时停电时间。

（4）相关注意事项。

1）整个过程经历了两次短时停电，主要是环网单元和旁路电缆供电系统各端电缆的搭接和拆离都必须在两侧开关检修状态下进行。

2）旁路电缆供电系统接入前应进行有关电气试验，合格具备条件后方可接入运行。

3）旁路电缆供电系统带电前，应先将两侧断路器由检修状态转为冷备用状态，防止带接地开关送电（电缆的一侧接地开关合上，对电缆的另一侧合闸送电）的恶性误操作。

4）电缆终端头相序复原技术在这种作业中的应用至关重要，可以有力确保相位的正确性。

9.3 移动发电车作业技术

采用移动发电车进行不停电作业时，通常需按照预先设计的接线完成不停电的连接，再通过倒闸操作将负荷切换至发电车供电，最终把需要检修的线路或设备从配电网中隔离出来进行停电检修，工作完毕后再切换至配电网恢复正常供电。移动发电车一般采用柴油、天然气等作为燃料，连续供电时间一般可达 6～8h。移动发电车也广泛地应用于各种电力突发停电事件的供电保障或者临时供电，有效地提高供电可靠性。

一、工作原理及接线

移动发电车是由汽车底盘、柴油发电机组（以柴油为燃料）、配电柜和随车电缆等组成，外观如图 9-21 所示。整套机组一般由柴油机、发电机、控制箱、燃油箱、起动和控制用蓄电池、保护装置、配电柜等部件组成，可固定装在卡车箱体内，亦可装在拖车上，供移动使用。发电机组额定电压有单相 220V、三相 400V、三相 10kV 三种，三相发电机组较为常用。单相发电机组容量一般仅为几十千瓦，一般供给局部低压用户；三相 400V 机组容量一般有 100、250、400、500、630kW 等，可供给一个配电变压器台区；而三相 10kV 机组容量多为 630kW 及以上，一般有 800、1000、1250、2000kW 等，可同时对一段 10kV 线路的多台配电变压器（"一对多"）供电。

400V 移动发电车内配电柜出线开关采用断路器，带有过负荷、过电压、低频减载等保护功能，发电机自动监控装置有电压、电流、频率、功率、功率因数等测量显示，能自动调节机组的频率、电压，保证发出电能品质，随车电缆则采用单芯柔性电力电缆，电缆终端头有螺栓型和插拔型快速连接器两种。400V 移动发电车通常采用短时切换供电法，输出接线相对简单，常用的连接方式如图 9-22 所示，图 9-22（a）采用自动投切开关自动转换，切换时间仅 20～30ms；图 9-22（b）是采用手动投切，切换时间为人工操作时间，通常在数秒内完成。

（a）　　　　　　　　　　　　　　　　（b）

图 9-21　移动发电车外观图

（a）车载式；（b）拖车式

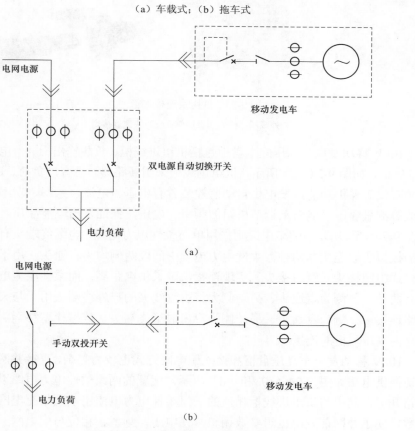

（a）

（b）

图 9-22　400V 移动发电车接线示意图

（a）自动切换接线；（b）手动切换接线

现代化配电网对于一些低压重要用户在建设时安装预留应急低压快速接入箱（柜），与配电网直接连通，可供移动发电车快速接入。低压快速接入箱如图9-23所示，面板插座与应急发电车电缆快速接头匹配，快速接头带有锁紧机构的连接系统，实现发电车线缆与输出端、接入端的快速连接，安全、简单、快捷，广泛应用于移动发电车等应急电源的快速接入。

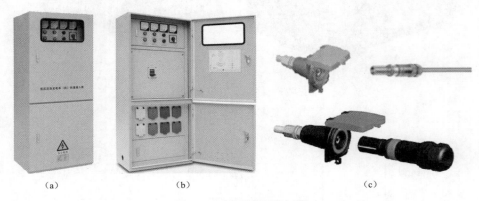

（a）　　　　　　　　（b）　　　　　　　　（c）

图 9-23　低压快速接入箱

（a）外观图；（b）面板插座；（c）快速连接器

10kV移动发电车高压配电盘柜包括机组进线柜、负载输出柜、市电进线柜和TV柜，如图9-24（a）所示，机组进线柜采用断路器，带有过负荷、过电压、低频减载等保护功能，发电机自动监控装置有电压、电流、频率、功率、功率因数等测量显示，能自动调节机组的频率、电压，保证发出电能品质，控制屏如图9-24（b）所示。随车电缆则采用单芯柔性电力电缆，电缆终端头有螺栓型和插拔型快速连接器两种；柔性电力电缆中间段两侧均为直通头，用于与快速插拔式中间接头（直通接头）实现连接，延长供电距离；而柔性电力电缆末段则有两种，一侧为直通头、另一侧为带引流线夹的户外终端头用于与架空配电线路连接，一侧为直通头、另一侧为户内肘形终端头（或螺栓型终端头）用于与户内高压盘柜的连接。

10kV移动发电车高压盘柜和接入配电网方式也较为复杂，直接并网法或短时切换供电法如图9-24（c）和（d）所示。配置的两组柔性电力电缆以及两台旁路开关，其中与市电进线柜相连的一组柔性电力电缆用于采集配电网的电气参数，便于并网前发电机组参数调整，使电压、频率、相位与配电网一致，满足并网条件，与负载输出柜相连的一组柔性电力电缆用于发电送出替代供电，而旁路开关用于两侧电缆接入时的电气隔离安全措施。

采用直接并网法时，发电车作替代供电区域的配电网前后端之间应有分段开关，发电车与配电网之间应接入两组电缆，一组为进线回路，另一组为出线回路，市电输入电缆对应接于分段开关的电源侧、市电进线柜，负载输出电缆对应接于分段开关的负荷侧、负载输出柜，负荷侧形成"孤岛"由发电车替代供电运行。发电机组自动监控装置采集市电进线柜的有关配电网侧的电压、频

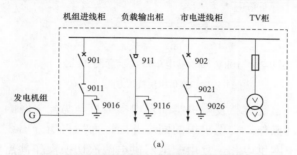

(a)

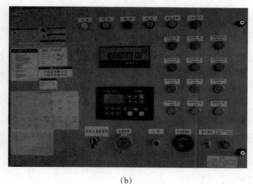

(b)

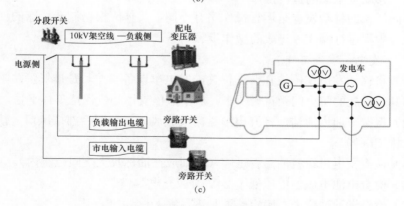

(c)

图 9-24　10kV 移动发电车接线示意图（一）

（a）高压配电盘柜接线；（b）控制屏；（c）直接并网法接入方式

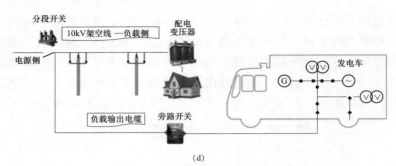

图 9-24　10kV 移动发电车接线示意图（二）

（d）短时切换供电法接入方式

率、相位电气参数，自动调整发电机组的发电参数直至与配电网侧一致，满足并网条件后进行并网操作，实现机组的同步并网，而后再断开出线电缆回路，整个过程在替代配电网供电和恢复由配电网供电两次切换操作都需要经历，因此两组电缆在接入配电网和发电车高压盘柜时不能接反。

采用短时停电法配电网的前后端应配置有分段开关，使发电车及负载侧与配电网隔离，形成孤岛由发电车替代供电运行。发电车与配电网之间只需接入一组电缆，作为出线回路。替代配电网供电切换操作时，核对相序一致，即可操作并网，机组自动拖入同步运行，而后断开配电网分段开关，形成"孤岛"由发电车替代供电运行；恢复配电网供电时，应先将机组退出运行（禁止并网操作），再合上配电网分段开关，恢复正常供电方式，最后拆除移动发电车出线回路。

二、移动发电车的运行操作

不同厂家的移动发电车运行操作略有不同，具体应根据制造厂家的使用说明及运行规程进行操作，一般的操作步骤如下。

（一）发电前准备工作

（1）将移动发电车停放在合适位置，发电车设备（尤其是排气管路附近）与相邻其他设施的防火间距符合要求，放下液压支撑腿，保持车体平稳。

（2）保持车厢内清洁，打开电缆盘门及进风口，车厢后部排风口，使空气流通，排烟顺畅。

（3）检查发电机组机油是否足够（机油应在油标尺上下限范围内）。

（4）检查电池电压。电压低于 24V 时应充电。

（5）检查燃油油位表，确定柴油是否足够。

（6）检查水箱冷却液是否足够。

（7）检查各连接头是否松动，检查螺钉松动程度。

（8）检查移动发电车电源输送系统及相序。

（9）400V 移动发电车，断开发电机组电源输出开关及电缆盘电源开关；检查电缆绞盘，做好电缆展放前准备。

（10）供电区域的接地符合要求，发电车接地分为厢体接地及设备保护接地。

（二）发电机组起动

（1）将发电机组控制屏上控制开关置于"运行"或"RUN"位置，如天气较寒冷时，则要先预热起动，时间不超过 7～10s；如未能起动机组发电，再次起动时需待机组完全停止运转 10s 后再次起动，以免损坏蓄电池和起动电机。

（2）检查有无异常噪声或震动，观察机组运行状况及各面板显示值，如出现异常情况，则应停机检查。

（3）检查机组电压、电池电压、油压及频率值：旋转选择开关，观察三相输出电压、机油压力表、频率表是否在正常值范围内。

（4）随车电缆展放（400V 移动发电车需要）。

1）待机组运行 2～3min 后，合上电缆绞盘电源。

2）起动绞盘电机将电缆盘电缆放出，接好负载端子，确认发电车输出端子无电状态后，将电缆与输出端子连接好，要特别注意电缆端子不要接错而造成相间或相对地短路。

3）选择合适的地方将接地棒打入地下至少 60cm，连接好中性线及接地线。

（三）发电机组送电

（1）检查负载、电缆线、配电箱，确认正常后将机组总电源输出开关推到"合上"或"ON"位置。

（2）检查输出电压。旋转电压选择开关，观察三相电压，不平衡度不超过 10%。

（3）检查输出电流。旋转电流选择开关，观察三相电流输出，其不平衡电流不能超过 20%，最大负载电流不能超过产品的规定值。

（4）检查核对相序是否正确，若错误应及时调换后方可并列运行或送电。

（5）观察机组运行状况、接头温度，如果出现异常情况，应先断开输出电源后停机。

（四）发电机机组停机

（1）将电源输出开关推到"断开"或"OFF"位置，确定端子无电后先断开电缆接头，再拆下负载端。

（2）收回随车电缆（400V 移动发电车需要）。起动电缆绞盘，收好电缆线并固定好。

（3）发电机组停机前应空载运行 2～3min，而后将控制屏开关切换至"停止"或"STOP"位置，让机组冷却停机。

（4）检查无误后，关闭进风、排风门，收起液压支撑腿。

（五）有关安全事项

（1）移动发电车应有设备名称与编号的标识，可采用车牌号码作为设备编号，也可根据工作需要临时命名编号；电气回路及设备应遵照低压设备要求进行命名及编号，现场进行标识张贴，操作室内应配置电气主接线图，发电车输出端子 A、B、C、N 都应有标识。

（2）应在移动发电车的工作区域应设置围网。

（3）排烟口不得靠近或正对易燃易爆物品，防止发生火灾危险。

（4）移动发电车车体应接地。接地线由手提电缆盘引出，一端与车体标有接地端连接，另一端则固定在接地棒上。接地棒需选择较湿润土壤打入地下部分不少于 60cm，接地连接应紧密牢固。供电结束后，先拆除与车体连接端，再将接地棒和接地线收回。

（5）运行值班。发电机组发电期间，控制室至少必须由两人运行值班，负责监视发电机组的运行情况及电缆、接线端子有无过载过热现象。

（六）日常维护

（1）使用前后的例行检查。

（2）每月对发电机组外表用肉眼检查一次。起动并让机组运转 5min，观察机组运行状况，包括三相电压、机油油压、直流电压、频率等是否正常。

（3）间歇性运行发电机的保养维护。对于在一年内运行时间少于 400h 的发电机组保养维护项目及周期见表 9-9。

表 9-9　　　　一年内运行时间少于 **400h** 的发电机组保养维护项目及周期

保养维护内容	周期
检查冷却液容量	每月
检查润滑油容量	每月
检查空气滤清器指示器，如有需要应更换	每月
起动及运行机组直至到达正常使用温度	每月
排放初级柴油滤清器内的水分及沉淀物	每月

续表

保养维护内容	周期
检查机组的全部皮带有否损坏及松紧度	每累计运行 200h
检查冷却液比重及酸碱度	每累计运行 200h
更换润滑油	每累计运行 200h
更换润滑油滤清器	每累计运行 200h
更换主柴油滤清器	每累计运行 200h
清洁初级柴油滤清器	每累计运行 200h
检查有关涡轮增压器的螺栓松紧度	每累计运行 200h
检查高压柴油泵的喷油时间	每累计运行 1000h
检查有关高压柴油泵的飞轮螺栓紧度是否足够	每累计运行 1000h
检查及确定所有喷油器工作正常，如有需要应更换*	每累计运行 1000h
检查及确定所有连杆是否正常，如有需要进行调校*	每累计运行 1000h

* 保养维护需由经培训合格的技术人员进行。

（4）除按表 9-9 的保养维护内容外，还需有下列保养维护。

1）排放及清洁散热水箱内外部，重新注入清水和防锈水或防冻液。

2）检查涡轮增压器，如有需要应由专业人员进行有关保养维护。

3）如有需要，需检查及确定发电车内各部位是否正常（需由专业人员进行保养维护）。

4）检查中冷器及散热水箱面是否清洁，清除杂物。

三、400V 移动发电车供电法

400V 移动发电车供电法适用于以发电车作为电源，替代变压器向台区所属低压线路或某段线路的用户供电，是一种引入第二电源的旁路作业法，也常作为保供电对象的备用保安电源。前面已经介绍了移动发电车的运行操作，下面以发电车接入低压配电柜为例介绍作业技术及操作要领。

（一）人员构成及分工

本项目需要作业人员 4 人，具体分工为：工作负责人（兼工作监护人）1 人，作业人员 3 人（杆上作业人员、地面作业人员、发电机操作人员各 1 人）。

（二）作业工器具及材料

400V 移动发电车供电法所需工器具及材料见表 9-10。

285

表 9-10　　　　　　　400V 移动发电车供电法所需工器具及材料

名　　称	数　量	名　　称	数　量
400V 移动发电车（容量根据需要定）	1 辆	2500V 绝缘电阻表或绝缘电阻测试仪	1 只
0.4kV 绝缘手套	2 付	钳形电流表	1 只
0.4kV 绝缘布	6 块	低压核相器	1 付
绝缘绳	2 根	0.4kV 验电笔	1 支
绝缘操作杆	1 根	低压出线电缆线	与移动发电车配套
绝缘放电杆及接地线	1 套	绝缘放电杆	1 支

（三）工作前准备

（1）现场勘察。了解配电变压器及高低压进出线状况及其周围环境，确定接入方式及接入和退出的作业方案。

（2）制定移动发电车停送电方案及操作步骤，绘制电网接线、移动发电车接线电气图，报有关部门审批。

（3）查阅有关配电变压器及高低压参数的技术资料，如容量、高低压接入方式、系统接线、运行方式等。

（4）了解配电变压器的正常负荷情况，选择合适容量的移动发电车。发电车容量一为般供电负荷的 1.25 倍及以上。

（5）了解计划作业日期的气象条件预报情况，判断是否符合作业的气象要求。

（6）组织现场作业人员学习作业指导书。知会整个操作程序、工作任务、作业中的危险点及控制措施。

（7）移动发电车出车前，检查发电机燃油、机油、冷却水、蓄电池是否正常合适，并对发电机系统进行试车，检查电子自动检测系统是否正常工作。

（四）作业步骤

1. 现场操作前的准备

（1）工作负责人核对线路名称、杆号、低压配电柜及设备铭牌，并检查线路及变压器等设备无异常情况。

（2）移动发电车进入合适的停放位置，装设可靠接地线，车辆支脚支撑平衡，锁紧装置，并检查发电机四周有无其他易燃易爆物品，若有应及时清理。

（3）根据道路情况在移动发电车周围设置红白带、警告标志、拦网。

（4）工作负责人召开现场工作布置会，向工作班成员布置工作任务，交待危险点、检查安全措施，进行危险点告知。

2. 变压器改由移动发电车供电

（1）电缆敷设。电缆敷设完毕后应使用 500V 绝缘电阻表测试电缆的绝缘电阻，判断电缆无缺陷，核对电缆终端头两侧同芯相并做标志。

（2）移动发电车电缆与负荷连接。

1）短时停电作业方式。先将变压器停役，变压器低压桩头处用低压验电笔验明确无电压，装设低压短路接地线，将电缆两侧终端头分别搭接至移动发电车出线开关接线端子和配电网低压进线开关，最后拆除低压短路接地线。

2）不停电作业方式。断开移动发电车低压出线开关，搭接移动发电车低压出线开关接线端子的电缆终端头，再参考采用第八章所述的方法将另一侧电缆终端头带电搭接至配电网低压进线开关的电缆终端头，完成发电车送出电缆搭接，不影响配电网对用户的不停电供电。

（3）做好移动发电车送电前的相关安全措施和安全检查，确认低压电缆和变压器低压出线相序一致，接地线已全部拆除，确认符合送电要求。

（4）移动发电车替代变压器向低压电网供电。起动发电机组，检查发电正常后，通过操作双电源切换开关将变压器负荷转移由移动发电车供电。

3. 恢复由配电网正常供电

移动发电车与配电网的电气参数难以达到一致，因此只能采用短时停电作业方式进行切换。有以下两种作业方式，其中带电作业方式停电时间较短，停电时间为倒闸操作的时间。

（1）停电作业方式。

1）将移动发电车停机，断开发电车低压出线开关。

2）在变压器低压桩头处用低压验电笔验明确无电压，装设低压短路接地线。

3）拆除移动发电车出线开关接线端子和配电网低压进线开关之间两侧的电缆终端头，最后拆除低压短路接地线。

4）将变压器恢复送电，恢复由配电网供电的正常运行方式。

（2）不停电作业方式。

1）将移动发电车停机，断开发电车低压出线开关。

2）将变压器恢复送电，恢复由配电网供电的正常运行方式。为防止发电机组不同步而遭受冲击损坏，禁止配电网与之并列运行。

3）采用带电作业方式拆除配电网低压进线开关的电缆头。

4）在移动发电车出线开关接线端子处将电缆放电，最后拆除搭接至移动发电车出线开关接线端子终端头。

（五）注意事项

（1）移动发电车的相序应与配电变压器低压侧的相序一致，在电缆连接前应用相序表分别在两个系统进行校核。

（2）搭接或拆除电缆终端头的作业方式应满足相关的安全措施要求。如带电搭接或者拆除应确保电缆空载且无接地状态，禁止带负荷搭接或拆除；停电作业方式应履行验电和装设接地线，并对电缆逐相放电后方可进行。

（3）拆除停电的电缆前，应采用放电棒对电缆逐相充分放电后方可直接接触电缆进行作业，防止电缆的残留电荷伤人。

四、10kV 移动发电车供电法

10kV 发电车具有移动方便、结构紧凑，可对多台配电变压器（"一对多"）供电，用于应急临时对小范围 10kV 线路供电，有效弥补现代配电网转供电能力的不足，其适用范围为：①大用户的应急供电；②多台配电变压器的分支线孤岛应急供电。

下面以架空配电线路为例介绍 10kV 发电车供电法的作业技术。如图 9-25（a）所示，采用常规停电作业方式对 220kV 田边变电站 10kV 蛟南线实例二支线进行停电检修，10kV 实例一支线 3 号杆后段 3 个用户（负荷 1、负荷 2、负荷 3）总容量 975kVA 也因无转供电源而需要陪同停电。若采用 10kV 移动发电车对后段线路进行"孤岛"供电，即可实现了非检修段线路的持续供电，直接并网法 10kV 移动发电车接入接线如图 9-25（b）所示，将 10kV 移动发电车负载输出柜 911 断路器通过旁路柔性电力电缆搭接至 10kV 实例一支线 3 号杆大号侧，市电进线柜 902 断路器通过旁路柔性电力电缆搭接至 10kV 实例一支线 1 号杆大号侧，最后断开 10kV 实例一支线 2 号杆 7210 隔离开关及 3680 断路器，从而保证前段停电检修而后段非检修线路的持续供电。

（一）人员构成及分工

本项目需要作业人员 7 人，具体分工为：工作负责人（兼工作监护人）1 人，作业人员 6 人（斗内作业人员 6 人，含地面电缆敷设、发电机组运行值班人员 6 人，配电线路倒闸操作 2 人）。

（二）作业工器具及材料

采用 10kV 移动发电车供电法所需工器具及材料见表 9-11。

（三）工作前准备

（1）现场勘察。勘察作业现场的杆塔接线情况，确定接入位置。勘察现场停车条件，确定停车位置（注意 10kV 移动发电车运行噪声对周边环境的影响，并预留燃油运输车通道和应急消防通道）。掌握本次作业任务现场环境的安全状况，制订相应的作业措施，并明确必要的专职监护人。

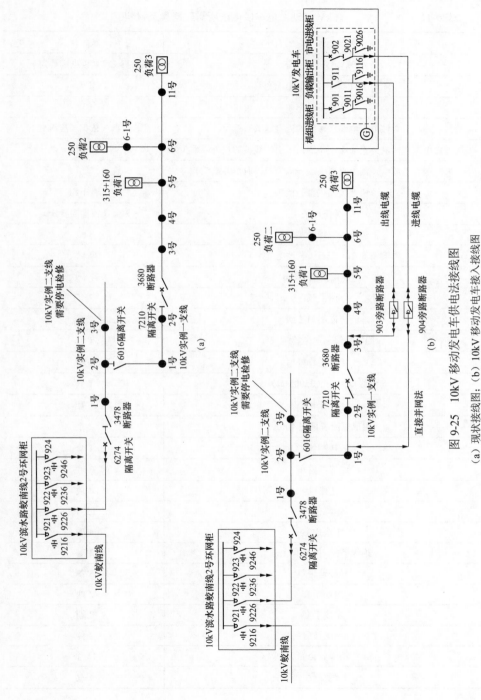

图 9-25　10kV 移动发电车供电法接线图

(a) 现状接线图；(b) 10kV 移动发电车接入接线图

表 9-11　　　　　10kV 移动发电车供电法所需工器具及材料

名　称	数　量
10kV 移动发电车	1 辆（容量根据需要定）
随车工具箱（与发电车配套）	1 套
旁路布缆车	1 辆
柔性电力电缆（两侧均为直通头）	若干组（依据长度确定）
柔性电力电缆（一侧为直通头，一侧为带引流线夹的户外终端头）	2 组
柔性电力电缆（一侧为直通头，一侧为户内肘形终端头）	2 组
快速拔插式直通接头	若干组
旁路开关	2 台（根据需要定）
引流线夹绝缘遮蔽罩	3 只
防潮帆布 1m×3m（敷设电缆用）	若干块
电缆保护槽 2K30	若干块
清洁纸	若干
绝缘硅脂 H-1 级	若干
绝缘杆泄漏电流检测仪	1 套
绝缘操作杆	1 根
绝缘电阻表（2500MΩ）	1 只
验电器 10kV	1 套
钳形电流表量程 400A	2 个
核相仪	1 套
绝缘斗臂车	2 辆
绝缘毯	8 块
绝缘毯夹	12 个
电缆抱箍	4 副
绝缘横担 10kV 长 1m	2 套
导线遮蔽罩	3 条
绝缘手套	2 副
羊皮手套	2 副
绝缘披肩	2 件
绝缘安全帽	15 个
绝缘靴	4 双

续表

名　称	数　量
纱手套	若干
绝缘绳	2 条
绝缘短千斤 0.8m	8 条
接地棒	3 根
绝缘放电杆及接地线	1 套
安全护栏	若干
对讲机	2 部

（2）制定发电车停送电方案及操作步骤，绘制电网接线、发电车接线电气图，报有关部门审批。

（3）查阅有关线路参数的技术资料，如容量、负荷、系统接线、运行方式等。

（4）了解替代供电区域的正常负荷情况，选择合适容量的发电车。发电车容量一般为供电负荷的 1.25 倍及以上。

（5）了解计划作业日期的气象条件预报情况，判断是否符合作业的气象要求。

（6）组织现场作业人员学习作业指导书。知会整个操作程序、工作任务、作业中的危险点及控制措施。工作负责人确定本次作业任务的工作班成员，并向其详细交待工作内容、时间、地点，共同分析任务实施过程中的危险点、控制措施、注意事项等相关要素，学习熟练掌握本次作业任务的作业方案、流程步骤、危险点情况、安全措施要点等。

（7）发电车出车前，检查发电机燃油、机油、冷却水、蓄电池是否正常合适，并对发电机组系统进行试车，检查电子自动检测系统是否正常工作。

（四）作业步骤

1. 现场操作前的准备

（1）工作负责人核对线路名称、杆号及设备铭牌，并检查线路设备无异常情况。核对待检修线路的相序及色标并在 10kV 移动发电车接入点的线路处标示。

（2）发电车进入合适的停放位置，装设可靠接地线，车辆支脚支撑平衡，锁紧装置，并检查发电机四周有无其他易燃易爆物品，若有应及时清理。

（3）根据道路情况在发电车周围设置红白带、警告标志、拦网。

（4）工作负责人召开现场工作布置会，向工作班成员布置工作任务，交待危险点、检查安全措施，进行危险点告知。

2. 柔性电力电缆的布设

（1）现场布置、车辆停放及准备工作。选择适当位置停放 10kV 移动发电车、绝缘斗臂车。旁路柔性电力电缆槽板、防潮布地面铺设，10kV 移动发电车、防潮布及绝缘器具摆放。在工作范围内铺设围栏、警示标志等防护措施。

注意在有车辆经过的地段应使用电缆槽板进行保护，防止电缆受压损坏。

（2）电缆展放。正确将旁路柔性电力电缆放入预先铺好的防潮布或电缆槽板内。

（3）检查确认 10kV 移动发电车市电进线柜 902 断路器、负载输出柜 911 断路器已转检修。

（4）分别将两组旁路柔性电力电缆与旁路断路器按顺序依次连接，合上 903 和 904 旁路断路器。

（5）按照图 9-25（b）所示的接线分别将已经敷设好的旁路柔性电力电缆按色标分别与 10kV 移动发电车高压盘柜对应断路器间隔的连接端子进行连接。

（6）在电杆上安装绝缘横担，将旁路柔性电力电缆固定在绝缘横担上，并保持足够的安全距离。

（7）将 10kV 移动发电车市电进线柜 902 断路器、负载输出柜 911 断路器检修状态转为冷备用状态。

（8）旁路柔性电力电缆试验。旁路柔性电力电缆铺设、连接完成后对旁路系统进行试验，测量柔性电力电缆相间、相对地的绝缘电阻，判定符合运行要求。试验完毕后将旁路系统充分放电后断开 903 和 904 旁路断路器。

3. 搭接 10kV 移动发电车旁路柔性电力电缆与架空线路的连接

采用绝缘手套作业法带电搭接空载柔性电力电缆与架空线路的连接。

（1）检查确认设备状态，与工作班成员安全交底并宣布开工。设备状态要求如下：

1）10kV 移动发电车机组进线柜 901 断路器、9011 隔离开关、9016 接地开关确在断开位置。

2）10kV 移动发电车负载输出柜 911 断路器、9116 接地开关确在断开位置。

3）10kV 移动发电车市电进线柜 902 断路器、9021 隔离开关、9026 接地开关确在断开位置。

4）旁路断路器 903、904 确在断开位置。

5）220kV 田边变电站 10kV 蛟南线 613 线路重合闸已停用。

（2）缘斗臂车斗内作业人员，在杆上视情况做绝缘隔离措施并装设绝缘短千斤，绝缘短千斤分别挂在主导线合适位置，将旁路柔性电力电缆终端头挂在绝缘短千斤上，注意电缆终端头与导线应保持足够的安全距离。

（3）带电作业人员采用钳形电流表测量待供电架空线路的电流并做好记录，确认负荷电流小于 10kV 移动发电车和旁路系统的规定值。

（4）旁路柔性电力电缆与架空线连接。绝缘斗臂车斗内作业人员将出线电缆逐相搭接至 10kV 实例一支线 3 号杆大号侧导线（出线柜对应配电网解列点的负荷侧），再将进线电缆逐相搭接至 10kV 实例一支线 1 号杆大号侧导线（进线柜对应配电网解列点的电源侧）。

4. 10kV 移动发电车接入后核相

（1）工作负责人确认连接紧密、相色对应正确，10kV 移动发电车 901 断路器处于热备用状态，经调度许可将发电车起动。

（2）根据 10kV 移动发电车直接并网法需要的核相要求，合上 903、904 旁路断路器，在 10kV 移动发电车机组进线柜、负载输出柜、市电进线柜的带电指示器处分别进行核相，进线柜、负载输出柜的相序相位必须高度一致且相序序位与机组进线柜的相序序位一致。

（3）调整相序。相序不正确时，应在旁路断路器靠 10kV 移动发电车侧的电缆终端头处进行相序调整，一般不在架空线路上调整。调整相序使用配电带电作业工作票，详见调整相序的步骤。

（4）依次断开 903、904 旁路断路器，检查 10kV 移动发电车负载输出柜、市电进线柜带电指示器，确认断开状态。

（5）10kV 移动发电车停止运行，车门和柜门上锁，工作结束，派人现场值守。

5. 调整相序（相序正确时，跳过此步骤）

（1）断开 903 旁路断路器，合上 10kV 移动发电车负载输出柜 9116 接地开关对旁路柔性电力电缆进行放电后，在 903 旁路断路器靠发电车侧的电缆终端头处进行调相。

（2）相序调整完毕后，断开 10kV 移动发电车负载输出柜 9116 接地开关，合上 903 旁路断路器，出线回路再次核相，确认相序无误。

（3）断开 904 旁路断路器，合上 10kV 移动发电车市电进线柜 9026 接地开关对旁路柔性电力电缆进行放电后，在 904 旁路断路器靠发电车侧的电缆终端头处进行调相。

（4）相序调整完毕后，断开 10kV 移动发电车市电进线柜 9026 接地开关，合上 904 旁路断路器，进线回路再次核相，确认相序无误。

6. 线路检修前停电操作以及 10kV 移动发电车替代供电

（1）经调度许可，将 10kV 移动发电车起动至热备用（此步意味着发电机起动和合上 9011 隔离开关），再次确认相序正确。

（2）采用直接并网法由 10kV 移动发电车替代供电，操作步骤如下。

1）依次合上 904 旁路断路器、10kV 移动发电车机组进线柜 9021 隔离开关、902 断路器、903 旁路断路器、负载输出柜 911 断路器，此时实训一支线 1～3 号杆架空线路与由 10kV 移动发电车负载输出柜、旁路柔性电缆组成的旁路并列运行。

2）检查线路通流正常后，操作人员断开 10kV 实例一支线 2 号杆 7210 隔离开关、3680 断路器，此时实训一支线 2 号杆后段架空线路已转由 10kV 移动发电车负载输出柜、旁路柔性电缆组成的旁路替代供电。

3）用钳形电流表测量旁路柔性电力电缆的电流，根据电流大小调整发电机基数负载。

4）合上 9011 隔离开关，在控制屏上按下 901 合闸按钮，发电机自动检测同期，查看机组控制屏数据，确认合上 901 断路器，10kV 移动发电车投入运行，此时发电机组与配电网并列运行。

5）依次断开 10kV 移动发电车 902 断路器、904 旁路断路器和进线柜 9021 隔离开关，将非检修线路段实训一支线 2 号杆后段架空线路与配电网解列，此时实训一支线 2 号杆后段架空线路转由发电车替代供电。

（3）采用钳形电流表测量旁路柔性电力电缆的电流，实时确认负荷电流满足运行要求。

（4）运行过程中应对旁路柔性电力电缆引流线夹进行红外测温，监视连接及通流是否异常。

（5）运行期间，10kV 移动发电车高压盘柜的操作方式应切换回就地操作模式，防止在运行过程中操作时误分、合断路器造成事故。

7. 10kV 发电机运行值班

监控发电机组运行参数、报警信息等，并做好负荷、电压、油量整点检查与记录，发现异常及时处理。

8. 停电线路的施工检修作业

作业步骤根据检修任务定（略）。

9. 停电线路段检修后的恢复送电

停电线路段检修后的送电依据调度下达的倒闸操作指令执行（略），配电网实训一支线 1 号杆小号侧线路恢复正常供电方式，2 号杆 7210 隔离开关、3680

断路器处于断开位置。

10. 10kV 移动发电车退出运行

（1）合上 904 旁路断路器，在市电进线柜带电显示装置核相，确认相序序位一致正确无误。相序序位有误时应在配电网检修线路侧调整相序，确保原有系统相序一致。

（2）合上 10kV 移动发电车市电进行柜 9021 隔离开关，在控制屏上按下 902 合闸按钮，发电机自动检测同期，查看机组控制屏数据，确认合上 902 断路器，发电机组与配电网再次并列运行。

（3）合上 10kV 实例一支线 2 号杆 7210 隔离开关、3680 断路器，并确认线路通流运行正常，此时实训一支线 1~3 号杆架空线路与由 10kV 移动发电车负载输出柜、旁路柔性电缆组成的旁路并列运行、且发电车也与配电网并列运行发电。

（4）发电机组解列。断开 10kV 移动发电车机组进线柜 901 断路器、9011 隔离开关，将 10kV 移动发电车机组解列后停机。

（5）发电车与配电网解列。依次断开 10kV 移动发电车市电进线柜 902 断路器、9021 隔离开关、负载输出柜 911 断路器、903 旁路断路器、904 旁路断路器。

注意：线路检修恢复送电后，若配电网相序与发电车系统相序的序位不一致时，应在配电网检修线路侧调整相序，不得调整旁路供电系统的相序。相序序位不一致时禁止并网操作，也不得采用调整旁路供电系统的相序序位后进行并网操作。

11. 拆除 10kV 移动发电车旁路柔性电力电缆与架空线路的连接

采用绝缘手套作业法带电拆除空载柔性电力电缆与架空线路的连接。

（1）检查确认设备状态，与工作班成员安全交底并宣布开工。设备状态要求如下。

1）10kV 移动发电车机组进线柜 901 断路器、9011 隔离开关、9016 接地开关确在断开位置。

2）10kV 移动发电车负载输出柜 911 断路器、9116 接地开关确在断开位置。

3）10kV 移动发电车市电进线柜 902 断路器、9021 隔离开关、9026 接地开关确在断开位置。

4）旁路断路器 903、904 确在断开位置。

5）220kV 田边变电站 10kV 蛟南线 613 线路重合闸已停用。

（2）绝缘斗臂车斗内作业人员在杆上视情况做绝缘隔离措施并装设绝缘短

千斤，绝缘短千斤分别挂在主导线合适位置，将旁路柔性电力电缆终端头挂在绝缘短千斤上。注意电缆终端头与导线应保持足够的安全距离。

（3）采用钳形电流表测量旁路柔性电力的电流，确认旁路柔性电力电缆处于空载状态无电流通过。

（4）拆除旁路柔性电力电缆与架空线的连接。绝缘斗臂车斗内作业人员逐相拆除出线电缆与10kV实例一支线3号杆的连接，再逐相拆除进线电缆与10kV实例一支线1号杆的连接。

12. 收回旁路柔性电力电缆及旁路开关

（1）合上904、903旁路断路器，合上10kV移动发电车负载输出柜9116、市电进线柜9026接地开关对电缆进行放电。

（2）确认充分放电后，断开904、903旁路断路器，拆除杆上旁路柔性电力电缆、绝缘横担、旁路柔性电力电缆与10kV移动发电车断路器连接，收回旁路柔性电力电缆，清理工作现场。

（3）以上工作完毕后，确认撤离所有设备、工具，及时清理作业现场，检查作业区域无遗留物。

（五）注意事项

（1）本作业项目涉及多个专业、多个班组协作完成，应制定施工方案，明确工作任务分工及作业流程，设专人担任总指挥，多班组作业时应做好现场的组织、协调工作。各班组工作负责人应听从总指挥的统一安排，确保有序衔接。

（2）各作业班组对所承担的工作质量以及安全负责。各作业项目的监护人应履行监护职责，不得兼做其他工作，要选择便于监护的位置，监护的范围不得超过一个作业点。

（3）采用直接并网法时，10kV发电车的进线电缆和出线电缆应分别连接至解列点断路器的两侧，不能接在同一侧，也不能接反。

（4）旁路作业设备的旁路柔性电力电缆、旁路柔性电力电缆连接器、10kV发电车断路器的连接应核对分相标志，保证相序色的一致。

（5）核对10kV发电车电源相序与市电相序正确，直接并网法两者的相序应一致方可并列运行。

（6）旁路供电系统投入运行前，必须进行核相，确认相序正确方可并网运行。调整相序应在旁路断路器靠10kV移动发电车侧的电缆终端头处进行，不宜在架空线路上调整。恢复原线路供电前，也必须进行核相，确认相序正确后方可并网运行。

（7）线路检修恢复送电后，若配电网相序与发电车系统相序的序位不一致时，应在配电网检修线路侧调整相序，不宜调整旁路供电系统的相序，确保配电网相序恢复原样。相序的序位不一致禁止并网操作，也不得采用调整旁路供电系统的相序后进行并网操作。

（8）起动 10kV 移动发电车发电机组前，首先确认发电车外壳应良好接地。打开发电车进排风门和进排气门（注意排气门附近温度较高，应远离建筑物、植物等易燃易爆物，尽量减少排气对周围环境的空气污染和噪声污染）。

（9）旁路柔性电力电缆及 10kV 移动发电车等旁路设备运行期间，应派专人看守、巡视，防止行人碰触、挪动，防止重型车辆碾压。发电车应有人值班监视运行情况。

（10）作业人员在直接接触柔性电力电缆（含电缆试验后）前，应先对柔性电力电缆逐相充分放电，作业中应戴绝缘手套，防止电缆残留电荷伤人。

9.4　储能式应急电源车作业技术

应急电源除了前面介绍的以柴油为动力的移动发电车外，还包括储能式应急电源，电压等级为 400V，主要有两种储能方式：①蓄电池储能、逆变释放电能的 EPS 和 UPS 应急电源；②飞轮储能、惯性发电的应急电源，这两种应急电源均可集装式方便安装在底盘卡车上，构成应急电源车，串联接入重要用电负荷的电源侧，确保不间断高可靠性供电。储能式应急电源的供电时间与设备的储存容量、用电负荷大小有关，通常为十几秒到几十分钟，蓄电池储能式的供电时间相对较长，飞轮储能式的供电时间最短，额定负荷下仅能维持 12s 左右。

一、EPS 应急电源车

1. EPS 与 UPS

蓄电池储能式应急电源主要由整流充电器、蓄电池组、逆变器、互投开关装置和系统控制器等组成，实现把交流电整流储存、直流电能逆变成交流电能的应急供电。根据应急供电的方式特点有 EPS 电源与 UPS 电源两种。

EPS 是 "emergency power supply" 的缩写，即 "备用电源" 或 "应急电源"，EPS 它是一种允许瞬间（电源自动切换时间）电源中断的应急电源装置，在供电网络正常供电时，其应急供电系统处于 "睡眠" 的浮充电状态，只有在应急状态下才为负载供电。EPS 电源主要针对城市的应急照明、消防设施以及特别重要负荷，尤其在解决只有一路电源（缺少第二路电源）情况下，代替发电机组构成第二电源或在需要第三电源的场合使用时，能够收到非常好的效果。EPS 电源有点类似于后备式的 UPS，平时逆变器不工作，供电网络断电时才投入蓄电池经逆变器输出供电。采用接触器自动转换，切换时间为 0.1～0.25s。其带负载能力强，适用于电感性、电容性及综合性负载的设备，如电梯、水泵、风机、办公自动化设备、应急照明等，而且使用可靠。

UPS（Uninterruptible Power System）即不间断电源，是一种含有储能装置，以逆变器为主要组成部分的不间断电源恒压电源。其主要作用是通过 UPS 系统，对敏感用电设备可靠而不间断地进行供电。当供电网络输入正常时，UPS 将供电网络稳压后供给负载使用，此时，UPS 的作用相当于一台交流稳压器，同时它还向本机内储能部分供电。当电网供电中断时，UPS 立即将机内存储的电能通过逆变转换的方法向负载继续供电，使负载维持正常工作。在线式 UPS 在供电网络正常时，由供电网络进行整流提供直流电压给逆变器工作，由逆变器向负载提供交流电；在供电网络异常时，逆变器由电池提供能量，逆变器始终处于工作状态，保证无间断输出。其特点是：有极宽的输入电压范围，基本无切换时间（仅 10ms 左右）且输出的电压稳定、精度高，特别适合对电源要求较高的场合，但是成本较高。因此，其主要用来给重要的负载提供电力保障。

EPS 和 UPS 的异同点是均能提供两路选择输出供电，UPS 为保证供电优质，是选择逆变优先；而 EPS 是为保证节能，是选择电网供电优先。当然两者在整流充电器和逆变器的设计指标上是有差异的。UPS 由于是在线式使用，出现故障可及时报警，并有电网供电作后备保障，使用者能及时发现故障并排除故障，不会给电网供电中断的影响造成更大的损失。而 EPS 是离线式使用，是最后一道供电保障。

蓄电池储能式应急电源容量大小不等，根据所保障负荷的大小选用，大多数是紧邻固定永久性安装在低压用电设备的电源端。此外，将蓄电池储能式应急电源安装在汽车车厢内，可灵活作为临时性重要负荷的应急电源。

2. EPS 应急电源车

EPS 应急电源车和 UPS 应急电源车的结构和使用上基本相似，下面重点介绍 EPS 应急电源车。

EPS 应急电源车由汽车底盘、EPS 应急电源装置和随车电缆等组成，如图 9-26 所示。应急电源采用单体逆变技术，集充电器、

图 9-26　EPS 应急电源车

蓄电池组、逆变器及控制器于一体，工作原理如 9-27 所示。其电压等级为

380/220V，容量按照负荷大小略留有裕度原则选择。

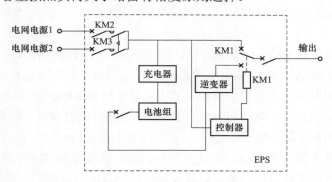

图 9-27　EPS 工作原理图

EPS 应急电源系统主要包括整流充电器、蓄电池组、逆变器、互投装置、输入及输出部件、电池监测装置、控制系统、状态显示器、操作面板等部分组成。整流充电器的作用是在电网电源输入正常时，实现对蓄电池组适时充电；逆变器的作用则是在电网电源中断时，将蓄电池组存储的直流电能变换成交流电输出，供给负载设备稳定持续的电力；互投装置保证负载在电网电源及逆变器输出间的顺利切换；控制系统对整个系统进行实时控制，并可以发出故障告警信号和接收远程联动控制信号，还可通过标准通信接口由上位机实现 EPS 系统的远程监控。EPS 的基本工作原理如下：

（1）当电网电源正常时，由电网电源主供 KM2 或备用 KM3 经过互投装置 KM1，置于接通电网电源的位置直接给重要负载供电，同时进行电网电源检测及蓄电池充电管理，然后再由电池组向逆变器提供直流能源。这时充电器是一个仅需向蓄电池组提供相当于 10%蓄电池组容量的充电电流的小功率直流电源，它并不具备直接向逆变器提供直流电源的能力。此时，电网电源经由 EPS 的交流旁路和转换开关所组成的供电系统输出供电。与此同时，在 EPS 逻辑控制板的调控下，逆变器停止工作处于自动关机状态，EPS 应急电源处在睡眠状态，有效达到节能的效果。

（2）当电网电源供电中断或电网电源电压超限（±15%或±20%额定输入电压）时，互投装置 KM1 将置于接通逆变器回路的位置，立即投切至逆变器供电，在电池组所提供的直流能源的支持下，此时，用户负载所使用的电源是通过 EPS 的逆变器转换的交流电源，而不是来自电网电源。

（3）当电网电源电压恢复正常工作时，EPS 的控制中心发出信号对逆变器执行自动关机操作，同时还通过它的互投装置 KM1，置于接通电网回路的闭合位置，执行从逆变器供电向交流旁路（电网电源）供电的切换操作。此后，EPS 在经交流旁路供电通路向负载提供电网电源的同时，还通过充电器向电池组充电。

EPS 应急电源车的充、发电过程是按照"380V 交流电压输入—整流—蓄电池—逆变—380V 交流电压输出"的顺序。它在电网发生故障停电后能自动起动，EPS 的起动时间小于 0.1s，速度快，基本实现对用户不间断的供电。EPS 应急电源系统一般的备用供电时间为 30～120min（增加供电时间须增加蓄电池容量，同时也增加体积、增加造价），因此，需要强调的是，EPS 是一种应急电源，不适合长时间性质的备用电源，它只用于当正常电源故障时，维持重要负载的供电可靠性，保证重要负荷在短时间内或规定时间范围内供电的连续性。

3. 飞轮储能 UPS 应急电源车

飞轮储能 UPS 应急电源车主要由飞轮储能器、UPS 电源、监控系统、油机快速起动装置、ATS 双电源切换开关、配电柜组装在装汽车底盘，如图 9-28 所示。

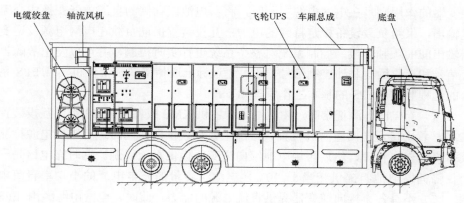

图 9-28　飞轮储能应急电源车结构图

飞轮 UPS 将飞轮模块、UPS 控制电源、真空泵、操控面板、输入输出开关、旁路断路器等均集成安装在设备柜内，结构如图 9-29 所示；飞轮模块采用飞轮动态储能技术，将飞轮和电机系统密封在真空泵内，如图 9-30 所示。飞轮本体是飞轮储能系统中的核心部件，高速旋转的飞轮质体作为机械能量储存的介质；真空泵的主要作用是给飞轮提供真空环境，将飞轮和电机密封在内部，降低电机运行时的风阻损耗，提高储能装置的效率。

飞轮储能系统是一种机电能量转换的储能装置，突破了化学电池的局限，用物理方法实现储能，机械能与电能之间的相互转换是以永磁电动/发电机及其控制为核心实现的，电动/发电机集成一个部件，在储能时，作为电动机运行，由外界电能驱动电动机，电能通过电力转换器变换后驱动电机运行，带动飞轮转子加速旋转至设定的某一转速，飞轮以动能的形式把能量储存起来，完成电能到机械能转换的储存能量过程，能量储存在高速旋转的飞轮体中，电机维持一个恒定的转速，能量蓄满时飞轮转速高达 7700r/min，直到接收到一个能量释放的控制信号；在释放电能时，电机又作为发电机运行，高速旋转的飞轮拖动电机发电，经电力转换器输出适用于负载的电流与电压，完成机械能到电能转换的释放能量过程，此时飞轮转速不断下降，整个飞轮储能系统实现了电能的输入、储存和输出过程。

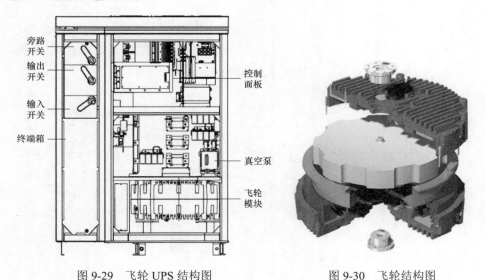

左图标注：旁路开关、输出开关、输入开关、终端箱；右图标注：控制面板、真空泵、飞轮模块

图 9-29　飞轮 UPS 结构图　　　　图 9-30　飞轮结构图

飞轮储能 UPS 的控制原理如图 9-31 所示，不间断供电工作过程如图 9-32 所示，当配电网电压骤降时，由于飞轮的旋转惯性将动能带动电机发电，补偿短时间的电压骤降或间断，即维持了电压的稳定，确保敏感用户免受毫秒级电网波动的影响，满载时可维持额定电压 12s。与低压双电源 ATS（自动转换开关）配合，如图 9-33 所示，在低压双电源自动切换操作过程中，能做到真正意义上的不间断供电；柴油发电机组作为市电备用应急电源时，ATS（自动转换开关）和柴油发电机组有效结合，如图 9-34 所示，当市电中断时，由于飞轮的惯性将动能转变为电能，满载时可维持额定电压 12s，在此期间控制柴油发电机组投入使用，发电机自动起动带载，恢复对重要负载的正常供电，当市电故障恢复时，柴油发电机组自动退出运行，整套过程由可编程控制器智能化控制，有效提高

了系统可靠性。

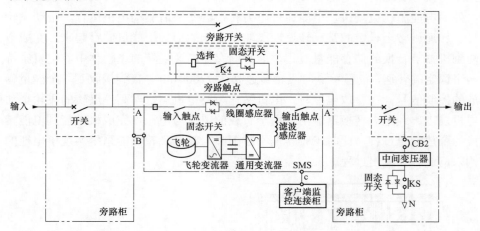

图 9-31　系统控制原理

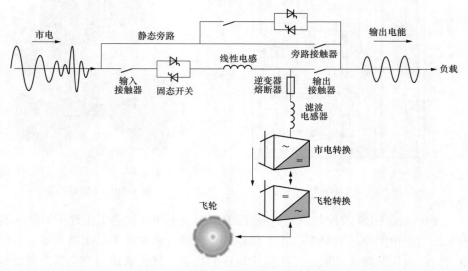

图 9-32　不间断供电工作过程示意图

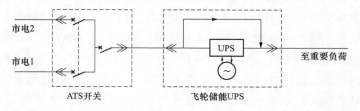

图 9-33　飞轮储能 UPS 在低压双电源中的应用

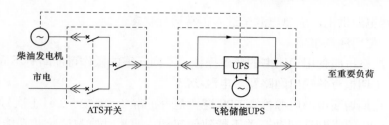

图 9-34　飞轮储能 UPS 在柴油发电机组中的应用

由飞轮储能 UPS 为核心的飞轮储能应急供电系统，是一种完全集成的在线互动式系统，不仅是重要敏感低压用户在电源切换瞬间零毫秒级不间断电力保障的顶级配置，能有效应对电压波动、骤降、故障停电、负荷冲击、谐波干扰、重合闸等突发电压骤降的瞬时波动不稳问题,大大提高电压品质,也用于双（多）电源"零停电"的切换，保障敏感重要设备正常工作，是极为先进的移动式不间断供电系统，得到重要敏感用户的青睐，飞轮储能应急供电车具有以下优点：

1）零毫秒级。可为重要负载提供真正意义上的零毫秒级断电电压补偿，实现不间断供电。

2）高续航力。飞轮储能 UPS 与柴油发电机组，通过智能化控制，实现重要负载的不同电源转换的不间断接力续航供电。

3）高可靠性。磁悬浮飞轮技术的应用，消除了传统 UPS 中的不可靠成分，可靠性能达到 99.99999%。

二、EPS 应急电源车的运行操作

（1）按照图 9-27 所示的接线，敷设车载配套的电动、手动两用的电缆盘，并使用绝缘电阻表测试电缆的绝缘电阻是否合格。断开 EPS 应急电源车电网电源输入开关 KM1、KM2，输出互投开关投向电网电源回路并置于"手动"位置，将应急电源的电网电源输入端接至电网，将输出端接于负载，构成串联接线方式。

（2）合上电池输入断路器和电网电源输入开关 KM1 和 KM2，电网电源指示灯亮，充电指示灯亮，左向转动切换按钮，EPS 进入待机运行状态，蓄电池处于自动充电状态。

（3）测量 EPS 输出电压是否正常，输出正常后合上输出开关给负载接通电源。

（4）在电网电源供电情况下进入正常工作后，断开电网电源输入开关，此时进入应急 EPS 蓄电池逆变状态供电，应急供电时只有红色指示灯亮。

（5）应急供电正常工作后，合上电网电源输入开关，EPS 将在 5s 内自动切换到电网电源供电，应急电源车进入正常运行状态。

（6）使用注意事项。

1）严格按照使用说明书的要求操作，不同厂家的操作可能略有不同。

2）定期检查各输出回路及蓄电池状况。

3）定期切断电网电源检查 EPS 逆变是否正常（一般 2～3 月 1 次）。

4）EPS 的强制性起动开关不能随便起动，即平时检测试验此功能时正常即可，不能让蓄电池强制放电太深。

5）检查各输出回路的负荷是否超过 EPS 的额定最大输出功率，如果超载，容易造成停电时 EPS 逆变器逆变起动不了。

三、EPS 应急电源车供电法的操作要领

EPS 应急电源车采用串联接入是低压，可采用停电作业，也可采用带电作业。采用停电作业时，直接将 EPS 应急电源车按照目标接线接入即可。采用带电作业主要工作内容为"带电接火"和带电拆除引流线。采用带电作业的步骤要领如下：

（1）"带电接火"。电缆展放敷设完毕并测试绝缘电阻合格后，检查确认 EPS 应急电源车电网电源输入开关 KM1、KM2，输出互投开关投向电网电源侧并置于"手动"位置，即可采用"带电接火"将应急电源的电网电源输入端接至电网，将输出端接于负载，构成串联接线方式，接线如图 9-35 所示。

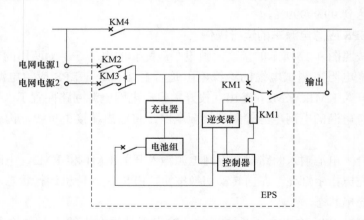

图 9-35　EPS 应急电源车供电法接线

（2）电源的切换操作。"带电接火"完成后，核对 EPS 应急电源车旁路与原线路的相序，通过倒闸操作将电源切换至旁路供电。

1）合上电网电源输入开关和输出开关，EPS 应急电源车旁路与原线路并列运行。

2）断开原线路开关 KM4，EPS 应急电源车旁路与原线路解列运行并形成一个明显断开点，电源切换至通过 EPS 应急电源车旁路供电。

3）应急电源车 EPS 试通电运行。检查电网电源指示灯亮，充电指示灯亮，EPS 进入待机运行状态，蓄电池处于自动充电状态。

测量 EPS 输出电压是否正常，输出正常后互投装置置于"自动位置"。

在电网电源供电情况下进入正常工作后，断开电网电源输入开关，此时进入应急 EPS 蓄电池逆变状态供电，应急供电时只有红色指示灯亮。

应急供电正常工作后，合上电网电源输入开关，EPS 将在 5s 内自动切换到电网电源供电，应急电源车进入正常运行状态。

（3）带电拆除引流线。检查确认 EPS 应急电源车电网电源输入开关 KM1、KM2 及输出互投开关投向电网电源侧并置于"手动"位置，即可采用带电拆除应急电源的电网电源输入端和输出端的电缆，最后收回车载电缆。

四、EPS 应急电源车的维护保养

EPS 应急电源车的维护保养除了底盘车、控制回路的定期维护、检查调试、保养外，更为重要的是做好蓄电池组的维护保养，确保正常的使用寿命。为了使蓄电池维持完好的技术状况，应严格按照保养要求进行检查和保养。有资料显示，EPS 因蓄电池故障而引起工作不正常的占了故障比例大约为 1/3。由此可见，加强对 EPS 蓄电池的运行维护，是确保 EPS 应急电源车正常使用的关键。维护 EPS 蓄电池，应从以下几方面入手。

1. 保持适宜的环境温度

影响 EPS 蓄电池寿命的重要因素是环境与温度，一般 EPS 蓄电池生产厂家要求的最佳环境温度是在 20～25℃。环境温度一旦超过 25℃，每升高 10℃，EPS 蓄电池的寿命就要缩短一半。EPS 电源的使用环境要求清洁、少尘、干燥。

2. 智能化检测

设置智能化检测装置，安装相应的软件，通过串、并口连接 EPS 电源，可检测获取电网电源输入电压、EPS 电源输出电压、负载利用率、EPS 蓄电池容量利用率、机内温度和电网电源频率等信息，通过参数设置，可设定 EPS 基本特性、EPS 蓄电池可维持时间和 EPS 蓄电池耗尽告警等。通过这些智能化检测，大大方便了 EPS 电源及其 EPS 蓄电池的使用管理。

3. 蓄电池监视

主要监视蓄电池组的端电压值、浮充电流值、每只蓄电池的电压值、蓄电池组及直流母线的对地电阻和绝缘状态等。定期测试电池单体电压及终端电压，

检查外观有无异常变形和发热，并保持完整运行记录。定期检查一次侧连接导线是否牢固，是否有腐蚀，如有松动应拧紧至规定扭矩，腐蚀应及时更换。不要单独增加或减少电池组中几个单体电池的负荷，这将造成单体电池容量的不平衡和充电的不均一性，降低电池的使用寿命。

4. 定期充、放电

EPS 电源中的浮充电压和放电电压，在出厂时均已调试到额定值，而放电电流的大小是随着负载的增大而增加的，使用中应合理调节负载。一般情况下，负载不宜超过 EPS 电源额定负载的 60%，在这个范围内，EPS 蓄电池的放电电流就不会出现过度放电。EPS 电源因长期与电网电源相连，在供电质量高、很少发生电网电源停电的使用环境中，EPS 蓄电池会长期处于浮充电状态，时间长了就会导致电池化学能与电能相互转化的活性降低，加速老化而缩短使用寿命。因此，一般每隔 2~3 个月应完全放电一次，放电时间与方法可根据 EPS 蓄电池的性能确定。一次全负荷放电完毕后，按规定再均衡充电 8h 时以上。

（1）初充电。蓄电池在安装或大修后的第一次充电，称为初充电。初充电是否良好，将严重影响蓄电池的寿命。这个过程一般由生产厂家在出厂前完成。

（2）浮充充电。为了延长蓄电池的使用寿命，通常都采用充电电源与蓄电池组并联的浮充供电方式。

（3）均衡充电。在正常运行状态下的电池组，通常不需要均衡充电。但如果发现电池组中单体电池之间电压不均衡时，则应对电池组进行均衡充电。

（4）补充充电。电池在存放、运输、安装过程中，会因自放电而失去部分容量。因此，在安装后投入使用前，应根据电池的开路电压判断电池的剩余容量，然后采用不同的方法对蓄电池进行补充充电。对备用搁置较久的蓄电池，每 3 个月应进行一次补充充电。

5. 及时更换废电池

在 EPS 电源连续不断的运行使用中，因性能和质量上的差别，个别电池性能下降、充电储能容量达不到要求而损坏是难免的。如果使用的是免维护的吸收式电解液系统电池，在正常使用时不会产生任何气体，但是如果用户使用不当而造成了 EPS 蓄电池组过量充电就会产生气体，并出现 EPS 蓄电池组内压增大的情况，严重时会使电池鼓涨、变形、漏液甚至破裂，如果发现这种现象应立即更换。当 EPS 蓄电池组中某个电池出现损坏时，维护人员应当对每只电池进行检查测试，排除损坏的电池。更换新的电池时，应该力求购买同厂家同型号的电池，禁止防酸电池和密封电池混合使用。

9.5 移动箱式变压器作业技术

一、移动箱式变压器供电法原理

移动箱式变压器又称负荷转移车或车载移动箱变，它是由底盘车、箱式变压器、高压开关柜、低压开关柜、随车电缆等组成，可根据需要方便地移动，如图 9-36（a）所示。车体主体采用分段式结构设计，其分为操作监控室、升（降）压变压器室、高低压开关柜室四个功能区域，车厢外侧两边分别安装高、低压柔性电缆的接入装置，如图 9-36（b）所示。对中低压配电网而言，移动箱式变压器是实现配电网不停电作业的重要装置之一，有着广泛的应用范围。在配电网部分设备需停电作业时，通过带电接入移动箱式变压器，保持对作业区域负荷的连续供电。

箱式变压器由高压室（10 kV 或 20kV）、低压室（400/230V）和变压器室组成，高低压侧各安装一组带熔断器高压真空负荷开关和低压断路器，接线如图 9-36（c）所示。整套设备带机械、电气联锁，有高压带电指示、变压器温度监测、超温报警与跳闸等装置。箱体内有隔热性能好的隔热板，装有排风扇、百叶窗，整车外箱装有散热门，确保变压器温度符合运行规定。

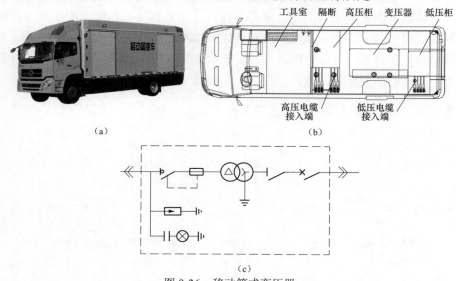

图 9-36 移动箱式变压器

（a）车载式外观图；（b）内部布置图；（c）电气接线图

移动箱式变压器的底盘为车载式或拖挂式两种，并加装手刹装置和四个支腿，以保证工作时整车的稳定性。

通过移动箱式变压器和配电变压器并列和解列运行操作，移动箱式变压器替代原配电变压器运行，以实现对配电变压器的不停电检修。变压器并列运行的条件是：

（1）连接组别相同。

（2）变比基本一致，负载率大于50%时变比应一致，当负载率不大于50%时变比差异不应超过5%，即低压输出电压差不得大于10V。

（3）容量不小于最大负荷。

对于不能满足并列运行的配电变压器，可采用停电搭接和转电切换操作，在移动箱式变压器和原配电变压器之间进行负荷转移切换，实现对原配电变压器的更换，对低压用户短时停电。

对于满足移动箱式变压器并列运行的配电变压器，只要将箱式变压器的高低压引出线电缆在带电状态下，分别与原配电变压器的中压和低压进出线连接，便可利用箱式变压器的高压真空负荷开关和低压断路器的倒闸操作，实现箱式变压器与配电变压器的短时并列运行，而后可先后断开待检修配电变压器的低压断路器和高压断路器，将配电变压器退出运行。待工作结束后，采用相反步骤，先后合上配电变压器高压断路器和低压断路器，两台配电变压器重新并列运行，再断开箱式变压器的高、低压断路器，带电拆除与原配电变压器连接的高低压引出电缆，恢复由原配电变压器正常供电的状态，从而实现配电变压器的检修和更换时用户不停电的目的，原理示意图如图9-37所示，这种方法有时又称不停电更换变压器法。

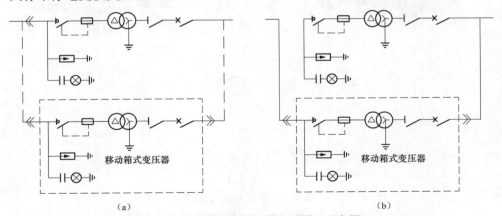

图9-37 移动箱式变压器供电法原理示意图

（a）移动箱式变压器并列运行；（b）移动箱式变压器替代供电

二、更换杆上变压器

1. 作业人员构成及分工

本项目需要作业人员 5 人，具体分工为：工作负责人（兼工作监护人）1 人，作业人员 4 人（绝缘斗臂车斗内作业人员、杆上作业人员、地面作业人员、移动箱式变压器运行操作人员各 1 人）。

2. 作业工器具及材料（见表 9-12）

表 9-12　　　　　　　　　更换杆上变压器所需工器具及材料

名　　称	数　　量
配电变压器（根据规格、型号需要定）	1 台
移动箱式变压器（变压器容量根据需要定）	1 辆
绝缘斗臂车	1 辆
起重工程车（吊车）	1 辆
10kV 绝缘手套	2 付
防护手套	2 付
绝缘肩套	1 件
绝缘安全帽	2 只
10kV 绝缘套管	2 根
10kV 绝缘布	3 块
10kV 绝缘横担	1 套
导线套管绝缘遮蔽罩	4 根
绝缘隔离挡板	1 块
绝缘绳	2 条
绝缘操作杆	1 根
高、低压进出线电缆	与移动箱式变压器配套
高压跌落式熔断器	1 组
绝缘导线剥皮器	1 把
绝缘断线器	1 把
楔型线夹安装枪	2 把
2500V 绝缘电阻表	1 只
钳形电流表	1 只

3. 作业步骤

（1）工作前准备。

1）现场勘察。勘察作业现场的杆塔接线情况，确定接入位置。勘察现场停车条件，确定停车位置。掌握本次作业任务现场环境的安全状况，制订相应的作业措施，并明确必要的专职监护人。

2）制订移动箱式变压器停送电方案及操作步骤，绘制电网接线、移动箱式变压器接线电气图，报有关部门审批。

3）查阅有关线路参数的技术资料，如容量、负荷、系统接线、运行方式等。

4）了解替代供电区域的正常负荷情况，校核选用的移动箱式变压器参数。

5）了解计划作业日期的气象条件预报情况，判断是否符合作业的气象要求。

6）组织现场作业人员学习作业指导书。知会整个操作程序、工作任务、作业中的危险点及控制措施。工作负责人确定本次作业任务的工作班成员，并向其详细交待工作内容、时间、地点，共同分析任务实施过程中的危险点、控制措施、注意事项等相关要素，学习熟练掌握本次作业任务的作业方案、流程步骤、危险点情况、安全措施要点等。

（2）现场操作前的准备。

1）工作负责人将施工作业方案以及电气接线变化方案报有关部门，按带电作业工作票（操作票）向调度办理。

2）工作负责人核对线路名称、杆号及设备铭牌；检查线路、杆上变压器台架设备无异常情况；核对移动箱式变压器、杆上变压器的参数是否满足并列运行条件。

3）绝缘斗臂车、移动箱式变压器进入杆上变压器台架临近电杆合适位置，并可靠接地（移动箱式变压器外壳及低压中性线接地，接地电阻不大于 4Ω），根据道路情况设置警告标志、拦网。

4）检查工器具及材料，并装设好安全围网、警示标志。

5）绝缘斗臂车停放至预定位置，并试操作检查。

（3）移动箱式变压器高低压进出线电缆展放，完成不需停电部分的预安装。

（4）移动箱式变压器替代杆上变压器运行。

1）确认移动箱式变压器的高低压断路器均在断开位置，按照"带电搭接空载引流线"的方法将高低压电缆分别带电搭接至杆上变压器台架上方的高低压进出导线上。

2）移动箱式变压器高压送电操作并在低压侧核相，合上移动箱式变压器的低压断路器与杆上变压器并列运行。

3）断开杆上变压器的低压隔离开关与移动箱式变压器解列运行，断开杆上变压器高压跌落式熔断器、上层隔离开关（刀闸），至此，杆上变压器已停役，负荷转由移动箱式变压器供电。

4）按照"带电拆除空载引流线"方法带电拆除杆上变压器的高、低压引下线，使变压器台架上方带电部位满足停电吊装变压器的安全距离要求。

（5）停电状态下拆、装变压器。杆上作业人员、地面作业人员互相配合，利用吊车拆除旧变压器后更换上新变压器。

（6）更换杆上变压器工作结束后的恢复送电操作。

1）按照"带电搭接空载引流线"方法带电搭接恢复杆上变压器的高低压引线。

2）合上杆上变压器台架的上层隔离开关（刀闸）、高压跌落式熔断器，最后合上低压隔离开关将杆上变压器与移动箱式变压器并列运行。

3）断开移动箱式变压器低压断路器与杆上变压器解列，再断开移动箱式变压器高压断路器，至此，移动箱式变压器已停役，负荷恢复由杆上变压器供电。

4）按照"带电拆除空载引流线"方法带电拆除移动箱式变压器高低压电缆与杆上变压器台架上方的高低压进出导线的连接。

（7）收回移动箱式变压器的电缆，清理现场，工作结束。

4．注意事项

（1）作业前了解配电变压器及高低压进出线状况及其周围环境、缺陷部位和严重程度，确定接入方式及接入和退出作业方案。

（2）了解系统接线的运行方式和移动箱式变压器的操作规程和使用手册，制定施工方案以及电气接线变化的异动情况，并报送生产技术和调度部门审批。

（3）查阅有关配电变压器及高低压参数的技术资料，了解有关配电变压器容量、高低压接入方式；核对移动箱式变压器、杆上变压器的参数是否满足并列运行条件。

（4）在作业过程中，采用停电作业的任务，应确保与带电部位有足够的安全距离，否则应采取相应的措施。

（5）作业环境管制。

1）作业现场和绝缘斗臂车四周，应根据道路情况使用警告标志和拦网，防止无关人员进入工作区域。

2）移动箱式变压器周围应用安全遮拦封闭。在明显地方挂上"高压危险，严禁攀登"的警告牌，并派专人看守，以防止无关人员接近有电部位。

（6）遮蔽措施。带电搭接或拆除高低压引线时，应对安全距离不足的带电部位进行绝缘遮蔽隔离。搭接前应核对两者相位无误。

（7）操作移动箱式变压器和杆上变压器时，应使用操作票。遵循变压器高压隔离开关（刀闸）、跌落式熔断器、低压出线隔离开关（刀闸）的倒闸操作规定。

（8）移动箱式变压器的变压器、高压断路器、旁路电缆使用前必须按规定的周期进行电气试验，在接电、送电前应测试绝缘电阻，合格后方可带电运行。

10 作业生产管理与应急措施

本章介绍不停电作业的生产组织与安全管理，重点介绍作业新项目的研发、技术技能培训及现场应急措施等内容。

10.1 作业生产管理

为了提高不停电作业的管理水平，保证作业安全，实践表明，必须加强作业队伍的组织建设，提高作业人员的技能、技术等综合素质，同时要规范和完善作业的各项规章制度，改进和提高工具装备水平，实现不停电作业的科学化、标准化和制度化。

一、组织管理

不停电作业对作业人员的技术水平、技术装备的要求都较高，因此必须建立专业的部门和队伍，同时必须建立企业总工程师（分管领导）、生产技术部门专职工程师、作业部门（班组）专业工程师的专业技术工作体系，编制并督促执行有关的作业规章制度，组织编制作业现场操作规程，编写或审核复杂作业项目的施工方法和安全措施，组织作业人员的培训和作业经验交流，组织作业新项目、新工具研制和技术鉴定，推广作业新工具、新技术，组织并参加事故调查分析，制订反事故措施，做好每年专业总结等工作。

按照分级管理、分工负责的原则，各级各岗的基本职责如下：

1. 企业总工程师（分管领导）

（1）确定作业的组织机构及岗位设置。

（2）审批作业规程、作业新项目和新工具的推广。

（3）审批作业工作计划，对重大作业项目进行审核、批准。

（4）审批作业车辆及设备、工器具、防护用品的购置计划。

（5）协调相关部门和单位的配合工作。

2. 生产技术部门专业工程师

（1）制订年度作业工作框架计划，并对计划进行监督、检查、组织实施。

（2）做好作业技术管理工作，建立各种技术档案和资料，定期编制和统计作业的各种报表，及时上报有关部门。

（3）组织修编作业项目现场操作规程，并督促、检查执行情况，审查新项目操作规程，研究、探讨作业的新技术、新方法，确定现有项目的技术革新方案。

（4）参加制定特殊作业项目的技术措施、组织措施、安全措施，组织起草总结分析报告。

（5）组织修编作业发展规划，收集汇总国内外作业发展的信息资料；研究作业新项目计划、方案和可行性研究报告；组织推广应用新技术、新工具，组织作业革新成果的鉴定。

（6）配合安全监察部门进行作业事故调查并制订反事故措施。

（7）配合组织作业人员的技术培训、考核、作业项目鉴定以及作业人员的资格确认。

3. 作业部门（班组）专业工程师

（1）起草修编、制定作业操作规程和特殊作业项目的技术措施、组织措施、安全措施并报批。

（2）组织作业人员学习操作规程，对作业人员进行有计划的现场培训，大力开展技术革新，不断研制各种作业新工具。

（3）负责作业新技术、新工艺和新工具的引进推广工作，负责作业新项目、新工具的申报鉴定。

（4）负责作业的现场技术管理，整理各种原始记录、工器具台账，做好技术总结，积累有关资料，填报各种技术记录和统计报告。

（5）提出作业车辆及设备、作业工器具、防护用品的购置计划。

二、安全管理

不停电作业安全管理的相关人员包括工作票签发人、工作许可人、工作负责人、工作监护人和工作班成员，这些相关人员每年必须由企业安全监察部门组织相关安全作业规程的考试，确认安全资格并书面予以公布。因故离开作业班组或中断作业工作三个月以上者，必须重新进行相关安全作业规程考试，合格后方可参加作业。不停电作业必须高度重视现场作业安全，一个作业项目的作业方法和安全技术措施一经确定，工作负责人要对整个工作的安全全面负责，工作人员必须服从指挥。工作负责人（监护人）应由有作业实践经验的人员担任，经部门领导确定，安全监察部门考试合格并书面公布。

根据现场多年作业的经验，为便于速记和应用，总结提炼了作业安全管理的"十要"、"十禁"和"十步"工作守则。

1. "十要"

（1）作业人员要经培训考试合格后持证上岗。

（2）作业项目要有经批准的典型作业指导书。

（3）作业现场要满足作业要求的气象条件。

（4）要有满足要求的带电作业工具专用库房。

（5）要有满足相应作业方法所需的带电作业专用绝缘工器具（含绝缘斗臂车、绝缘平台）。

（6）要正确佩戴合格绝缘防护用品、安全用具。

（7）作业时要有可靠的主绝缘隔离措施和辅助绝缘保护措施。

（8）要使用工作票履行许可和终结制度。

（9）要有专人监护。

（10）作业时人员要集中精力、听从指挥。

2. "十禁"

（1）严禁作业前未到现场实地勘察。

（2）严禁未经许可就开始作业。

（3）严禁不能满足带电作业条件而冒险作业。

（4）严禁作业过程失去监护。

（5）严禁作业工器具超荷载使用。

（6）严禁使用绝缘不合格的工器具。

（7）严禁超越有效安全作业距离。

（8）严禁带负荷直接断、接导线。

（9）严禁同时接触两相导线进行作业。

（10）严禁同时接触同一相导线的两个断头。

3. "十步"

（1）查阅有关资料，现场勘察作业条件并确定作业方法。

（2）开展危险点分析，制订风险预控措施。

（3）开工前现场检查人员、工器具、材料齐全且符合作业要求。

（4）作业前进行任务布置，作业人员明确作业内容、方法和步骤。

（5）办理工作许可后方可开始作业。

（6）作业人员进入合适位置，满足操作空间的安全要求。

（7）绝缘遮蔽由近及远、由内向外且延伸重叠覆盖，拆除时顺序相反。

（8）断、接导线前先断开断路器（隔离开关）卸除负荷。

（9）依次分步逐相完成作业内容。

（10）工作结束后检查，确认无遗留物品、人员已撤离现场，再办理工作终结。

三、相关规程和技术标准

不停电作业必须贯彻执行有关的规程及技术标准，结合本地实际有针对性地制定切实可行的管理制度，更好地指导实际工作，不断提高作业技术水平，保证作业安全和促进带电作业工作的健康发展。不停电作业班组应具备的规程及技术标准如下：

GB/T 18037《带电作业工具基本技术要求与设计导则》

GB/T 14286《带电作业工具设备术语》

GB/T 2900.55《电工术语 带电作业》

DL/T 876《带电作业绝缘配合导则》

GB/T 18857《配电线路带电作业技术导则》

GBT 34577《配电线路旁路作业技术导则》

DL/T 974《带电作业用工具库房》

GB 12168《带电作业用遮蔽罩》

GB 13398《带电作业用绝缘管、泡沫填充绝缘管和实心绝缘棒》

GB 17622《带电作业用绝缘手套》

DL/T 676《带电作业用绝缘鞋（靴）通用技术条件》

DL 778《带电作业用绝缘袖套》

DL/T 1125《10kV 带电作业用绝缘服装》

DL/T 880《带电作业用导线软质遮蔽罩》

DL/T 803《带电作业用绝缘毯》

DL/T 853《带电作业用绝缘垫》

GB 13035《带电作业用绝缘绳索》

DL/T 878《带电作业用绝缘工具试验导则》

DL/T 976《带电作业工具、装置和设备预防性试验规程》

DL/T 854《带电作业用绝缘斗臂车使用导则》

DL/T 1465《10kV 带电作业用绝缘平台》

四、作业管理资料

为规范不停电作业管理，作业部门及班组必须建立健全相关的管理资料。

1）上级颁发的有关标准、导则、规程及制度。

2）作业相关管理制度。

3）作业安全工作规程和操作规程、标准化作业指导书。

4）作业新项目、新工具和特殊项目的作业方案以及申请报告、审批材料。

5）特殊复杂项目及新项目模拟操作记录。

6）新人员作业资格鉴定审批材料。

7）作业工作有关记录、统计资料、工作计划及工作总结。

8）作业人员名册及《特种作业人员档案》。

9）作业人员技术培训和安全规程考试记录以及批准文件。

10）工作票签发人、工作负责人名单、作业资质及人员资格证书。

11）作业工器具台账清册、出厂资料及试验报告。

12）作业事故及异常记录。

五、作业新项目的管理

作业新项目是指本单位以往从未开展过的项目。作业新项目的开展和研发，应先经必要性和可行性研究，确立基本方案，通过严格的试验和停电状态的模拟操作，制定操作规程和完备的安全技术组织措施；同时新项目必须通过相关专业技术、安全监察人员现场鉴定后，编制相应的现场标准化作业指导书，报企业分管领导或总工程师批准，方可进行开展实际的操作。

（一）立项

（1）作业部门及班组根据工作需要提出需要新开发的作业项目，上报生产技术部门进行审核。

（2）生产技术部门审核论证，如可行则提交上报企业分管领导或总工程师，开始项目的研究开发。

（3）作业部门及班组根据批准的项目内容，组织开发项目的调研、学习、研究，编制新项目实施方案，购置绝缘工器具及劳动防护用品。

（4）作业部门及班组根据学习的新项目操作技能编制作业操作规程，并上报生产技术部门进行审核。

（二）模拟演练

（1）工器具购进后首先在模拟线路上对新项目按照操作规程进行模拟训练，熟练掌握操作技能及安全措施。

（2）经过模拟线路训练熟悉后申报生产技术部门进行鉴定，鉴定合格批准后可在带电线路上进行模拟训练。

（3）作业人员根据批准的项目内容在带电线路上按照操作规程进行模拟训练，并熟练掌握操作要领。

（4）在带电线路上模拟作业完成后再次向生产技术部门申请鉴定。

模拟演练负责人应及时做好演练记录，包括以下几方面的主要内容。

（1）演练过程中出现的不安全情况（是否产生新的危险点）。

（2）演练过程中出现的各方面问题。

（3）演练作业过程中的危险点。

（4）演练作业过程中必须采取的安全措施。

（5）作业中使用的工器具是否合适妥当，有无改进的必要。

（6）作业指导书是否与现场的实际作业情况相符合。

模拟演练应反复进行，有条件的还可拍摄 DV 录像以便研究改进，然后根据演练结果不断完善作业指导书，最终应形成该新项目实用性的作业指导书。

（三）鉴定验收

（1）作业新项目在实际操作前必须填写技术鉴定书并报请企业生产技术和安全监察部门组织审查鉴定，经企业分管领导或总工程师批准后，方可应用。

（2）技术鉴定书应附有下列主要技术鉴定文件。

1）新项目现场作业指导书和安全技术措施。

2）新项目研发总结。

3）新项目的演练情况。

（四）推广应用

新项目通过一段时间的实践应用后，不断完善操作规程和作业指导书，条件成熟后报企业分管领导或总工程师批准后可转为常规作业项目。

六、科研项目的管理

技术难度大且作业复杂需要进行研究试验的作业新项目，可列入企业的科研项目进行科技攻关，按照企业科技项目管理办法由承担科研项目的部门组织开展研究，取得成果后申请技术鉴定和项目验收，而后参照上述"作业新项目的管理"的第（二）～（四）的步骤逐步推广应用。

10.2　作业人员培训与管理

不停电作业是一项技术性较强、操作安全水平要求较高的特殊工种，必须加强作业人员的培训、考核与管理。

一、作业新人员的上岗培训

所谓作业新人员，是指新加入不停电作业的人员。作业人员必须身体健康，无妨碍作业的生理和心理障碍，优先选择从事配电线路工作三年以上的优秀技工。新人员首先应参加专业培训机构的培训和取证，学习与不停电作业相关的基础知识和模拟设备实际操作训练，经考试合格并获得培训机构颁发的配电带电专业资格证书。然后，本单位要开展上岗前培训和模拟演练，指派作业经验丰富的技术人员或技工向他们逐条讲解作业安全规定和作业现场操作规程等，学习常用绝缘工具的构造、规格、性能、用途、使用范围和操作方法，经本单位的模拟设备和现场运行设备的实际操作合格，并由本单位书面批准后，方能从事批准项目的不停电作业工作。

二、作业人员的日常培训

作业部门（班组）应编制作业人员的年度培训计划，按年（季）度培训计划进行专门培训，同时注重日常培训学习，每月应有不少于 8 个学时的培训，内容包括作业基本知识和规章制度，实际操作练习，技术问答和讲解，复杂项目作业前的技术交底以及事故实例演习等。

工作负责人（包括工作监护人）是现场作业操作的组织者，责任重大，因此，除一般作业培训外，还须针对工作负责人进行专门培训。培训内容包括工作负责人的组织能力、处理作业中意外情况的应变能力等，以不断提高理论水平和实际工作能力。

三、作业人员的考核与管理

作业人员的考核（包括规程和基本知识的考试）每年不少于一次。考试成绩应登记在作业合格证内，考试成绩不合格者，应再补考，直到考试合格为止，否则收回合格证，停止参加作业。对离开工作岗位三个月以上作业人员，应重新进行上岗前培训和考试，并履行批准手续，方可重新上岗。作业人员还应保持相对稳定，人员变动应征得单位主管部门的同意。

不停电作业是技术性较强的专业，为了稳定作业队伍，确保其正常开展并不断发展，应建立相应的激励机制，实行工效挂钩办法，充分调动作业人员的积极性。

四、实训基地

开展不停电作业的单位，应建立不停电作业实训基地，配备模拟线路、设备与场地，定期分批进行培训和轮训，同时也作为作业新项目开发的模拟演练基地。此外，还可利用该基地开展岗位技能演练和竞赛，提高作业人员的技能水平，培养高层次的技能人才。带电作业岗位资格培训单位应取得上级部门或国家认定机构批准，并按照最低配置要求拥有操作场地、培训师资和作业工器具。

（一）操作场地及装备

（1）架空模拟线路。至少应具备一个及以上的模拟架空耐张段线路，线路上设置有直线杆、转角杆、变压器台杆和分支线路、断路器等设备。

（2）绝缘作业器具。各类绝缘操作杆、绝缘遮蔽罩、绝缘防护用具、绝缘斗臂车等。绝缘斗臂车可固定配置或借助带电作业单位调配使用。

（3）模拟操作项目所需的材料和作业工具。

（二）培训师资力量

（1）根据规模配置若干名具有中级职称及以上的电力专业理论知识讲师。

（2）根据规模配置若干名具有现场实际经验且从事配电带电作业技术、技能操作示范技师（或一级实习指导教师）。

（3）根据规模配置若干名从事配电带电作业一线工作 5 年及以上的班组长或技术骨干作为现场操作的管理和监护。

（4）理论知识讲师和操作示范技师应具备独立编写制作配电带电作业培训课件的能力，包括带电作业原理、作业工器具、安全防护用具、电工基础理论、操作方法等方面内容，并能够全面理解和掌握国家、行业、现场带电作业的有关要求。

10.3 作业应急措施

为了提高作业人员规范化作业水平和紧急情况下的处理能力，最大限度地减少作业过程中发生突发事件造成的影响和损失，防止人员伤亡、电力设施和作业器具受损、配电网停电等事故的发生，必须建立作业过程中可能发生的异常或突发事件的应急处理机制。

一、天气突变的应急措施

（1）作业现场应配备测量湿度、风速等仪器，工作负责人在作业现场应做好天气监测，提前预见作业现场出现天气突变情况，如有必要及时采取措施中断作业。

（2）作业过程中，如风力突然变化超过 10m/s 或降雨直接影响作业开展时，工作负责人应根据现场情况采取以下有效措施，保障人身和设备安全。

1）装设在设备上的绝缘工具、防护用具及遗留工作不会危及设备的安全运行时，作业人员应立即停止作业，迅速脱离带电体，返回地面，待达到满足作业的气象条件后再进行作业。

2）装设在设备上的绝缘工具及防护用具、遗留工作已经危及（或者随着气象变化会危及）设备的安全运行时，在保证作业人员人身、设备安全的前提下，工作负责人可命令作业人员迅速拆除绝缘工具及防护用具，暂时停止作业；如现场情况已不允许带电拆除绝缘工具及防护用具，遗留工作也无法处理时，工作负责人应报告调度，申请将设备转停电或冷备用状态，在做好安全措施后方可拆除绝缘工具及防护用具，处理遗留工作。

3）遭遇降雨时，应遮盖好绝缘斗臂车的绝缘部分，受潮的绝缘工器具应使用柔软干燥的毛巾擦拭干净，放进专用工具车、工具箱或工具袋内，待检测合格后方可重新投入使用。

（3）带电作业过程中，如湿度超过80%并持续增大，工作负责人应参照上述的要求执行。受潮的绝缘工器具应使用柔软、干燥的毛巾擦拭干净，放进专用工具车、工具箱或工具袋内，待检测合格后方可重新投入使用。

（4）带电作业时听到雷声，或预见天气突变可能发生雷电时工作负责人应命令作业人员立即停止作业，并迅速脱离带电体。如在满足安全条件的情况下，经工作负责人同意，作业人员可解除装设在设备上的作业工器具及防护用具。

二、主要作业器具故障的应急措施

1. 绝缘斗臂车移位或发生故障应急措施

（1）作业过程中绝缘斗臂车因外力引起位移，斗内作业人员未触电，工作负责人应立即控制现场情况，判断作业人员有无触电危险。

（2）移位后，绝缘斗臂车的稳定性没有遭到破坏，液压系统可正常操作，工作负责人应指挥作业人员停止作业，安全返回地面，全面检查设备受损情况及绝缘斗内作业人员的状态，迅速处理事故。

（3）移位后，绝缘斗臂车失去稳定性，液压系统不能正常操作。工作负责人应指挥作业人员保持镇静，停止作业，禁止继续操作绝缘斗臂车，同时结合现场情况，因地制宜尽快将绝缘斗内作业人员接回地面。

（4）作业过程中绝缘斗臂车因外力引起位移，绝缘斗内作业人员已触电，工作负责人应立即组织人员参照触电应急措施进行急救。

（5）作业过程中绝缘斗臂车因外力引起位移，造成绝缘斗内作业人员高空坠落，工作负责人应立即组织人员参照高空跌落创伤应急措施进行急救。

（6）作业过程中绝缘斗臂车失去动力等原因不能操作时，绝缘斗内作业人员应停止作业，操作"应急泵"返回地面，进行故障处理。"应急泵"的连续使用每次不能超过30s，每次操作必须间隔30s。如果"应急泵"不能动作时，工作负责人应因地制宜将斗臂车上的作业人员接回地面。

2. 绝缘工器具、防护用具失效的应急措施

（1）作业过程中，发生绝缘工器具、防护用具损坏、失灵或变形时，作业人员必须立即停止作业，检查绝缘工器具、防护用具及作业设备的实际状况，向工作负责人汇报。工作负责人确认可通过更换工器具、防护用具后继续作业的，应制定更换工器具、防护用具的作业方案。更换的工器具、防护用具不能

以小代大，必须满足现场作业的要求。

（2）作业过程中，发生绝缘工器具、防护用具损坏、失灵或变形，已经危及人身、设备安全时，作业人员必须立即停止作业，退出作业区域，同时工作负责人应立即报告调度部门，申请将作业的设备停电或转冷备用状态，做好安全措施后再进行处理。

（3）已损坏、失灵或变形的绝缘工器具、防护用具，应带回进行分析鉴定，查找薄弱环节及改进措施。

三、人身伤害的应急措施

1. 人员触电应急措施

（1）迅速脱离电源。首先要使触电者迅速脱离电源，越快越好。把触电者接触的那一部分带电设备的所有断路器、隔离开关或其他断路设备断开；或设法将触电者与带电设备脱离开。在脱离电源过程中，救护人员也要注意保护自身的安全。

（2）高压触电可采用下列方法之一使触电者脱离电源。

1）立即通知有关供电企业或用户对触电线路紧急停电。

2）戴上绝缘手套，穿上绝缘靴，用相应电压等级的绝缘工具按顺序拉开电源开关或熔断器。

3）抛掷裸金属线使线路短路接地，迫使保护装置动作，断开电源。注意抛掷金属线之前，应先将金属线的一端固定可靠接地，然后另一端系上重物抛掷，注意抛掷的一端不可触及触电者和其他人。另外，抛掷者抛出线后，要迅速离开接地的金属线 8m 以外或双腿并拢站立，防止跨步电压伤人。在抛掷短路线时，应注意防止电弧伤人或断线危及人员安全。

（3）现场就地急救触电者脱离电源以后，现场救护人员应迅速对触电者的伤情进行判断，对症抢救。同时设法联系医疗急救中心（医疗部门）的医生到现场接替救治。要根据触电伤员的不同情况，采用不同的急救方法（见表 10-1），具体要领参照"现场心肺复苏法"。

表 10-1　　　　　　　　不同状态下电击伤患者的急救措施

神志	心跳	呼吸	对症救治措施
清醒	存在	存在	静卧、保暖、严密观察
昏迷	停止	存在	胸外心脏按压术
昏迷	存在	停止	口对口（鼻）人工呼吸
昏迷	停止	停止	同时作胸外心脏按压和口对口（鼻）人工呼吸

（4）触电急救必须分秒必争，在医务人员未接替救治前，不应放弃现场抢救，更不能只根据没有呼吸或脉搏的表现，擅自判定伤员死亡，放弃抢救。只有医生有权做出伤员死亡的诊断。与医务人员接替时，应提醒医务人员在触电者转移到医院的过程中不得间断抢救。

（5）如事故发生在夜间，应设置临时照明灯，以便于抢救，避免意外事故，但不能因此延误切除电源和进行急救的时间。

（6）电灼伤应保持伤口清洁。伤员的衣服鞋袜用剪刀剪开后除去。伤口全部用清洁布片覆盖，防止污染。四肢烧伤时，先用清洁冷水冲洗，然后用清洁布片或消毒纱布覆盖送医院。

未经医务人员同意，灼伤部位不宜敷涂任何东西和药物。送医院途中，条件许可下可给伤员多次少量口服糖盐水。

2. 高空跌落创伤应急措施

（1）创伤急救原则上是先抢救，后固定，再搬运，并注意采取措施，防止伤情加重或污染。需要送医院救治的，应立即做好保护伤员措施后送医院救治。急救成功的条件是：动作快、操作正确，任何延迟和误操作均可加重伤情，并可导致死亡。

（2）抢救前先使伤员安静躺平，判断全身情况和受伤程度，如有无出血、骨折和休克等。

（3）外部出血立即采取止血措施，防止失血过多而休克。外观无伤，但呈休克状态，神志不清或昏迷者，要考虑胸腹部内脏或脑部受伤的可能性。

（4）为防止伤口感染，应用清洁布片覆盖。救护人员不得用手直接接触伤口，更不得在伤口内填塞任何东西或随便用药。

（5）搬运时应使伤员平躺在担架上，腰部束在担架上，防止跌落。平地搬运时伤员头部在后，上楼、下楼、下坡时头部在上，搬运中应严密观察伤员，防止伤情突变。

（6）伤口渗血用较伤口稍大的消毒纱布数层覆盖伤口，然后进行包扎。若包扎后仍有较多渗血，可再加绷带适当加压止血。

（7）伤口出血呈喷射状或鲜红血液涌出时，为主动脉出血，立即用清洁手指压迫出血点上方（近心端），使血流中断，并将出血肢体抬高或举高。

（8）用止血带或弹性较好的布带等止血时，应先用柔软布片或伤员的衣袖等数层垫在止血带下面，再扎紧止血带以刚使肢端动脉搏动消失为度。上肢每60min，下肢每80min放松一次，每次放松1～2min。开始扎紧与每次放松的时间均应书面标明在止血带旁。扎紧时间不宜超过4h。不要在上臂中三分之一处和腋窝下使用止血带，以免损伤神经。若放松时观察已无大出血可暂停使用。

（9）严禁用电线、铁丝、细绳等作止血带使用。

（10）高处坠落、撞击、挤压可能有胸腹内脏破裂出血。受伤者外观无出血但常表现面色苍白、脉搏细弱、气促、冷汗淋漓、四肢厥冷、烦躁不安，甚至神志不清等休克状态，应迅速躺平，抬高下肢，保持温暖，速送医院救治。若送院途中时间较长，可给伤员饮用少量糖盐水。

（11）肢体骨折可用夹板或木棍、竹竿等将断骨上、下方两个关节固定，也可利用伤员身体进行固定，避免骨折部位移动，以减少疼痛，防止伤势恶化；开放性骨折，伴有大出血者，先止血，再固定，并用干净布片覆盖伤口，然后速送医院救治。切勿将外露的断骨推回伤口内。

（12）疑有颈椎损伤，在使伤员平卧后，用沙土袋（或其他代替物）放置头部两侧使颈部固定不动。必须进行口对口呼吸时，只能采用抬颏使气道通畅，不能再将头部后仰移动或转动头部，以免引起截瘫或死亡。

（13）腰椎骨折应将伤员平卧在平硬木板上，并将腰椎躯干及二侧下肢一同进行固定预防瘫痪。搬动时应数人合作，保持平稳，不能扭曲。

（14）颅脑外伤应使伤员采取平卧位，保持气道通畅，若有呕吐，应扶好头部和身体，使头部和身体同时侧转，防止呕吐物堵塞气道造成窒息。

（15）耳鼻有液体流出时，不要用棉花堵塞，只可轻轻拭去，以利降低颅内压力。也不可用力擤鼻，排除鼻内液体，或将液体再吸入鼻内。

（16）颅脑外伤时，病情可能复杂多变，禁止给予饮食，速送医院诊治。

四、培训与演练

应急预案应定期组织培训和演练，组织所有相关人员进行针对性的培训和反事故演习，培训的人员包括直接和间接参与应急工作的协调人员和责任人员。

附录　配电带电作业指导书（范本）

带电搭接 10kV 空载引流线（绝缘斗臂车上
绝缘手套作业法）

编写：_____年____月____日

审核：_____年____月____日

批准：_____年____月____日

作业负责人：_____

作业线路：_____

工作任务：_____

√	序号	内　　容	责任人	备注
	3	安全：对安全生产认识到位、经安规考核合格		
	4	现场监护人：具有配网带电作业资格证书及带电作业实践经验，有较强的组织能力和处理突发事故的能力		

3.3　工器具

√	序号	名　　称	型号/规格	单位	数量	备注
	1	绝缘斗臂车		辆	1	
	2	绝缘毯		块	6（参考值）	
	3	绝缘绳		条	1	
	4	导线（跳线）遮蔽罩		条	3（参考值）	
	5	绝缘卡线钩		把	1	
	6	绝缘手套		副	2	
	7	羊皮手套		副	2	视现场勘察情况确定所使用工具
	8	绝缘披肩		件	2	
	9	锲形线夹工具		套	1	
	10	绝缘断线器		把	1	
	11	绝缘杆泄漏电流检测仪		套	1	
	12	绝缘安全帽		个	2	
	13	绝缘导线剥皮器		把	1	
	14	对讲机		部	2	
绝缘工器具机械及电气强度均应满足安规要求，周期预防性检查试验合格						

3.4　材料

√	序号	名　　称	型　号	单位	数量	备注
	1	导线		m	根据需要定	
	2	线夹		只	3	

3.5 危险点分析

√	序号	内　　容
	1	未按斗臂车操作规程进行操作，可能引起高空坠落和机械损伤
	2	作业中，人体、工具及材料与邻相带电体、接地体保持的安全距离不足，可能引起触电伤害
	3	搭接引线时，引线摆动碰触接地体、邻相带电体
	4	同时接触两相导线或未接通相导线的两个断头，人体串入电路
	5	当一相导线接通后，未采取安全措施徒手接触未接通相的导线，造成电击伤人
	6	绝缘斗臂车被其他车辆碰撞，过往行人进入作业现场，高空落物伤人
	7	使用的绝缘工器具不合格，绝缘遮蔽不良
	8	不按规定使用个人防护用具
	9	天气突变
	10	带负荷或带接地搭接
	11	搭接空载线路（电缆）长度超过规程规定值
	12	搭接引线时相位错误

3.6 安全措施

√	序号	内　　容
	1	使用绝缘斗臂车时，要选好停放位置。现场停放后，空斗试操作一次，确认液压、传动、回转、升降系统正常，操作、制动装置可靠。作业过程发动机不得停止运转。绝缘斗臂车绝缘臂下节的金属部分，在仰起回转过程中，应保持对带电体 0.9m 以上的距离。工作时，绝缘臂伸出 1.0m 及以上。工作中车体应有良好接地
	2	确保作业人员的安全距离。如 10kV 线路作业时，人体、工具及材料与相邻带电体的安全距离不得小于 0.6m，人体、工具及材料与接地体的安全距离不得小于 0.4m，达不到要求时应用绝缘套管、绝缘毯进行可靠的绝缘隔离
	3	搭接引线前应用夹子或绝缘卡线钩固定防止引线摆动，移动引线过程中应确保其与邻相带电体、接地体保持足够的安全距离，无法满足时应对邻相带电体、接地体进行可靠的绝缘遮蔽
	4	严禁同时接触两相导线或未接通导线的两个断头，以防人体串入电路
	5	当一相导线接通后，未接通相的导线将因感应而带电，为防止电击，应采取安全措施后才能触及
	6	作业现场设围栏、标志，防止车辆、行人进入。复杂地段还应设专人看护
	7	严禁带入不合格工器具。作业前，应仔细检查其是否损坏、变形、失灵；作业中，防止绝缘工器具脏污和受潮；绝缘毯遮蔽重叠部分应大于 0.1m

√	序号	内　　容
	8	现场作业人员应正确佩带安全防护用具，绝缘斗内作业人员应穿戴合格、足够的绝缘防护用具，外部检查清洁、无损伤
	9	遇雷、雨、雪、雾天气，风力大于 10m/s、空气相对湿度大于 80%的任一情况时，应立即停止作业，迅速脱离电源，条件允许先解除带作业人员器具，在确保人身安全的基础上，保护绝缘设备
	10	带电作业必须设专人监护，监护人不得直接操作，监护的范围不得超过一个作业点
	11	地面人员严禁在作业点下方活动，绝缘斗内人员应防止落物伤人。
	12	派专人检查核实线路是否空载。核实空载线路长度不超过10km，电缆长度不超过0.5km
	13	应查明线路确无接地、绝缘良好、线路上无人工作且相位无误后，方可进行带电搭接引线
	14	工作线路视具体情况确定是否退出重合闸

3.7　作业分工

√	序号	作　业　内　容	责任人
	1	工作负责人 1 名，制订整个作业方案、安全注意事项、人员安排以及作业过程的安全监护	
	2	绝缘斗内作业人员 2 名	
	3	地面作业人员 1～2 名，负责传递工器具、材料和现场管理	

4　作业程序

4.1　开工

√	序号	内　　容	责任人
	1	工作负责人办理带电作业工作票	
	2	调度通知已停用重合闸，确认线路有关的安全措施已布置完毕，许可工作	
	3	工作负责人召开班前会：作业人员的分工、向工作班成员交待工作任务、交待安全措施、注意事项以及工作班成员确认的过程，由工作负责人负责录音，工作人员明确后，进行签字。工作负责人发布开始工作的命令	

4.2 作业内容及标准

√	序号	作业内容	作业步骤及标准	安全措施及注意事项	责任人签字
	1	检查工具	（1）正确佩戴个人安全防护用具，大小合适，锁扣自如。 （2）地面人员对所使用工器具进行检查，核对工具是否齐全。 （3）地面人员装设好安全围拦网，并将绝缘斗臂车可靠接地。 （4）绝缘斗臂车在预定位置空斗试操作一次	（1）由负责人监督检查作业人员正确佩带个人安全防护用具。 （2）工具使用前，应仔细检查其是否损坏、变形、失灵，检查绝缘工具时应戴清洁、干燥的手套；并应防止绝缘工具在使用中脏污和受潮。 （3）确认绝缘斗臂车液压、传动、回转、升降系统正常，操作、制动装置可靠，车体接地良好	
	2	操作绝缘斗臂车	两名绝缘斗内作业人员穿戴好绝缘防护用具，携带绝缘绳索及部分小工具进入绝缘斗内。将绝缘斗升到预定位置	作业人员操作绝缘斗臂车绝缘斗应保持平稳，工作负责人协助监护、观察周围环境并及时提醒	
	3	绝缘遮蔽	2名绝缘斗内作业人员相互配合使用绝缘用具依次将不能满足安全距离的带电体遮蔽隔离	安装绝缘遮蔽时应按照由近及远、由低到高依次进行	
	4	搭接空载线路引流线	（1）绝缘斗内作业人员测量出三相引流线长度，通知地面作业人员准备好引流线。 （2）地面作业人员配合将三相引流线传至绝缘斗内。 （3）绝缘斗内作业人员将引线安装在不带电的进线电缆或支线空载线路上，做好带电搭接引流线的准备工作。 （4）作业人员使用绝缘导线剥皮器对三相绝缘导线搭接处进行剥皮（若裸导线则略这一步骤）。 （5）绝缘斗内作业人员相互配合将所需搭接的引线移至接点安装。 （6）按照先难后易的顺序逐相完成三相引线的安装	（1）绝缘斗内作业人员对邻相带电体距离不得小于0.6m，对接地体距离不得小于0.4m。 （2）引线搭接前应用绝缘卡线钩固定，防止摆动。 （3）搭接引线应遵循先远后近、先上后下的原则。 （4）搭接引线前应核实相序无误	
	5	拆除绝缘遮蔽返回地面	接引线工作完毕，检查导线和杆上无遗留物后拆除绝缘遮蔽，返回地面	拆除绝缘遮蔽应由远及近、由高到低依次进行	

4.3 竣工

√	序号	内　容	负责人员签字
	1	工作负责人全面检查工作完成情况，确认无误。清理作业现场后撤离现场，做到人走场清	
	2	通知调度并办理工作票终结，召开班后会	

5 验收总结

序号	验 收 总 结		
1	验收评价	对本次工作总结评价	
2	存在问题及处理意见	按验收发现的问题及缺陷进行整改	

6 指导书执行情况评估

评估内容	符合性	优		可操作项	
		良		不可操作项	
	可操作性	优		修改项	
		良		遗漏项	
存在问题					
改进意见					

参 考 文 献

[1] 余贻鑫，栾文鹏. 面向 21 世纪的智能电网. 科学时报，2010-9-6（3）.

[2] The US Department of Energy. The Smart Grid: An Introduction，2007.

[3] 徐丙垠，李天友，薛永端. 面向供电质量的配电网保护问题. 供用电，2012（3）：13-21.

[4] 周莉梅，范明天. 城市电网用户停电损失估算与评价方法的研究. 中国电力，2006，39（7）：28-31.

[5] 李天友，金文龙，徐丙垠. 配电技术. 北京：中国电力出版社，2008.

[6] 余贻鑫，栾文鹏. 智能电网述评. 中国电机工程学报，2009，29（34）：1-8.

[7] 胡毅. 配电线路带电作业技术. 北京：中国电力出版社，2002.

[8] 丁一正，谈克雄. 带电作业技术基础. 北京：中国电力出版社，1998.

[9] 李天友. 试论配电的带电作业. 福建电力与电工，2000（4）：20-21.

[10] 李天友. 配电线路. 北京：中国电力出版社，2006.

[11] 李天友. 配电不停电作业技术发展综述. 供用电，2015（5），06-10.

[12] 李天友，黄超艺，蔡俊宇. 配电带电作业机器人的发展与展望. 供用电，2016（11），43-48.

[13] 李天友，林秋金. 中低压配电技能实务，北京：中国电力出版社，2012.